Pythonによる
AIプログラミング入門

ディープラーニングを始める前に
身につけておくべき15の基礎技術

Prateek Joshi　著

相川 愛三　訳

本書で使用するシステム名、製品名は、それぞれ各社の商標、または登録商標です。
なお、本文中では™、®、©マークは省略している場合もあります。

Artificial Intelligence with Python

Build real-world Artificial Intelligence applications with Python to intelligently interact with the world around you

Prateek Joshi

BIRMINGHAM - MUMBAI

Copyright ©2017 Packt Publishing. First published in the English language under the title Artificial Intelligence with Python (9781786464392).
Japanese-language edition copyright ©2019 by O'Reilly Japan, Inc. All rights reserved.
This translation is published and sold by permission of Packt Publishing Ltd., the owner of all rights to publish and sell the same.

本書は、株式会社オライリー・ジャパンがPackt Publishing Ltd.の許諾に基づき翻訳したものです。日本語版についての権利は、株式会社オライリー・ジャパンが保有します。

日本語版の内容について、株式会社オライリー・ジャパンは最大限の努力をもって正確を期していますが、本書の内容に基づく運用結果について責任を負いかねますので、ご了承ください。

訳者まえがき

このところディープラーニング（深層学習）が流行していますが、人工知能の手法はディープラーニングに限りません。過去のAIブームで話題になった単純なニューラルネットや論理プログラミングもあれば、遺伝的アルゴリズム、自然言語処理や音声信号処理、画像からの動物体検出、分類問題、回帰問題、連続データ解析、強化学習といった、古典的なデータ解析や機械学習の手法もあります。

ディープラーニングにはデータ収集や計算コストがかかります。「鶏を割くに焉んぞ牛刀を用いん」の諺がありますが、ディープラーニングのほかにも、これら古典的な手法を基礎として身につけておき、適材適所に選択できるようになりたいものです。本書ではさまざまな人工知能の関連分野を扱いながら、Pythonでよく使われるライブラリの基本的な使い方を解説します。

本書で扱っている手法を図に示します。括弧内の数字は章番号です。

```
教師あり学習 (2)              論理プログラミング (6)       自然言語処理 (10)        画像からの物体検出 (13)
・回帰                         ヒューリスティック探索 (7)   ・トークン化              ・フレーム差分
  ・ロジスティック回帰         ・焼きなまし法             ・ステミング              ・背景差分
  ・多項式回帰                 ・貪欲法                   ・レンマ化                ・色域抽出
  ・パーセプトロン (16)                                   ・BoW                     ・CAMShift
・分類                         遺伝的アルゴリズム (8)     ・LDA                     ・オプティカルフロー
  ・単純ベイズ分類                                        ・CRF (11)                ・Haarカスケード
  ・SVM                        ゲーム解法 (9)
  ・アンサンブル分類 (3)       ・ミニマックス法           連続データ分析 (11)       ニューラルネット (14)
    ・ランダムフォレスト       ・αβ法                    ・HMM                     ・パーセプトロン
    ・ERT                      ・ネガマックス法           ・CRF                     ・多層ニューラルネット
  ・k-最近傍法 (5)                                        ・RNN (14)                ・RNN
                               強化学習 (15)                                        ・CNN (16)
教師なし学習 (4)                                          音声認識 (12)
・クラスタリング
  ・k-平均法
  ・MeanShift
  ・混合ガウスモデル
```

本書が取り扱う各種手法

ご覧のように、よく用いられる回帰、分類、クラスタリングの話題から始めて、解空間の探索手法や最適化手法、テキストや音声、画像メディアに特化したデータ処理手法、そしてニューラルネットやディープラーニングまで幅広く取り扱います。

翻訳にあたり、以下のように原書にある問題をかなり修正しました。

- 煩雑にならない範囲で説明不足を補いました。
- 冗長な記述を削除しました。
- 本文の説明と重複するコード上のコメントは削除しました。
- わかりにくいコードを大幅に修正しました。

また、サンプルコードをJupyter Notebookで編集・実行するように改変しています。AIに関するライブラリには読み込むのに時間がかかる大規模なものが多いので、テキストエディタで編集してはコンソールで実行するという手順を繰り返していては学習効率が上がりません。Jupyter Notebookを用いれば、ライブラリを読み込んだままインタラクティブに編集・実行できます。

本書が、データ分析における適材適所の問題解決に役立つことを期待します。

2018年12月

相川 愛三

まえがき

近年、あらゆるものがデータと自動化によって推進される世の中で、人工知能がますます重要になってきました。人工知能は、画像認識やロボット制御、検索エンジン、自動運転車など、多くの分野において幅広く活用されています。本書では、実世界のさまざまな状況を調べ、そこで使うべきアルゴリズムを理解し、機能するコードを書いていきます。

最初に人工知能のさまざまな領域について説明します。さらに、Extremely Randomized Trees（ERT）や隠れマルコフモデル（HMM）、遺伝的アルゴリズム（GA）、ニューラルネット、畳み込みニューラルネット（CNN）などの、複雑なアルゴリズムについても説明します。

本書の説明を読めば、最良の結果を得るために使用するアルゴリズムを決定し、実装できるようになるでしょう。画像やテキスト、音声といった形態のデータの意味を理解するいろいろなアプリケーションを作りたいなら、人工知能を扱った本書が必ず役に立つでしょう。

本書の構成

1章 人工知能の概要

人工知能の各種基本概念について学びます。人工知能の応用や派生分野、モデル化について説明します。また、必要なPythonパッケージのインストール方法も述べます。

2章 教師あり学習を用いた分類と回帰

分類問題と回帰問題のためのさまざまな教師あり学習手法を説明します。収

入を分析し住宅費を推定する方法を学びます。

3章　アンサンブル学習を用いた予測分析

アンサンブル学習を用いた予測分析モデルの手法、特にランダムフォレストを重点的に説明します。これらの手法を用いてスポーツ競技場近辺の道路交通量を予測します。

4章　教師なし学習を用いたパターン検出

k-平均法やMean Shift法といった教師なし学習を説明します。これらのアルゴリズムを株価データや顧客分類に応用する方法を学びます。

5章　推薦エンジンを作る

推薦エンジンの構築に使われるアルゴリズムを説明します。これらのアルゴリズムを協調フィルタリングや映画推薦に応用する方法を学びます。

6章　論理プログラミング

論理プログラミングの基本構成を説明します。数式の推定や家系図の分析、パズルの解法といったさまざまな応用を学びます。

7章　ヒューリスティック探索

解の空間を探索するのに用いられるヒューリスティック探索を説明します。焼きなまし法、領域の色分け問題、迷路の解法などの応用について説明します。

8章　遺伝的アルゴリズム

進化的アルゴリズムや遺伝的プログラミングについて説明します。交叉や突然変異、適応度関数といったさまざまな概念について学びます。これらの概念を用いて、関数同定問題を解いたり、知的なロボット制御を行ったりします。

9章　人工知能を使ったゲーム

人工知能を用いたゲームの作り方を説明します。三目並べや『Connect Four』、『Hexapawn』といった対戦ゲームの作り方を学びます。

10章　自然言語処理

トークン化、ステミング、レンマ化、Bag of Wordsなどのテキストデータ分析法を説明します。これらの手法を用いた感情分析やトピックモデルを学びます。

11章　連続データの確率的推論

隠れマルコフモデルやCRFといった時系列データや連続データの解析法を説明します。これらの手法を文字列分析や株価予想に応用する方法を学びます。

12章　音声認識

音声データを分析するのに用いられる各種アルゴリズムを説明します。音声認識システムの作り方を学びます。

13章　物体検出と追跡

動画からの物体検出と追跡に関するアルゴリズムを説明します。オプティカルフロー、顔や目の追跡などの各種手法を学びます。

14章　人工ニューラルネットワーク

ニューラルネットを構築するのに使われるアルゴリズムを説明します。ニューラルネットを用いた光学的文字認識（OCR）の作り方を学びます。

15章　強化学習

強化学習システムを作るのに用いられる手法を説明します。環境とやりとりすることで学習する学習エージェントの作り方を学びます。

16章　畳み込みニューラルネットを用いたディープラーニング

畳み込みニューラルネットを用いたディープラーニングで使われるアルゴリズムを説明します。TensorFlowを使ったニューラルネットの作り方を学びます。畳み込みニューラルネットを用いて画像分類器を作ります。

付録A　退屈なことはPythonにやらせよう——4色問題篇

日本語版オリジナルの付録Aでは、7章で取り上げた領域の色分け問題を、画像処理テクニックを応用して自動化する方法について解説します。

必要条件

本書はPythonそのものというよりPythonを使った人工知能に焦点を当てています。本書ではさまざまなアプリケーションを作るのにPython 3を用います。実用アプリケーションを作る最善の方法として、さまざまなPythonライブラリを活用することにしま

す。この方針で、コードはできるだけわかりやすくを心がけました。コードを理解すれば、異なる状況においても使い回せるようになるでしょう。

対象読者

本書の対象者は、実用の人工知能アプリケーションを作ろうとしている開発者です。Pythonの基礎知識は必須です。Python初心者にも親しみやすくしていますが、Pythonに習熟していればコードをいじりやすいでしょう。熟達のPythonプログラマーでも、人工知能は未経験ということであれば、AIプログラミングの速習に本書が役立つでしょう。

表記について

本書では、情報の種類によって以下のように書体を使い分けています。

本文中のコード、データベースのテーブル名、フォルダ名、ファイル名、ファイル拡張子、パス名、ダミーURL、ユーザー入力、ツイッターのハンドルネームは、次のように表記します。

> NumPyは、npという名前でインポートすることが多いです。また、scikit-learnから前処理用のpreprocessingというパッケージをインポートします。

コードのブロックは、次のように表記します。

```
output = run(0, x, parent(x, 'Adam'))
for item in output:
    print(item)
```

実行結果：
John
Megan

コードの一部に着目したいときには、その箇所を太字にします。

```
classifier = linear_model.LogisticRegression(solver='liblinear',
                                    C=100, multi_class='auto')
```

コマンドライン入力は、次のように表記します。

```
$ ruby -e "$(curl -fsSL \
  https://raw.githubusercontent.com/Homebrew/install/master/install)"
```

新しい用語や**重要な単語**は、太字で表記します。

メニューやダイアログボックスなど、画面に表示される語句は、次のように表記します。

> 右上のメニューから [New ▼] → [Python 3] を選択します。

ヒントやコツはこのように表示されます。

警告や重要なメモはこのように表示されます。

翻訳者による補足説明はこのように表示されます。

サンプルコードのダウンロード

日本語版のサンプルコードは以下から入手できます。

> https://github.com/oreilly-japan/artificial-intelligence-with-python-ja

意見と質問

本書 (日本語翻訳版) の内容については、最大限の努力をもって検証、確認していますが、誤りや不正確な点、誤解や混乱を招くような表現、単純な誤植などに気がつかれることもあるかもしれません。そうした場合、今後の版で改善できるようお知らせいただければ幸いです。将来の改訂に関する提案なども歓迎いたします。連絡先は次のとおりです。

株式会社オライリー・ジャパン

電子メール japan@oreilly.co.jp

本書のWebページには次のアドレスでアクセスできます。

https://www.oreilly.co.jp/books/9784873118727

https://github.com/oreilly-japan/artificial-intelligence-with-python-ja
（日本語版コード）

https://www.packtpub.com/big-data-and-business-intelligence/artificial-intelligence-python（英語）

https://github.com/PacktPublishing/Artificial-Intelligence-with-Python
（原書コード）

オライリーに関するその他の情報については、次のオライリーのWebサイトを参照してください。

https://www.oreilly.co.jp/

https://www.oreilly.com/（英語）

目次

訳者まえがき ··· v
まえがき ·· vii

1章　人工知能の概要·· 1

1.1　人工知能とは？ ··· 2
1.2　なぜAIを学ぶ必要があるのか？ ··· 2
1.3　AIの応用例 ·· 4
1.4　AIの分派 ··· 6
1.5　チューリングテストによる知性の定義 ······································ 8
1.6　人間のように考える機械 ·· 10
1.7　合理的なエージェント ··· 11
1.8　一般問題解決器 ·· 13
　　1.8.1　GPSによる問題の解法 ··· 13
1.9　知的エージェント ··· 14
　　1.9.1　モデルの種類 ··· 15
1.10　Python 3のインストール方法 ·· 16
　　1.10.1　Ubuntu ·· 16
　　1.10.2　macOS ·· 16
　　1.10.3　Windows ··· 17
1.11　パッケージのインストール ·· 17
1.12　データの読み込み ·· 19

2章　教師あり学習を用いた分類と回帰 — 25

- 2.1　教師あり学習と教師なし学習 — 25
- 2.2　分類とは？ — 26
- 2.3　データの前処理 — 27
  - 2.3.1　二値化 — 27
  - 2.3.2　平均値を引く — 28
  - 2.3.3　スケーリング — 29
  - 2.3.4　正規化 — 29
- 2.4　ラベルのエンコーディング — 30
- 2.5　ロジスティック回帰による分類器 — 32
- 2.6　単純ベイズ分類器 — 36
- 2.7　混同行列 — 40
- 2.8　サポートベクターマシン — 43
- 2.9　SVMを使った所得データの分類 — 44
- 2.10　回帰とは？ — 47
- 2.11　1変数の回帰モデル — 48
- 2.12　多変数の回帰モデル — 50
- 2.13　多項式回帰モデル — 52
- 2.14　サポートベクター回帰を用いた住宅費の推定 — 55

3章　アンサンブル学習を用いた予測分析 — 57

- 3.1　アンサンブル学習とは？ — 57
  - 3.1.1　アンサンブル学習 — 58
- 3.2　決定木とは？ — 58
- 3.3　決定木を用いる分類器 — 59
- 3.4　ランダムフォレストとERTとは？ — 63
  - 3.4.1　ランダムフォレストとERTによる分類器 — 64
  - 3.4.2　予測の確信度の推定 — 69
- 3.5　クラスの不均衡への対処 — 71
- 3.6　グリッドサーチを用いたパラメータ最適化 — 75
- 3.7　特徴量の相対重要度 — 79
- 3.8　ERT回帰モデルを使った交通量予測 — 81

4章 教師なし学習を用いたパターン検出 85

- 4.1 教師なし学習とは？ 85
- 4.2 k-平均法を用いたクラスタリング 86
- 4.3 Mean Shiftアルゴリズムを用いたクラスタ数推定 90
- 4.4 シルエットスコアを用いたクラスタリングの品質推定 93
- 4.5 混合ガウスモデルとは？ 98
- 4.6 混合ガウスモデルに基づくクラスタリング 98
- 4.7 Affinity Propagationモデルを使った株式市場のサブグループ検出 102
- 4.8 購買パターンに基づくマーケットのセグメント分け 106

5章 推薦エンジンを作る 109

- 5.1 訓練パイプライン 109
- 5.2 最近傍点の抽出 111
- 5.3 k-近傍分類器 114
- 5.4 類似度の計算 119
- 5.5 協調フィルタを用いた類似ユーザーの検索 124
- 5.6 映画推薦システム 126

6章 論理プログラミング 129

- 6.1 論理プログラミングとは？ 129
- 6.2 論理プログラミングの構成要素 132
- 6.3 論理プログラミングを用いた問題解法 133
- 6.4 Pythonパッケージのインストール 133
- 6.5 数式の照合 134
- 6.6 素数の判定 136
- 6.7 家系図の解析 137
- 6.8 地理の解析 143
- 6.9 パズルの解法 146

7章 ヒューリスティック探索 151

- 7.1 ヒューリスティック探索とは？ 151
  - 7.1.1 情報あり探索と情報なし探索 152
- 7.2 制約充足問題 153
- 7.3 局所探索手法 153

		7.3.1 焼きなまし法	154
7.4		貪欲法を用いた文字列の構築	155
7.5		制約を用いた問題解法	159
7.6		4色問題の解法	162
7.7		8パズルの解法	165
7.8		迷路の解法	170

8章 遺伝的アルゴリズム　　175

8.1	進化的アルゴリズムと遺伝的アルゴリズム	175
8.2	遺伝的アルゴリズムの基本概念	176
8.3	定義済みパラメータを用いたビットパターン生成	177
8.4	進化の可視化	183
8.5	関数同定問題の解法	190
8.6	知的ロボット制御	195

9章 人工知能を使ったゲーム　　205

9.1	探索アルゴリズムのゲーム応用	205
9.2	組み合わせ探索	206
9.3	ミニマックス法	207
9.4	アルファ・ベータ法	208
9.5	ネガマックス法	209
9.6	easyAIライブラリのインストール	210
9.7	コイン取りゲーム	210
9.8	三目並べ	214
9.9	『Connect Four』	217
9.10	『Hexapawn』	222

10章 自然言語処理　　227

10.1	自然言語処理の概説とパッケージのインストール	227
10.2	テキストデータのトークン化	229
10.3	ステミングによる単語の基本形変換	231
10.4	レンマ化による単語の基本形変換	233
10.5	テキストデータのチャンク分割	234
10.6	BoWモデルを用いた文書の単語行列抽出	236

| 16.6 | CNNを用いた画像分類器 | 384 |

付録A　退屈なことはPythonにやらせよう ― 4色問題篇　389

A.1	領域の番号付け	390
A.2	隣接領域の探索	392
A.3	4色問題の解決	393
A.4	地図の塗り分け	394

索引 396

1章
人工知能の概要

　本章では「人工知能」の概念と実世界への応用について述べます。私たちは毎日の暮らしのかなりの部分を賢いシステムとやりとりしながら過ごしています。例えば、インターネットで何かを検索したり、生体顔認証をしたり、話し言葉をテキストに変換したりしています。人工知能は、これらの中心部にあり、現代の生活様式に重要な位置を占めています。これらのシステムは複雑な実世界への応用であり、人工知能はこれらの問題を数学やアルゴリズムを使って解くものです。本書を通じて、これらの応用を構成し実装するための基本原理を学びます。読者のみなさんが日々の生活で直面する新しい人工知能の問題に挑戦できるようになることを目指します。

　本章では次の事柄について学びます。

- AIとは何か？ なぜAIについて学ぶ必要があるのか？
- AIの応用例
- AIの分派
- チューリングテスト
- 合理的なエージェント
- 一般問題解決器
- 知的エージェントの構築
- Python 3のインストール方法
- 必要なPythonパッケージのインストール方法

1.1　人工知能とは？

人工知能（artificial intelligence：AI）とは、機械に思考させ知性を持たせる方法のことです。機械はその内部においてソフトウェアで制御されているので、AIは機械を制御するための知的なソフトウェアに密接に関係しています。機械に世界を理解させ、人間と同じように状況判断させるには、理論や方法論を発見する科学が役に立ちます。

この2、30年の間にAIの分野が浮上してきた様子をよく見れば、研究者によって異なる概念でAIが定義されてきたことがわかるでしょう。現代においては、AIはさまざまな形態で、多岐にわたって使われています。機械が自分で感じ、納得し、考え、行動してもらいたいのです。同時に、機械には合理的でもあってもらいたいのです。

AIは人間の脳の研究に深く関係しています。研究者は、人間の脳の働きを理解することによってAIが完成するだろうと信じています。人間の脳が記憶し、思考し、行動する方法をまねることによって、機械にも同じことができるようになります。これが、学習可能で知的なシステムを開発するための基盤となりうるのです。

1.2　なぜAIを学ぶ必要があるのか？

AIは、私たちの生活のあらゆる側面に影響を与えることができます。AIの分野は、モノのパターンとふるまいを理解しようとしています。AIを用いれば、賢いシステムを作れるだけでなく、知性という概念を理解することも可能です。知的なシステムを構築するということは、人間の脳のような知的なシステムが別の知的なシステムを構築する方法を理解するのに、とても役に立つのです。

人間の脳が情報を処理する方法を見てください（**図1-1**）。

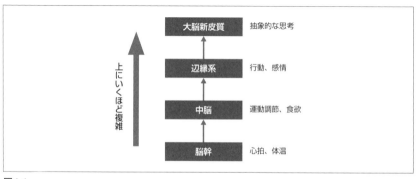

図1-1

何百年もの歴史のある数学や物理学などの分野に比べて、AIは初期段階にあります。この2、30年でAIは、自動運転車や知的な歩行ロボットなどの目を見張る製品を生み出してきました。その方向で発展すれば、知性を実現することが将来の私たちの暮らしに大きなインパクトを与えることは明確です。

それにしても、人間の脳が多くのことを簡単にこなしてしまうことが不思議に思えてなりません。人間は脳を使って物体を認識し、言葉を理解し、新しいことを覚え、洗練された仕事をこなします。いったいどうやって人間の脳はこんなことを実現しているのでしょう？ 機械を使って実現しようとすれば、人間の脳にまったくかなわないことがわかるでしょう。例えば地球外生命体やタイムトラベルのようなものを求めても、それらが存在するのかどうかわかりません。一方、AIの究極の姿は存在することがわかっています。人間の脳こそが究極の姿だからです。まったく驚くべき知的システムの実例です。人間の脳の機能を模倣して、同様のことができ、可能なら人間より優れた知的なシステムを作ることが、まさに取り組むべきことなのです。

生のデータがいくつかの処理レベルを経て知恵に変換される様子を**図1-2**に示します。

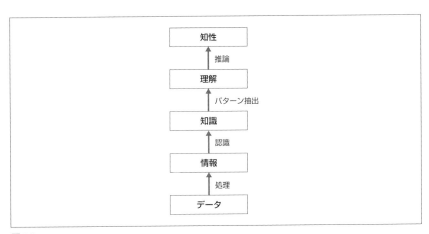

図1-2

AIを研究する主な理由のひとつは、多くのことを自動化するためです。私たちは次のような世界に暮らしています。

- 膨大で途方もない量のデータを扱っています。人間の脳はそんな大量のデータを

記録できません。
- さまざまな発生源から同時にデータが発生します。
- データは組織化されておらず混沌としています。
- このようなデータから導き出される知識は常に更新されています。データは常に変わり続けているからです。
- リアルタイムかつ高精度にセンシングし、機器を作動させます。

人間の脳は身のまわりのことを分析するのは得意ですが、先行するさまざまな状況についていくことは不得意です。したがって、知的な機械は、それが可能なように設計し開発する必要があります。つまり、次のようなAIシステムが必要です。

- 大量のデータを効率よく扱えること。クラウドコンピューティングの到来によって、膨大なデータを記録しておくことが可能になりました。
- 複数の発生源から同時に遅延なくデータを取り込むことができること。
- インサイトを導くことができるように、データに索引を付け組織化すること。
- 適切な学習アルゴリズムを用いて、常に新しいデータから学習し更新すること。
- 諸条件に基づいてリアルタイムに状況を考え応答すること。

既存の機械をより賢くし、より高速に、より効率的に実行するために、さまざまなAIの技法を積極的に用います。

1.3　AIの応用例

情報がどのように処理されるのかわかったので、AIを実応用する場面を調べてみましょう。AIはさまざまな分野にまたがってさまざまな形で現れるため、AIが各分野でいかに便利であるのかを理解することが重要です。AIは多くの業界で横断的に使われ急速に広がり続けています。最もよく使われているのは次のような分野です。

コンピュータビジョン

静止画や動画といった視覚的なデータを扱うシステムです。内容を理解し、ユースケースに基づいたインサイトを抽出します。例えば、GoogleはWeb上の類似画像検索のために画像の逆検索を用いています。

自然言語処理

テキストの理解を扱う分野です。自然言語の文を入力することで機械とやりとりできます。サーチエンジンでは、適切な検索結果を導き出すために、自然言語処理をフル活用しています。

音声認識

発話された言葉を聞いて理解できるシステムです。例えば、スマートフォン上の知的なパーソナルアシスタントにおいて、発話を理解し関連情報を提示したり、処理を実行したりできます。

エキスパートシステム

AIを用いてアドバイスや意思決定をするシステムです。財務や医学、マーケティングなどの専門知識分野のデータベースを用いて、次に何をすべきかをアドバイスします。**図1-3**に、エキスパートシステムの構成とユーザーとのやりとりの仕組みを示します。

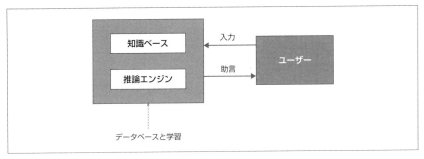

図1-3

ゲーム

AIはゲーム業界でよく使われます。人間と競争できる知的エージェントを作るのにAIが用いられます。例えば、AlphaGoは碁を打つことができるコンピュータプログラムです。他の多くの種類のゲームにおいても、コンピュータを知的にふるまわせるためにAIが使われます。

ロボット工学

ロボット制御システムは、AIの多くの概念の組み合わせにほかなりません。

システムは多くの異なる作業を実行できます。状況に応じて、ロボットはさまざまな動作をするセンサーやアクチュエーターを持ちます。センサーはロボットの前にある物体を見て、温度や、熱や、動きなどを測定します。ロボットはさまざまな計算をリアルタイムに実行するプロセッサーを備えます。新しい環境に適応することもできます。

1.4 AIの分派

実世界の問題を解くために正しいフレームワークを選ぶには、AIの中におけるさまざまな研究分野を理解することが重要です。主要な分野は次のとおりです。

機械学習とパターン認識

これは最も目にするAIの形態かもしれません。データから学習できるソフトウェアを設計して開発します。学習モデルに基づいて未知のデータから予測します。ここでの主な制約は、プログラムはデータの力に制限を受けるということです。データセットが小さければ、学習モデルも制限を受けます。典型的な機械学習システムを**図1-4**に示します。

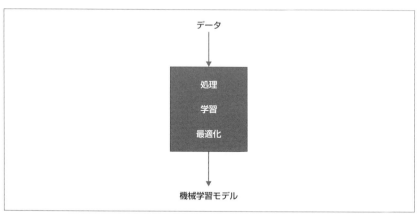

図1-4

システムが物体を見るとき、現在見ている物体と過去に見た物体をパターンの形で比較します。例えば、顔認識システムにおいては、既存のユーザーのデータベースの中から顔を見つけるために、目や鼻、唇、眉などのパターンが一致するかどうかを調べます。

論理に基づくAI

論理に基づくAIでは、コンピュータのプログラムを実行するために数理論理学を用います。論理に基づくAIにおいて書かれるプログラムは、基本的に、特定の問題領域における事実や規則を表す論理形式の文の集まりです。パターンマッチ、言語の構文解析、意味論の分析などにおいて、よく使われます。

探索

探索はAIプログラムにおいてよく使われる技法であり、膨大な数の可能性を調べて最適解を選びます。例えば、チェスなどの戦略対戦ゲーム、ネットワーク構築、リソース割り当て、スケジューリングなどにおいてよく使われます。

知識表現

身のまわりの世界に関する事実は、システムが理解できるなんらかの形式で表現される必要があります。そこでは数理論理学の言語がよく使われます。知識を効率よく表現できれば、システムはより賢く知的になります。「オントロジー」は密接に関係する研究分野であり、ある特定の領域におけるさまざまなモノの性質や関係を形式的に定義するものです。通常、なんらかの分類や階層構造を用いて表現されます。**図1-5**に、情報と知識の違いを示します。

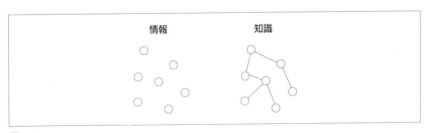

図1-5

計画法

最小コストで最大利益を与える最適計画を扱う分野です。プログラムには、特定の状況に関するさまざまな事実と、ひとつの目標を与えます。プログラムは事実を調べて何が規則であるのかを理解します。この情報から、目標を達成するのに最適な計画を生み出すのです。

ヒューリスティックス

　ヒューリスティックス（発見的手法）は、特定の問題を解く手法であり、最適解であることを保証しないが、短時間で解くのに実用的です。問題の解法を選ぶための経験に基づいた推測のようなものです。AIでは、最適解を見つけるのに、すべての可能性をひとつずつ調べるのが現実的でないことがよくあります。そこで、ヒューリスティックスを用いて目標を達成します。AIでは、ロボット工学や検索エンジンなどの分野でよく用いられます。

遺伝的プログラミング

　遺伝的プログラミングは、問題を解決するプログラムを得る方法のひとつであり、プログラムどうしを交配させ、最も適応したものを選択します。プログラムを遺伝子の集合として記述し、問題をうまく解決できるプログラムを進化によって獲得します。

1.5　チューリングテストによる知性の定義

　伝説的な科学者であり数学者の**アラン・チューリング**（Alan Turing）は、知性の定義としてチューリングテストなるものを提案しました。これは、コンピュータが人間の行動をまねできるかどうかをテストするものです。チューリングは、知的な行動を、会話における人間レベルの知性を達成できる能力として定義しました。コンピュータに質問をしたとき、人間から回答が返ってきたと人間を欺くことができれば、そのコンピュータは十分に知性があるというわけです。

　このようなことをコンピュータができるのか調べるために、彼は次のようなテスト環境を提案しました。人間はテキストインタフェースを通じて2人の相手とやりとりします。この2人の相手のことを回答者と呼びます。ひとりは人間であり、もうひとりはコンピュータです。ただし、質問の相手がコンピュータなのか人間なのかがわからないようにします。

　コンピュータが回答したのか人間が回答したのか、質問者が区別できなければ、コンピュータはチューリングテストに合格したことになります。チューリングテストの環境を**図1-6**に示します。

1.5 チューリングテストによる知性の定義

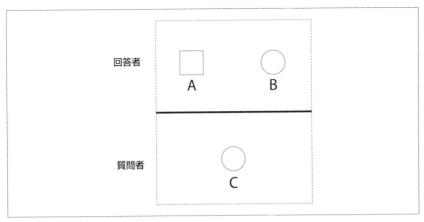

図1-6

　想像がつくように、回答者のコンピュータにとって非常に難しい課題です。会話の最中にはやることがたくさんあります。コンピュータは次のようなことを最小限熟知していなければなりません。

自然言語処理
　コンピュータが質問者とやりとりするのに必要です。文を解析し、文脈を抽出して、適切な答えを返す必要があります。

知識表現
　質問者が以前に提供した情報をコンピュータは記録しておく必要があります。その情報が再び話題になったときに適切に応答する必要があるからです。

推論
　保持された情報の解釈のしかたを理解することも重要です。人間はリアルタイムに結論を導き出すために、無意識に推論を行う傾向があります。

機械学習
　コンピュータが新しい状況にリアルタイムに適応するために必要です。コンピュータはパターンを分析し検出することで、推論できるようになります。

　ところで、なぜテキストインタフェースを通じてやりとりするのか、疑問に思うかもしれません。チューリングによれば、知性に関して人間を身体的に模倣する必要はあり

ません。そのためチューリングテストでは、人間とコンピュータの間で直接身体的なやりとりをしないようにしています。

なお、視覚や動作を扱う場合は、完全チューリングテストと言います。このテストに合格するには、コンピュータは画像認識を用いてモノを見て、ロボット工学を用いて動き回る必要があります。

1.6　人間のように考える機械

何十年もの間、機械に人間のように考えさせる努力が続けられてきました。これを実現するには、まず人間の思考について理解する必要があります。人間の考えるという性質をどのように理解したらよいのでしょうか。ひとつの方法は、物事への応答のしかたを記録することです。けれども、書き記すことが多すぎるので、すぐに行き詰まってしまいます。別の方法は、事前に定義した形式に基づいて実験を行うことです。人間に関する多種多様な話題を網羅するために、一定数の質問を用意し、人々がどのように応答するのかを調べます。

十分なデータを集めたら、人間の思考過程を模倣するモデルを作ります。このモデルを用いて、人間のように考えるソフトウェアを作ることができます。もちろん、言うは易しですが！　考慮しなければならないのは、特定の入力に対するプログラムの出力のみです。プログラムが人間の行動と同様にふるまえば、人間と類似した思考メカニズムを持っているといえます。

思考にはいくつかの段階があります。人間の脳が物事に優先順位を付ける様子を**図1-7**に示します。

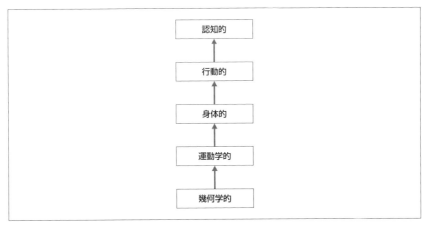

図 1-7

　計算機科学には、人間の思考過程を模倣する**認知モデル**（cognitive modeling）という研究分野があります。人間がどのように問題解決するのかを理解しようとしています。問題解決の過程を調べて心の処理を取り出し、ソフトウェアのモデルに変換します。このモデルを作って、人間の行動を模倣するのに用いるわけです。認知モデルは、ディープラーニングやエキスパートシステム、自然言語処理、ロボット工学など、さまざまなAIの応用分野で利用されています。

1.7　合理的なエージェント

　AI研究の多くは、合理的なエージェントを構築することに焦点を当てています。ところで、合理的なエージェントとはいったい何でしょうか？　その前に、合理性という言葉を定義しておきましょう。合理性とは、ある状況において「正しい」行動をすることです。その行動主体に最大の利益をもたらす方法で行動する必要があります。あるルール集合のもとでエージェントが目標を達成すれば、合理的な行動といえます。エージェントは入手可能な情報に基づいて理解し行動するだけです。AIにおいては、未知の環境に送り込まれて移動するロボットを設計するのに、このようなシステムが多く用いられています。

　「正しい」行動は、どのように定義したらよいでしょうか？　その答えはエージェントの目的に依存します。エージェントは知的で自律していると想定され、新しい状況に適応する能力も授けたいものです。エージェントは、周囲の状況を理解し、最良の方策に

従って目標を達成するように行動しなければなりません。その最良の方策は、達成したい全体目標に依存します。どのように入力を行動に変換するのかを**図1-8**に示します。

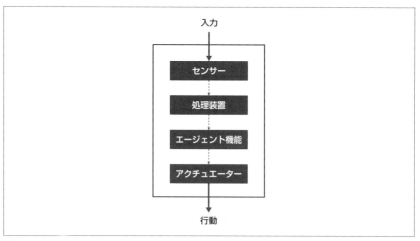

図1-8

合理的なエージェントの性能は、どのように測定したらよいでしょうか？ ひとつの考え方は、性能は目標達成度に比例する、とするものです。エージェントは、ある課題を達成するように設定されるので、課題の完了率に基づいて性能を測定すればよさそうです。けれども、全体の中で合理性がどのように構成されるのかを考慮する必要があります。合理性が結果だけに関係するとしたら、エージェントは結果に到達するための行動を起こせるでしょうか？

合理的であるためには、正しい推論をすることが必要です。エージェントは、合理的に目標を達成するように行動を積み重ねていく必要があるからです。正しい推論は、成功する結果を導くのに役立ちます。

では、正しい行動をとることができないような場合にはどうしたらよいでしょうか？ エージェントは、何をしたらよいのかわからないが、何かをしなければならない場面があります。このような場面では、合理的な行動を定義するのに、推論を用いることはできません。

1.8 一般問題解決器

一般問題解決器（general problem solver：GPS）という、サーバート・サイモンやJ.C.ショー、アレン・ニューウェルによって提案されたAIプログラムがありました。これは、AIの世界に現れた最初の実用的なコンピュータプログラムでした。その目標は、万能の問題解決器になること。もちろん、それ以前にも多くのソフトウェアはありましたが、特定の課題しか扱えませんでした。GPSはあらゆる一般的な問題を解くことを意図して作られた最初のプログラムでした。GPSはもろもろの問題に対して同じ基本アルゴリズムを用いて問題解決するはずでした。

お気づきのとおり、これは非常にしんどい戦いです！ GPSを構築するのに、作者たちは**情報処理言語**（information processing language：IPL）という新しい言語を作りました。基本的な前提は、あらゆる問題を完全論理式の集合によって表現することです。論理式は、複数の入力と出力を持つ有向グラフのようなものです。その有向グラフにおいて、入力は開始ノード、出力は終了ノードを表します。GPSでは、入力は公理系を表し、出力は結論を表します。

GPSは汎用であることを意図していましたが、幾何学や論理学における定理の証明といった良定義問題しか解けませんでした。クロスワードパズルを解いたりチェスの対戦をすることも、できなくはありませんでした。こういった問題はある程度まで形式的に記述できるからです。けれども実際には、とりうる手順の数が多いので、すぐに解決困難になってしまいます。グラフ上の道筋をひとつずつたどって総当たりで問題を解こうとするのは、計算爆発を起こすので現実的ではないのです。

1.8.1 GPSによる問題の解法

それでは、どのようにGPSで問題を解くのかを説明します。

1. 最初のステップは目標（ゴール）を定義することです。例として、食料品店で牛乳を買うことをゴールとします。
2. 次のステップは、前提条件を定義することです。前提条件はゴールに関するものです。食料品店で牛乳を買うためには、移動手段を定義したり、食料品店に牛乳の在庫がある必要があります。
3. 次に、さまざまな操作を定義します。移動手段が自動車であり、かつ、燃料不足なら、ガソリンスタンドで支払い可能であることも確認しておく必要があります。

また、お店でも牛乳の支払いができなければなりません。

「操作」は、諸条件とそれに関係するあらゆる事柄を扱い、行動と、前提条件、行動による結果の変化から構成されます。この場合の「行動」とは、食品店にお金を与えることです。もちろん、最初にお金を持っていることが条件であり、これが前提条件となります。お金を与えることで、お金の状態が変化し、牛乳を取得するという結果を引き起こします。

以上のように問題を形式化できる限りGPSはうまく動作します。しかし探索処理を用いているため、実応用においては計算が複雑になり時間がかかりすぎることが制約となります。

1.9　知的エージェント

エージェントに知性を与えるにはさまざまな方法があります。最も一般的に使われる技法は、機械学習、事前知識、推論規則などです。本節では、機械学習に焦点を当てます。機械学習では、データと訓練（トレーニング）によってエージェントに知識を与えます。

知的エージェントが環境とやりとりする様子を**図1-9**に示します。

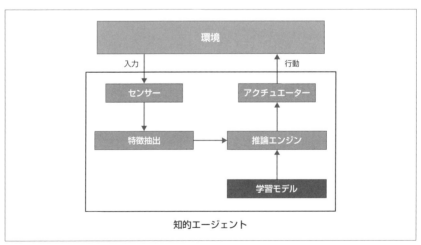

図1-9

機械学習を用いて問題を解くには、ラベル付けされたデータを機械が扱えるようにします。データと関連したラベルを解析することによって、機械はパターンと関係性を抽出する方法を学習するのです。

知的エージェントは、推論エンジンを実行する学習モデルに依存します。センサーが入力を受け取り、特徴抽出ブロックに送ります。関係する特徴を抽出すると、訓練済みの推論エンジンが学習モデルに基づいて予測を行います。この学習モデルは、機械学習を用いて構築されます。推論エンジンが意思決定をしてアクチュエーターに指示し、実世界に必要な行動を起こすのです。

現在では、機械学習は画像認識やロボット工学、音声認識、株式市場予測など数多く応用されています。機械学習を理解して完全な解を構築するには、パターン認識や人工ニューラルネットワーク、データマイニング、統計学などの他の分野の技法も知っておく必要があるでしょう。

1.9.1　モデルの種類

AIの世界には、分析モデルと学習モデルの2種類のモデルがあります。計算可能な機械を手に入れる前は、分析モデルに頼っていました。分析モデルは、数式を用いて導出され、最終式に到達するまで数式を連ねます。この方法の問題は、人間の判断に基づいているということでした。つまり、分析モデルには数個のパラメータしかなく、単純で不正確なものでした。

データ分析が得意なコンピュータの時代になり、徐々に学習モデルが使われることが増えました。学習モデルは訓練によって獲得されるものです。訓練の過程で、機械は多くの入力と出力の例を調べて、関係性を導き出します。学習モデルは通常、数千ものパラメータを持つ複雑で正確なものとなります。これによってデータを統制する非常に複雑な数式を求めるのです。

機械学習を用いると、推論エンジンで使える学習モデルを取得できます。この方法の最も良い点は、その根底にある数式を導き出す必要がないということです。複雑な数学を知らなくても、機械がデータから数式を導き出してくれます。必要なのは、入力と対応する出力のリストのみです。学習モデルとは、ラベルの付いた入力と所望の出力の関係性である、ともいえます。

1.10　Python 3のインストール方法

本書全体ではPython 3を使います。お使いのコンピュータに最新のPython 3がインストール済みであることを確認してください。次のように端末（ターミナル）に入力します。

```
$ python3 --version
```

Python 3.x.x（x.xはバージョン番号）のように表示されれば、準備できています。表示されなくても、インストールはとても簡単です。

1.10.1　Ubuntu

Ubuntu 14以上であれば、Python 3はインストール済みです。もしインストールされていなければ、次のコマンドでインストールできます。

```
$ sudo apt install python3
```

前述のように次のコマンドでチェックしてください。

```
$ python3 --version
```

端末にバージョン番号が表示されるはずです。

1.10.2　macOS

macOSをお使いなら、Homebrewを使ってPython 3をインストールすることをお勧めします。HomebrewはmacOS用の優れたパッケージインストーラであり簡単に使えます。Homebrewがなければ、次のコマンドでインストールできます。

```
$ ruby -e "$(curl -fsSL \
  https://raw.githubusercontent.com/Homebrew/install/master/install)"
```

次に、パッケージマネージャを更新します。

```
$ brew update
```

Python 3をインストールします。

```
$ brew install python3
```

前述のチェックコマンドを実行します。

```
$ python3 --version
```

端末にバージョン番号が表示されるはずです。

1.10.3 Windows

Windowsをお使いなら、SciPy-stack互換のディストリビューションを使うことをお勧めします。特にAnacondaは人気があり、簡単に使うことができます。インストール方法はhttps://www.anaconda.com/distribution/にあります[*1]。

ほかのSciPy-stack互換のディストリビューションを調べるには、http://www.scipy.org/install.htmlを確認してください。

これらのディストリビューションの良いところは、必要なパッケージが事前にインストール済みであり、いちいちインストールする手間がかかりません。また、AnacondaのNumPyは、Intelの高速な数値演算ライブラリMKLを使っているため高速である点もメリットです。

インストールしたら、[Anaconda Prompt]を起動し、次のコマンドで確認してください。

```
(base) C:\Users\aizo> python --version
```

端末にバージョン番号が表示されるはずです。

1.11 パッケージのインストール

本書の中では、NumPyやSciPy、scikit-learn、matplotlibといったさまざまなパッケージを使います。事前にこれらのパッケージをインストールしておく必要があります。

UbuntuとmacOSをお使いなら、これらのパッケージのインストールは簡単です。端末から1行のpip3コマンドでパッケージをインストールできます。インストールに関連するリンクを示します。

NumPy、SciPy、Matplotlib

　　https://www.scipy.org/install.html

[*1] 訳注：AnacondaはmacOSやLinux用もあります。

Scikit-learn

https://scikit-learn.org/stable/install.html

また、本書では、Jupyter Notebookを使います[*1]。

Jupyter Notebook

https://jupyter.org/install.html

Anacondaでは、次のパッケージはインストール済みです。

```
numpy  scipy  scikit-learn  matplotlib  jupyter
sympy  nltk  pandas
```

Anacondaでパッケージを追加する場合には、pipよりもcondaを優先して使います。conda installでインストールできるパッケージは次のとおりです。

```
gensim  cvxopt  opencv  tensorflow
```

なお、本書翻訳時点ではcvxoptとtensorflowは、Pythonの最新バージョン3.7には対応しておらずインストールできません。その場合には、次のように、Python 3.6の環境を作ります。

```
$ conda create -y -n py36 python=3.6 anaconda cvxopt tensorflow
$ activate py36
```

pip installでインストールする必要があるパッケージは次のとおりです。

```
pandas_datareader  kanren  simpleai  deap  easyai
hmmlearn  pystruct  neurolab  gym
```

AIは進歩が激しいため、頻繁にパッケージがバージョンアップされます。そのため本書のサンプルコードを実行すると、警告やエラーが表示されることがあります。そのような場合には、まずパッケージのバージョンを最新化してください。パッケージのバージョンアップは、次のコマンドで行います。

[*1] 訳注:原書ではPythonの対話モードを使っていましたが、翻訳版の本書ではJupyter Notebookを使います。

pipの場合：
```
$ pip install -U パッケージ名
```

Anacondaの場合：
```
$ conda update パッケージ名
```

APIがdeprecated（廃止予定）であるという警告が表示された場合には、警告メッセージを読んで新しいAPIに書き換えなければならないこともあります[*1]。

1.12　データの読み込み

学習モデルを構築するためには、代表的な実データが必要です。必要なパッケージのインストールが済んでいれば、パッケージを通じてデータを扱うことができます。

端末に次のように入力して、jupyter notebookを起動してください。

```
$ jupyter notebook
```

すると、Webブラウザが起動してjupyterのページが開き、jupyterを起動したフォルダのファイル一覧が表示されます（**図1-10**）。

[*1] 訳注：pip3コマンドやcondaコマンドでは、パッケージのバージョンを下げたりパッケージのバージョンを指定してインストールしたりすることも可能です。
pipの場合：
```
$ pip3 uninstall tensorflow -y
$ pip3 install tensorflow==1.12.0
```
Anacondaの場合：
```
$ conda install tensorflow=1.12.0
```

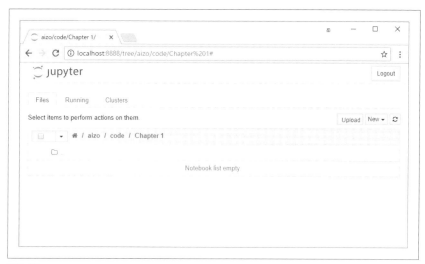

図1-10

右上のメニューから[New ▼]→[Python 3]を選択します(**図1-11**)。

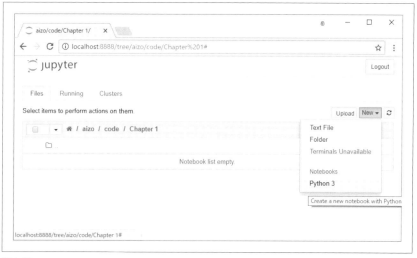

図1-11

すると「Untitled」というブラウザのタブが新たに開きます(**図1-12**)。

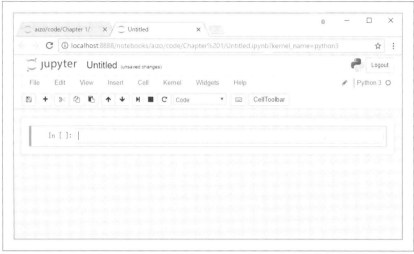

図 1-12

In [ ]: の右側に入力欄がありますが、これを「セル」と言い、ここに Python のコードを記述します。

まず、データセットを含むパッケージを import しましょう。

```
from sklearn import datasets
```

次の行で、住宅費のデータセットを読み込みます。

```
house_prices = datasets.load_boston()
```

そして、データを表示します。

```
print(house_prices.data)
```

ここまで入力したら、上に並んでいるボタンから ▶ (run cell, select below) を押します (**図 1-13**)。

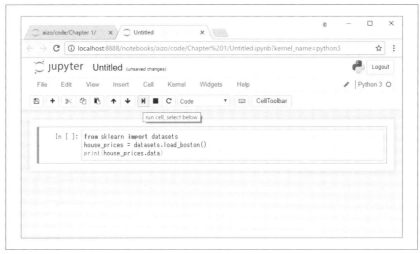

図1-13

すると、**図1-14**のように表示されるでしょう。

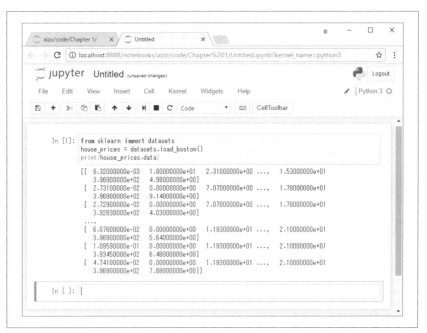

図1-14

ラベルを調べましょう。上のセルの実行後は、新しいセルが作られるので、次のように入力し、また ▶ ボタンを押して実行してください。

```
print(house_prices.target)
```

すると、**図1-15**のように表示されるでしょう。

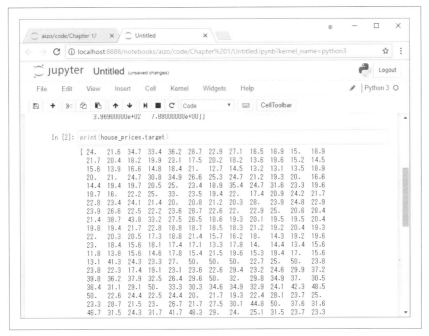

図1-15

実際の配列は大きいので、図には配列の値の冒頭の部分だけを表示しています。

scikit-learnパッケージには画像データセットも含まれています。画像サイズは8×8です。読み込んでみましょう。

新しいセルに、次のように入力して画像を読み込み、5番目の画像を表示します。

```
digits = datasets.load_digits()
print(digits.images[4])
```

▶ ボタンを押して実行すると、**図1-16**のように表示されます。

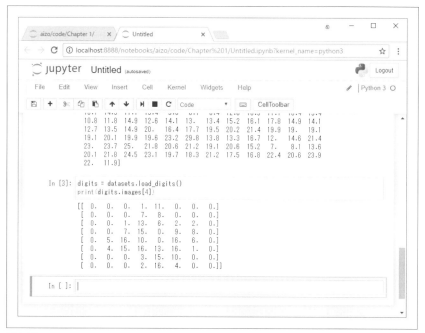

図1-16

ご覧のとおり、8行8列の行列になっています。

Jupyter Notebookを使い終わったら、[File]→[Close and Halt]でカーネル（裏で動いているPython処理系）を終了させることを忘れないでください。ブラウザだけ閉じると、カーネルが残ったままになり、CPUやメモリを圧迫します。

また、端末でCtrl-Cを押して、Jupyter Notebook全体を終了させることも忘れないようにしましょう。

2章

教師あり学習を用いた分類と回帰

本章では、教師あり学習を用いたデータ分類と回帰について説明します。本章を通じて、次のような事柄を学びます。

- 教師あり学習と教師なし学習の違い
- 分類とは？
- さまざまなデータ前処理法
- ラベルのエンコーディング
- ロジスティック回帰による分類器の作り方
- 単純ベイズ分類器
- 混同行列
- サポートベクターマシン（SVM）に基づく分類器
- 線形回帰と多項式回帰
- 1変数と多変数の線形回帰
- サポートベクター回帰を用いた住宅費の推定

2.1 教師あり学習と教師なし学習

機械に人工知能を導入する最も一般的な手法のひとつが機械学習です。機械学習は、教師あり学習と教師なし学習の2つに大きく分けられます。ほかの分け方もありますが、あとで説明することにします。

教師あり学習（supervised learning）とは、ラベル付きの教師データを用いて学習モデルを構築する方法です。例として、年齢や学歴、住所などから、その人の所得を自動推定するシステムを開発することを考えます。そのためには、人々の詳細属性データ

を集めたデータベースを作り、それに所得データをラベル付けします。こうすることにより、どの属性がいくらの所得に対応するのかを、アルゴリズムに伝えることができます。この対応づけに基づいて、属性群からその人の所得を計算する方法を学習できるのです。

一方、**教師なし学習**（unsupervised learning）とは、ラベル付きのデータを用いずに学習モデルを構築する方法です。ある意味、前段落の話と真逆です。ラベルがないため、与えられたデータだけに基づいて潜在的な本質を抽出する必要があります。例えば、データの点群を複数のグループに分けるシステムを構築するとします。難しいのは、どのように分けるべきなのか、その基準が厳密にはわからない、ということです。したがって、教師なし学習のアルゴリズムは、与えられたデータセットを可能な限り最適な方法でグループ分けするしかありません。

2.2　分類とは？

本章では、教師ありの分類手法を説明します。分類の手順は、人間がデータを所定の数のクラスに分ける方法と同じです。分類の最中において、クラスの数は最大限効果的かつ効率的な一定数であるとします。

機械学習において分類とは、新しいデータがどのクラスに属すのかを識別する問題を解くことです。データと対応するラベルを含んだ教師データセットに基づいて、分類モデルを作ります。例えば、ある画像に顔が写っているかどうかをチェックしたいとします。それには「顔あり」と「顔なし」の2つのクラスに対応する教師データセットを用います。そして、この教師データに基づいてモデルを訓練し、訓練されたモデルを推論に用います。

優れた分類システムを用いれば、データを発見したり検索したりするのが容易になります。分類は、顔認識、スパム検知、推薦エンジンなどにおいて、よく使われます。データ分類のアルゴリズムは、所定のデータを所定のクラス数に分けるための適切な基準を見つけ出します。

基準を一般化するには、膨大な数のサンプルが必要になります。サンプル数が足りないと、アルゴリズムは、教師データに過剰に適合するという、いわゆる**過学習**（overfitting、**過剰適合**とも言う）になります。つまり、教師データに現れるパターンに適合しすぎると、未知のデータに対してうまく働かなくなってしまうのです。機械学習の分野ではよくある問題です。さまざまな機械学習モデルを構築する際には、この問題

を考慮しておきましょう。

2.3 データの前処理

実世界では大量の生データを扱います。機械学習のアルゴリズムが訓練を始める前に、データを所定の方法で整形しておきます。データを入力に適した正しい形式に変換することを「前処理」と言います。

Jupyter Notebookを起動し、[New ▼]→[Python 3]を選び、セルに次のように入力します。

```
import numpy as np
from sklearn import preprocessing
```

NumPyは、npという名前でインポートすることが多いです。また、scikit-learnから前処理用のpreprocessingというパッケージをインポートします。

続いて、サンプルデータを定義します。

```
input_data = np.array([[5.1, -2.9, 3.3],
                       [-1.2, 7.8, -6.1],
                       [3.9, 0.4, 2.1],
                       [7.3, -9.9, -4.5]])
```

次のような前処理法を順番に説明します。

- 二値化
- 平均値を引く
- スケーリング
- 正規化

2.3.1 二値化

二値化とは、数値を0か1に変換することです。パッケージに定義されている関数Binarizer()を使って、閾値(threshold)を2.1として二値化してみましょう。

次のコードを追加してください。

```
data_binarized = preprocessing.Binarizer(threshold=2.1).transform(input_data)
print("Binarized data:\n", data_binarized)
```

ここまでのコードを実行すると、次のように出力されるでしょう。

```
Binarized data:
[[ 1.  0.  1.]
 [ 0.  1.  0.]
 [ 1.  0.  0.]
 [ 1.  0.  0.]]
```

ご覧のように、2.1を超える値は1になり、それ以下は0になります。

2.3.2　平均値を引く

平均値を引くのは、機械学習で一般的に使われる前処理法です。特徴ベクトルから平均を引くと、特徴量の中心が原点になります。特徴ベクトルからバイアスを除去するために、平均値を引くわけです。

次のコードを追加してください。メソッドmean()とstd()はそれぞれ平均（Mean）と標準偏差（Std deviation）を表示するものです。

```
print("BEFORE:")
print("Mean =", input_data.mean(axis=0))
print("Std deviation =", input_data.std(axis=0))
```

scale()を使うと、平均値を引いてから、標準偏差が1になるようにスケーリングします。

```
data_scaled = preprocessing.scale(input_data)
print("AFTER:")
print("Mean =", data_scaled.mean(axis=0))
print("Std deviation =", data_scaled.std(axis=0))
```

コードを実行すると、次のように表示されるでしょう。

```
BEFORE:
Mean = [ 3.775 -1.15  -1.3  ]
Std deviation = [ 3.12039661  6.36651396  4.0620192 ]
AFTER:
Mean = [  1.11022302e-16   0.00000000e+00   2.77555756e-17]
Std deviation = [ 1. 1. 1.]
```

得られた値を見ると、平均値は0に近く、標準偏差は1になっています[*1]。

2.3.3 スケーリング

特徴ベクトルの各特徴量の値は、さまざまな値を取りえます。そこで、機械学習アルゴリズムの訓練に使える水準に合うように、特徴量の値をスケーリングすることが重要になります。測定値の性質上、不自然に値を大きくしたり小さくしたりしてはいけません。

次のコードを追加してください。値域[0,1]を指定してMinMaxScalerオブジェクトを生成してから、fit_transform()メソッドを呼び出して最大値と最小値に収まるようにデータをスケーリングします。

```
data_scaler_minmax = preprocessing.MinMaxScaler(feature_range=(0, 1))
data_scaled_minmax = data_scaler_minmax.fit_transform(input_data)
print("Min max scaled data:\n", data_scaled_minmax)
```

これを実行すると、次のように表示されるでしょう。

```
Min max scaled data:
 [[ 0.74117647  0.39548023  1.        ]
  [ 0.          1.          0.        ]
  [ 0.6         0.5819209   0.87234043]
  [ 1.          0.          0.17021277]]
```

各列がスケールされ、最小値が0、最大値が1になり、ほかの値が相対値になっています。

2.3.4 正規化

特徴ベクトルの値を共通的な尺度に揃えることを**正規化**（normalization）と言います。機械学習においては、さまざまな正規化手法があります。最も一般的な正規化手法は、ベクトルの要素の絶対値の和が1になるようにした**L1正規化**です。つまり**最小絶対値**（least absolute deviations）を参照して、各行において絶対値の和が1となるように調整します。一方、**L2正規化**は、各行の要素の自乗の和が1となるようにします。

[*1] 訳注：ここでは平均値を引くだけでなく、スケーリングも行っているため、標準偏差が1になりました。平均値を引くだけなら、data_centered = preprocessing.scale(input_data, with_std=False)とします。

一般に、L1正規化はL2正規化よりもロバストであると考えられています。L1正規化は、データの外れ値の影響を受けにくいためです。データに外れ値が含まれていても、どうすることもできない場合がよくあります。計算中に外れ値を安全かつ効率的に無視できる手法を用いるほうがよいでしょう。一方、外れ値も重要になる問題を解く場合には、L2正規化を選ぶほうがよいかもしれません。

　次の行を追加してください。`normalize()`は`norm`で指定した正規化をする関数です。

```
# データを正規化する
data_normalized_l1 = preprocessing.normalize(input_data, norm='l1')
data_normalized_l2 = preprocessing.normalize(input_data, norm='l2')
print("L1 normalized data:\n", data_normalized_l1)
print("L2 normalized data:\n", data_normalized_l2)
```

　コードを実行すると、次のように表示されるでしょう。

```
L1 normalized data:
 [[ 0.45132743 -0.25663717  0.2920354 ]
 [-0.0794702   0.51655629 -0.40397351]
 [ 0.609375    0.0625      0.328125  ]
 [ 0.33640553 -0.4562212  -0.20737327]]
L2 normalized data:
 [[ 0.75765788 -0.43082507  0.49024922]
 [-0.12030718  0.78199664 -0.61156148]
 [ 0.87690281  0.08993875  0.47217844]
 [ 0.55734935 -0.75585734 -0.34357152]]
```

　本節全体のコードは、Jupyter Notebookのファイル`preprocessing.ipynb`に格納されています。

2.4　ラベルのエンコーディング

　分類をする際には、通常たくさんのラベルを扱います。ラベルは、単語や数字などさまざまな形態をとります。機械学習パッケージの**scikit-learn**では、ラベルは数字である必要があります。ラベルが数字ならそのまま訓練を始められますが、そうでないことのほうが多いです。

　実世界では、ラベルは人間が読める単語の形態をとります。これを教師データにするには、単語から数字に対応づけるようにラベル付けします。単語のラベルを数字のラ

ベルに変換するには、ラベルのエンコーダを用います。**ラベルのエンコーディング**とは、単語のラベルを数字の形態に変換する処理のことを表します。こうして学習アルゴリズムが訓練データを扱えるようになります。

それでは、新たにJupyter NotebookでPython 3のタブを作り、前節と同様に最初のセルに入力してください。

```
import numpy as np
from sklearn import preprocessing
```

例として、単語ラベルを定義します。

```
input_labels = ['red', 'black', 'red', 'green', 'black', 'yellow', 'white']
```

ラベルエンコーダLabelEncoderのオブジェクトを生成して、訓練します。

```
encoder = preprocessing.LabelEncoder()
encoder.fit(input_labels)
```

encoder.classes_には、ラベルと数字のタプルが格納されているので、ループで表示します。

```
print("Label mapping:")
for i,item in enumerate(encoder.classes_):
    print(item, '-->', i)
```

これを実行すると、次のように対応関係が表示されるでしょう。

```
Label mapping:
black --> 0
green --> 1
red --> 2
white --> 3
yellow --> 4
```

それでは、transform()メソッドを使って適当に並べたラベルを数字に変換してみましょう。

```
test_labels = ['green', 'red', 'black']
encoded_values = encoder.transform(test_labels)
print("Labels =", test_labels)
print("Encoded values =", list(encoded_values))
```

これを実行すると次のように表示され、前述の対応づけどおりの番号に変換されていることがわかります。

```
Labels = ['green', 'red', 'black']
Encoded values = [1, 2, 0]
```

今度は逆に、`inverse_transform()`メソッドを使って、数字からラベルに変換してみましょう。

```
encoded_values = [3, 0, 4, 1]
decoded_list = encoder.inverse_transform(encoded_values)
print("Encoded values =", encoded_values)
print("Decoded labels =", list(decoded_list))
```

実行すると、次のように、番号に対応したラベルが表示されるでしょう。

```
Encoded values = [3, 0, 4, 1]
Decoded labels = ['white', 'black', 'yellow', 'green']
```

本節のコードは、`label_encoder.ipynb`に格納されています。

2.5 ロジスティック回帰による分類器

ロジスティック回帰は、入力変数と出力変数の間の関係を説明するのに使われる手法のひとつです。入力変数は互いに独立であり、出力変数は従属変数であると仮定します。出力変数は、決まった値の集合のうちからひとつの値を取るとします。この値が分類問題のクラスに対応するわけです。

目標は、ロジスティック関数を用いて確率を推定することによって、入力変数と出力変数の間の関係性を見つけ出すことです。ロジスティック関数は**シグモイド曲線**（sigmoid curve）であり、いくつかのパラメータを使って関数を構成します。ロジスティック回帰は、点群の誤差を最小にする直線を当てはめる一般化線形モデル解析に密接に関係しています。ここでは線形回帰の代わりにロジスティック回帰を用います。ロジスティック回帰自体は分類手法ではありませんが、出力変数を固定値にすることによって、分類問題の解法として使います。ロジスティック回帰は単純なので、機械学習でごくふつうに使われます。

それでは、ロジスティック回帰を使って分類器を作ってみましょう。

Jupyter Notebookで新規にPython 3タブを作り、次のコードを入力してください。

2.5 ロジスティック回帰による分類器

```
import numpy as np
from sklearn import linear_model
```

入力データの実例として、2次元ベクトルと、対応するラベルを定義します。

```
X = np.array([[3.1, 7.2], [4, 6.7], [2.9, 8], [5.1, 4.5], [6, 5],
              [5.6, 5], [3.3, 0.4], [3.9, 0.9], [2.8, 1], [0.5, 3.4],
              [1, 4], [0.6, 4.9]])
y = np.array([0, 0, 0, 1, 1, 1, 2, 2, 2, 3, 3, 3])
```

このラベル付きデータを用いて分類器を訓練します。ロジスティック回帰による分類器LogisticRegressionを生成します。

```
classifier = linear_model.LogisticRegression(solver='liblinear',
                                              C=1, multi_class='auto')
```

上で定義したデータを使って分類器を訓練します。

```
classifier.fit(X, y)
```

分類器の訓練結果を、クラスの境界を表示して可視化しましょう。

そこで、可視化用の関数を定義します。この関数は本章で繰り返し使うので、utilities.ipynbという別のファイルで定義して再利用できるようにします。

Jupyter Notebookで、新規のPython 3ファイルを編集するタブを開きます。次のコードを入力してください。

```
import numpy as np
import matplotlib.pyplot as plt
%matplotlib inline
```

Jupyter Notebookで、matplotlibのグラフをインライン表示するには、%matplotlib inlineと書きます。

分類器オブジェクトclassifierと、入力データX、ラベルyを引数に取る関数を定義します。

```
def visualize_classifier(classifier, X, y, title=''):
    min_x, max_x = X[:, 0].min() - 1.0, X[:, 0].max() + 1.0
    min_y, max_y = X[:, 1].min() - 1.0, X[:, 1].max() + 1.0
```

まず、メッシュ状のグリッド用に、X軸方向とY軸方向の値の最小値と最大値を求め

ます。グリッドの各点を分類器への入力として、その分類結果（クラス）を表示することによって、クラスの境界を可視化できます。グリッド上でのステップサイズを定義し、最小・最大値を用いてグリッドを定義します。

```
mesh_step_size = 0.01

x_vals, y_vals = np.meshgrid(np.arange(min_x, max_x, mesh_step_size),
                             np.arange(min_y, max_y, mesh_step_size))
```

グリッド上のすべての点について分類器を実行します。

```
output = classifier.predict(np.c_[x_vals.ravel(), y_vals.ravel()])
output = output.reshape(x_vals.shape)
```

図を生成して、色表を選択し、すべての点を描画します。

```
plt.figure()
plt.title(title)
plt.pcolormesh(x_vals, y_vals, output, cmap=plt.cm.gray)
plt.scatter(X[:, 0], X[:, 1], c=y, s=75, edgecolors='black', linewidth=1,
            cmap=plt.cm.Paired)
```

最小値と最大値を使って描画の外枠を表示し、目盛を追加して、図を表示します。

```
plt.xlim(x_vals.min(), x_vals.max())
plt.ylim(y_vals.min(), y_vals.max())

plt.xticks((np.arange(int(min_x), int(max_x), 1.0)))
plt.yticks((np.arange(int(min_y), int(max_y), 1.0)))

plt.show()
```

以上で可視化の関数は完成です。utilitiesと名前を付けて保存してください。そして、[File]→[Close and Halt]で終了してタブを閉じてください。

元のPython 3のタブに戻り、次のように追加してutilities.ipynbを実行し、作成した関数visualize_classfierを使えるようにしてください。そして、先ほど訓練した分類器とデータを渡して分類結果を可視化します。

```
%run utilities.ipynb

visualize_classifier(classifier, X, y)
```

コードを実行すると、**図2-1**のように表示されるでしょう。

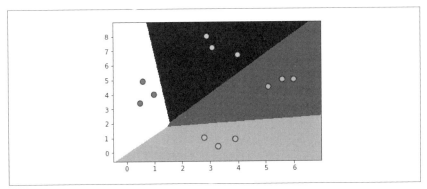

図2-1

次のようにCの値を「100」に変更すると、境界がもっと正確になります。

```
classifier = linear_model.LogisticRegression(solver='liblinear',
                            C=100, multi_class='auto')
```

Cは分類間違いに対するペナルティーとなるので、分類器は教師データにより適合するようになります。あまり大きな値を指定すると、過剰適合になって汎化性能が劣化するので注意してください。

Cに100を指定したときの結果を**図2-2**に示します。

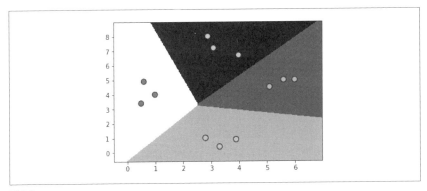

図2-2

図2-1と比べると、境界が改善されていることがわかります。

本節のコードは、logistic_regression.ipynbに格納されています。

2.6　単純ベイズ分類器

単純ベイズは、ベイズの定理に基づいて分類器を構築する手法です。ベイズの定理とは、ある事象に関連するさまざまな条件のもとで起こる事象の確率を記述します。問題事例にクラスのラベルを付けることにより、単純ベイズ分類器を構築します。問題事例は、特徴量のベクトルとして表されます。ここでの仮定は、特徴は互いに独立である、ということです。これを独立仮定と呼び、単純ベイズ分類器が「単純」と呼ばれるゆえんです。

独立であるから、あるクラス変数に対して、ある特徴が与える影響だけを考慮すればよく、ほかの特徴が与える影響は考慮しなくてよいのです。例えば、ある動物に斑点があり、脚が4本であり、尻尾があり、時速約110kmで走るのであれば、その動物はおそらくチーターであると考えられます。単純ベイズ分類器では、その動物がチーターである確率に対して、これらの特徴が独立に寄与すると考えます。肌の模様と、脚の数と、尻尾の有無と、移動速度の間には、実際には相関があるかもしれませんが、単純ベイズではその相関を考慮しません。それでは、単純ベイズ分類器を作ってみましょう。

前節同様にJupyter NotebookでPython 3のタブを作り、次のようにインポート文を入力してください。また、%run utilities.ipynbを実行して、先に定義したvisualize_classifier()関数を実行できるようにしておきます。

```
import numpy as np
from sklearn.naive_bayes import GaussianNB
%run utilities.ipynb
```

data_multivar_nb.txtというファイルをデータのソースとして用います。

```
input_file = 'data_multivar_nb.txt'
```

このファイルには、次のように1行ごとにカンマで区切られた値が格納されています。最初の2つの値が特徴ベクトル値で、3つ目の値がラベル値です。

```
2.18,0.57,0
4.13,5.12,1
9.87,1.95,2
```

```
4.02,-0.8,3
1.18,1.03,0
4.59,5.74,1
8.25,1.3,2
...
```

このファイルからデータを読み込みます。data[:, :-1]は、dataの末尾の列を取り除いたもの、すなわち特徴ベクトル値となります。data[:, -1]は、dataの末尾の列、すなわちラベル値となります。それぞれXに特徴ベクトル値、yにラベル値を代入します。

```
data = np.loadtxt(input_file, delimiter=',')
X, y = data[:, :-1], data[:, -1]
```

単純ベイズ分類器のインスタンスを生成します。ここでは、ガウシアン単純ベイズ分類器GaussianNBを用います。この分類器では、各クラスの値はガウス分布に従うと仮定します。

```
classifier = GaussianNB()
```

教師データを用いて分類器を訓練します。

```
classifier.fit(X, y)
```

訓練データに対して分類器を実行して出力を推定します。

```
y_pred = classifier.predict(X)
```

次に、推定値と真のラベルを比べて分類器の正解率（一致した割合）を計算し、可視化します。

```
accuracy = 100.0 * (y == y_pred).sum() / X.shape[0]
print("Accuracy of Naïve Bayes classifier =", round(accuracy, 2), "%")
```

```
visualize_classifier(classifier, X, y)
```

これを実行すると、**図2-3**のように表示されるでしょう。

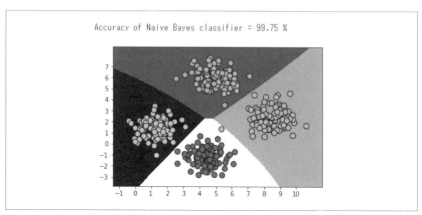

図2-3

分類器が学習した境界線が表示されています。4つのクラスにうまく分類できていて、入力データ点がどのクラスに属するのかがわかります。

しかしながら、この方法で求めた分類器の精度は、教師データと検証データが同じなので、あまりフェアな評価ではありません。検証データが異なれば、異なる値が出るでしょう。そこで、**交差検証**(cross validation)を行います。

model_selection()という関数を用いると、データを訓練用と検証用に分けることができます。次のコードでtest_sizeパラメータに指定したように、訓練用に80%、検証用に残りの20%を用いることにします。そして、それぞれの訓練用データを用いて単純ベイズ分類器を訓練し、検証用データを用いて推定します。

```
from sklearn import model_selection

X_train, X_test, y_train, y_test = model_selection.train_test_split(X, y,
                                      test_size=0.2, random_state=3)
classifier_new = GaussianNB()
classifier_new.fit(X_train, y_train)
y_test_pred = classifier_new.predict(X_test)
```

分類器の精度を計算し、可視化します。

```
accuracy = 100.0 * (y_test == y_test_pred).sum() / X_test.shape[0]
print("Accuracy of the new classifier =", round(accuracy, 2), "%")

visualize_classifier(classifier_new, X_test, y_test)
```

次に、cross_validationパッケージの関数cross_val_score()を用いて、3分割交差検証を行い、正解率（Accuracy）、適合率（Precision）、再現率（Recall）、そしてF1値（F1）を計算してみます[1]。

```
num_folds = 3
accuracy_values = model_selection.cross_val_score(classifier,
                X, y, scoring='accuracy', cv=num_folds)
print("Accuracy: " + str(round(100*accuracy_values.mean(), 2)) + "%")

precision_values = model_selection.cross_val_score(classifier,
                X, y, scoring='precision_weighted', cv=num_folds)
print("Precision: " + str(round(100*precision_values.mean(), 2)) + "%")

recall_values = model_selection.cross_val_score(classifier,
                X, y, scoring='recall_weighted', cv=num_folds)
print("Recall: " + str(round(100*recall_values.mean(), 2)) + "%")

f1_values = model_selection.cross_val_score(classifier,
                X, y, scoring='f1_weighted', cv=num_folds)
print("F1: " + str(round(100*f1_values.mean(), 2)) + "%")
```

コードを実行すると、図2-4のように表示されるでしょう。

前と同様に、交差検証の結果を表示しています。

---

[1] 訳注：正解率、適合率、再現率、F1値は、具体的にはそれぞれ次の値です。
- 正解率（Accuracy）：全予測結果のうち、真の値と一致した割合
- 適合率（Precision）：間違いの少なさ
- 再現率（Recall）：漏れの少なさ
- F1値（F1）：適合率と再現率の調和平均

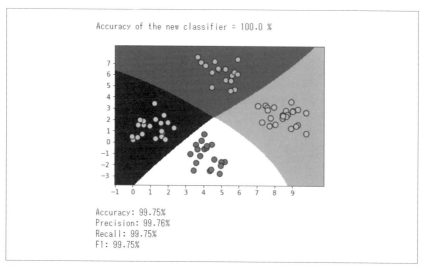

図2-4 Accuracy（正解率）、Precision（適合率）、Recall（再現率）、F1（F1値）

本節のコードは、`naive_bayes.ipynb`に格納されています。

2.7 混同行列

混同行列（confusion matrix）は、分類器の性能を記述する図や表のことで、通常、正解（ground truth）がわかっている検証データを用いて作成します。クラス間を比較して、間違ってクラス分けされた数を見ることができます。この表を作成するにあたって、まず次に示す重要な指標を覚えましょう。出力が「0」か「1」のいずれかである二値分類器を想定します。

- 真陽性（true positive：TP）—— 推定値が1で、正解も1。
- 真陰性（true negative：TN）—— 推定値が0で、正解も0。
- 偽陽性（false positive：FP）—— 推定値が1だが、正解が0。第一種過誤とも言う。
- 偽陰性（false negative：FN）—— 推定値が0だが、正解が1。第二種過誤とも言う。

取り組む問題に依存しますが、偽陽性か偽陰性のいずれか一方を小さくするようなアルゴリズム最適化が必要になることがあります。例えば、生体認証システムにおいては、間違って許可した人が重要な情報にアクセスできるほうが、間違って不許可にすることよりも問題になるので、偽陽性を避けるほうが重要になります。

2.7 混同行列

それでは、混同行列を作成してみましょう。

新たに Python 3 タブを開き、次のように入力します。

```
import numpy as np
import matplotlib.pyplot as plt
%matplotlib inline
from sklearn.metrics import confusion_matrix
from sklearn.metrics import classification_report
```

正解と推定結果のラベルの事例を定義します。

```
true_labels = [2, 0, 0, 2, 4, 4, 1, 0, 3, 3, 3]
pred_labels = [2, 1, 0, 2, 4, 3, 1, 0, 1, 3, 3]
```

このラベルに対する混同行列を生成して表示します。

```
confusion_mat = confusion_matrix(true_labels, pred_labels)
print(confusion_mat)
```

混同行列を可視化します。

```
plt.imshow(confusion_mat, interpolation='nearest', cmap=plt.cm.gray)
plt.title('Confusion matrix')
plt.colorbar()
ticks = np.arange(5)
plt.xticks(ticks, ticks)
plt.yticks(ticks, ticks)
plt.ylabel('True labels')
plt.xlabel('Predicted labels')
plt.show()
```

上記の可視化コードで、ticks 変数はクラス数を表します。今回のラベル数は5です。これを実行すると、**図2-5**のように表示されるでしょう。

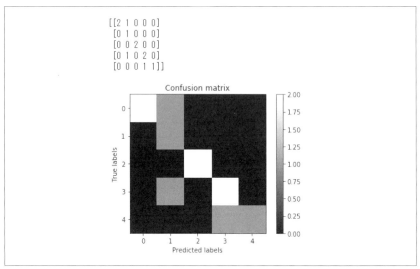

図 2-5

右側のスケールに示すように、白は大きい値、黒は小さい値を表します。理想は、対角線上のマスがすべて白、それ以外が黒になり、100%の正解率を表すことです。

分類レポートも表示しましょう。

```
targets = ['Class-0', 'Class-1', 'Class-2', 'Class-3', 'Class-4']
print(classification_report(true_labels, pred_labels, target_names=targets))
```

分類レポートは、各クラスの性能を表示します。

これを実行すると、次のように精度が表示されます。

	precision	recall	f1-score	support
Class-0	1.00	0.67	0.80	3
Class-1	0.33	1.00	0.50	1
Class-2	1.00	1.00	1.00	2
Class-3	0.67	0.67	0.67	3
Class-4	1.00	0.50	0.67	2
micro avg	0.73	0.73	0.73	11
macro avg	0.80	0.77	0.73	11
weighted avg	0.85	0.73	0.75	11

本節のコードは、confusion_matrix.ipynbに格納されています。

2.8　サポートベクターマシン

サポートベクターマシン（support vector machine：SVM）は、クラス間を分離する超平面を用いて分類器を定義するものです。**超平面**（hyperplane）とは、2次元の線や3次元の平面をN次元に拡張したもので、N次元空間を2つに分ける働きをします。二値分類問題において、SVMは、ラベルの付いた教師データを2つのクラスに分割する最適な超平面を見つけます。これをN個のクラスの問題に容易に拡張できます。

それでは、2次元平面上の2クラスの点群の例を考えてみましょう。2次元なら、平面上の点と線を扱えばよく、高次元のベクトルや超平面を可視化するより簡単です。SVMの問題を単純化したものではありますが、高次元のデータに応用する前に、理解して可視化しておくことは重要です。

図2-6を見てください。

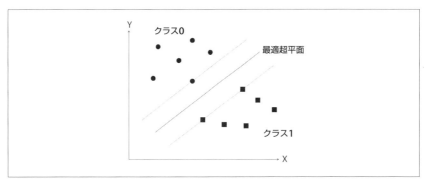

図2-6

2クラスの点群があり、2つのクラスを分割する最適な直線を求めます。けれども、どのように「最適」を定義したらよいでしょうか？ この図では、実線が最適な直線を表していますが、2つの点群を分けるには、ほかにさまざまな直線を引くことができます。実線が最適であるという理由は、線と点の間の距離を最大化するものであるからです。点線上の点を「サポートベクトル」と言います。また、2本の点線の間の距離を「最大マージン」と言います。

2.9 SVMを使った所得データの分類

サポートベクターマシンによる分類器を作り、14属性からなる人のデータを入力して所得階層を推定してみましょう。所得が「50,000ドル」より高いか低いかを推定することを目標とするので、二値分類問題となります。

所得データは、https://archive.ics.uci.edu/ml/datasets/Census+Incomeから入手可能です。データは次のようなCSV形式になっています。先頭から、年齢、職業、サンプリング重み、学歴、学歴年数、婚姻歴、職種、などと続き、末尾の列が所得（>50Kまたは<=50K）を表しています。

```
39, State-gov, 77516, Bachelors, 13, Never-married, Adm-clerical,
  Not-in-family, White, Male, 2174, 0, 40, United-States, <=50K
50, Self-emp-not-inc, 83311, Bachelors, 13, Married-civ-spouse, Exec-managerial,
  Husband, White, Male, 0, 0, 13, United-States, <=50K
38, Private, 215646, HS-grad, 9, Divorced, Handlers-cleaners,
  Not-in-family, White, Male, 0, 0, 40, United-States, <=50K
...
```

このデータセットの注意点は、各データの要素が単語と数値の混在したものであることです。SVMのアルゴリズムは単語を扱えないので、このデータ形式のままでは処理できません。数値データには意味があるので、すべてをラベルエンコーダで変換することもできません。そこで、ラベルエンコーダと、元の数値データを組み合わせて、効果的な分類器を作ります。

Python 3タブを開き、次のように入力してください。

```
import numpy as np
import matplotlib.pyplot as plt
%matplotlib inline
from sklearn import preprocessing
from sklearn.svm import LinearSVC
from sklearn.multiclass import OneVsOneClassifier
from sklearn import model_selection
```

入力ファイル名はincome_data.txtとします。

```
input_file = 'income_data.txt'
```

ファイルからデータを読み込むためには、前処理をして分類の準備をする必要があ

ります。各クラスごとに最大25,000データを使うことにします。

```
Xy = []
count_class1 = 0
count_class2 = 0
max_datapoints = 25000
```

ファイルを開いて行を読み込みます[*1]。クラス1とクラス2がどちらも最大要素に達したらループを抜けます。また、データの中に?が入っていたらスキップします。

```
with open(input_file, 'r') as f:
    for line in f.readlines():
        if count_class1 >= max_datapoints and count_class2 >= max_datapoints:
            break

        if '?' in line:
            continue
```

各行はカンマで区切られているので、分割する必要があります。各行の最後の要素はラベルを表します。ラベルに従って最大数を超えないように格納します。

```
        data = line[:-1].split(', ')

        if data[-1] == '<=50K' and count_class1 < max_datapoints:
            Xy.append(data)
            count_class1 += 1

        if data[-1] == '>50K' and count_class2 < max_datapoints:
            Xy.append(data)
            count_class2 += 1
```

scikit-learnの関数に入力するため、リストをNumPyの配列に変換します。

```
Xy = np.array(Xy)
```

属性が文字列であればエンコードが必要です。数値であればそのまま使います。複数のラベルエンコーダを使うので、それを記録しておく必要がある点に注意してくだ

[*1] 訳注：本書のサンプルでは、Unicode文字は使われていないので不要ですが、ファイルを読み込んだり書き込んだりするときに文字コードの指定が必要な場合があります。例えばutf-8の場合であれば、次のように文字コード（encoding='utf-8'）を指定してファイルを開きます。
　　with open(input_file, 'r', encoding='utf-8') as f:

さい。

```
label_encoder = []
Xy_encoded = np.empty(Xy.shape)
for i,item in enumerate(Xy[0]):
    if item.isdigit():
        Xy_encoded[:, i] = Xy[:, i]
    else:
        encoder = preprocessing.LabelEncoder()
        Xy_encoded[:, i] = encoder.fit_transform(Xy[:, i])
        label_encoder.append(encoder)
```

末尾を除く列をベクトル値 X、末尾の列をラベル y とします。

```
X = Xy_encoded[:, :-1].astype(int)
y = Xy_encoded[:, -1].astype(int)
```

データを 80:20 の割合で訓練用と検証用に分割します。

```
X_train, X_test, y_train, y_test = model_selection.train_test_split(X, y,
                                    test_size=0.2, random_state=5)
```

線形サポートベクターマシンによる分類器 LinearSVC を生成し、訓練用データ (X_train, y_train) で訓練します。そして、検証用データ X_test を入力して推定します。

```
classifier = LinearSVC(random_state=0)
classifier.fit(X_train, y_train)
y_test_pred = classifier.predict(X_test)
```

分類器の F1 値を計算します。

```
f1 = model_selection.cross_val_score(classifier, X, y,
                                    scoring='f1_weighted', cv=3)
print("F1 score: " + str(round(100*f1.mean(), 2)) + "%")
```

ここまでのコードを実行すると、分類器を訓練するのに数秒かかったあと、次のように表示されます。

```
F1 score: 70.82%
```

これで分類器の準備が整ったので、適当な入力データがどのように分類されるのか調べてみましょう。例として次の2種類の入力データを定義します。

```
input_data = np.array([
    ['37', 'Private', '215646', 'HS-grad', '9', 'Never-married',
     'Handlers-cleaners', 'Not-in-family', 'White', 'Male', '0', '0', '40',
     'United-States'],
    ['55', 'Private', '287927', 'Doctorate', '16', 'Married-civ-spouse',
     'Exec-managerial', 'Husband', 'White', 'Female', '15000', '0', '40',
     'United-States']])
```

推定の前に、先ほど作成したラベルエンコーダで入力データをエンコードする必要があります。

```
input_data_encoded = np.zeros(input_data.shape)
c = 0
for i, item in enumerate(input_data[0]):
    if item.isdigit():
        input_data_encoded[:,i] = input_data[:,i]
    else:
        input_data_encoded[:,i] = label_encoder[c].transform(input_data[:,i])
        c += 1
```

これで、分類器を用いて出力を推定する準備ができました。

```
predicted_class = classifier.predict(input_data_encoded)
print(label_encoder[-1].inverse_transform(predicted_class))
```

これを実行すると、次のように表示されるでしょう。

    ['<=50K' '>50K']

入力したデータの属性値を調べれば、それぞれクラスのデータに対応していることがわかるでしょう。

本節のコードは、`income_classifier.ipynb`に格納されています。

2.10 回帰とは？

回帰（regression）とは、入力変数と出力変数の間の関係を推定する処理です。注意点は、出力変数は連続的な値を取る実数であるということです。したがって、取りうる値は無限にあります。ここが分類と対照的なところです。分類では、出力の取りうる値は有限個のクラスです。

回帰では、出力変数は入力変数に依存すると仮定します。入力変数は独立変数と言

い、説明変数とも言います。一方、出力変数は従属変数であり、目的変数とも言います。入力変数は必ずしも互いに独立であるとは限りません。入力変数の間に相関がある場合が多いのです。

　回帰分析は、入力変数の一部を変更し残りを固定したときに、出力値がどうなるのかを理解するのに役立ちます。線形回帰では、入力と出力の間が線形であると仮定します。モデル化に制約を受けますが、高速で効率が良いのです。

　入出力の関係を説明するのに、線形回帰では不十分なこともあります。その場合には、入出力の関係に多項式を用いる多項式回帰を用います。計算が複雑になりますが、精度が高くなります。問題に応じて回帰手法を選びます。回帰は、価格や経済、変動などを予測するのに、よく使われます。

2.11　1変数の回帰モデル

　それでは、1変数の回帰モデルを作ってみましょう。Python 3のタブを開いて、次のコードを入力してください。

```
import numpy as np
from sklearn import linear_model
import sklearn.metrics as sm
import matplotlib.pyplot as plt
%matplotlib inline
```

　ここでは、data_singlevar_regr.txtを入力データとします。

```
input_file = 'data_singlevar_regr.txt'
```

　ファイルの内容は、次のような2次元のカンマ区切りのデータなので、1行の関数呼び出しで読み込むことができます。

```
-0.86,4.38
2.58,6.97
4.17,7.01
2.6,5.44
...
```

　最初の値を入力値X、末尾を出力値yとして扱います。

```
data = np.loadtxt(input_file, delimiter=',')
X, y = data[:, :-1], data[:, -1]
```

線形回帰モデルLinearRegressionを作って訓練します。

```
regressor = linear_model.LinearRegression()
regressor.fit(X, y)
```

入力値に対して出力を推定します。

```
y_pred = regressor.predict(X)
```

出力を可視化します。

```
plt.scatter(X, y, color='green')
plt.plot(X, y_pred, color='black')
plt.show()
```

これを実行すると、**図2-7**のような回帰直線が表示されます。

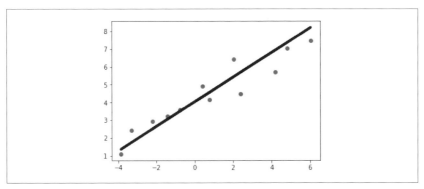

図2-7

回帰の性能指標を計算するには、推定した出力を実際の値と比較します。

```
print("Linear regressor performance:")
print("Mean absolute error =", round(sm.mean_absolute_error(y, y_pred), 2))
print("Mean squared error =", round(sm.mean_squared_error(y, y_pred), 2))
print("Median absolute error =",
      round(sm.median_absolute_error(y, y_pred), 2))
print("Explain variance score =",
      round(sm.explained_variance_score(y, y_pred), 2))
print("R2 score =", round(sm.r2_score(y, y_pred), 2))
```

これを実行すると、次のように出力されるでしょう。

```
Linear regressor performance:    線形回帰モデルの性能
Mean absolute error = 0.65       絶対値誤差の平均値
Mean squared error = 0.62        二乗誤差の平均値
Median absolute error = 0.56     絶対値誤差の中央値
Explain variance score = 0.86    因子の寄与率
R2 score = 0.86                  R2スコア
```

モデルを作って保存しておけば、後で使えます。Pythonにはpickleという便利なモジュールがあり、これを使えば保存と復元が実現できます。

```
import pickle
# モデルを保存
output_model_file = 'model.pkl'
with open(output_model_file, 'wb') as f:
    pickle.dump(regressor, f)
```

次に、モデルをファイルから読み込んで、推定を行います。

```
# モデルを読み込む
with open(output_model_file, 'rb') as f:
    regressor_model = pickle.load(f)

# テストデータで推論する
y_pred_new = regressor_model.predict(X)
print("\nNew mean absolute error =",
      round(sm.mean_absolute_error(y, y_pred_new), 2))
```

これを実行すると、次のように表示されるでしょう。保存する前の値と同じになっています。

```
New mean absolute error = 0.65
```

本節のコードは、regressor_singlevar.pyに格納されています。

2.12 多変数の回帰モデル

前節では単変数の回帰モデル（単回帰）の作り方を説明しましたが、本節では多次元データを扱う重回帰分析を説明します[1]。

---

[1] 訳注：原書では、重回帰分析と多項式基底を同時に説明していましたが、本節では重回帰分析のみを説明し、次節で多項式基底を説明します。

2.12 多変数の回帰モデル

新たに Python 3 タブを開いて、次のコードを入力してください。

```
import numpy as np
from sklearn import linear_model
import sklearn.metrics as sm

input_file = 'data_multivar_regr.txt'
data = np.loadtxt(input_file, delimiter=',')
X, y = data[:, :-1], data[:, -1]

linear_regressor = linear_model.LinearRegression()
linear_regressor.fit(X, y)

y_pred = linear_regressor.predict(X)

print("Linear Regressor performance:")
print("Mean absolute error =", round(sm.mean_absolute_error(y, y_pred), 2))
print("Mean squared error =", round(sm.mean_squared_error(y, y_pred), 2))
print("Median absolute error =",
      round(sm.median_absolute_error(y, y_pred), 2))
print("Explained variance score =",
      round(sm.explained_variance_score(y, y_pred), 2))
print("R2 score =", round(sm.r2_score(y, y_pred), 2))
```

前節とほぼ同じですが、入力データとして、data_multivar_regr.txt を用います。このファイルの内容は、次のような4次元のカンマ区切りの形式なので、簡単に読み込めます。最初の3次元の値を入力値X、末尾の値を出力値yとして扱います。

```
2.06,3.48,7.21,15.69
6.37,3.01,7.27,15.34
1.18,1.2,5.42,0.66
...
```

LinearRegression には多次元の値を入力できます。ここまでを実行すると、次のように表示されるでしょう。

```
Linear Regressor performance:
Mean absolute error = 3.64
Mean squared error = 20.9
Median absolute error = 3.1
Explained variance score = 0.86
R2 score = 0.86
```

データの先頭5個を使って、検証してみます。

```
print("Linear regression:\n", linear_regressor.predict(X[0:5]))
print("True output values:\n", y[0:5])
```

これを実行すると、次のように表示され、近い値が出力されていることがわかります。

```
Linear regression:
 [10.82449559 17.3818526   3.29725309 38.64955824 10.41302956]
True output values:
 [15.69 15.34  0.66 38.37  9.96]
```

本節のコードは、regressor_multivar.ipynbに格納されています。

2.13　多項式回帰モデル

線形回帰モデルは直線近似可能なデータに適用できますが、そうでないデータに対しては、多項式で近似することによって、うまく回帰できることがあります。新たにPython 3のタブを開いて次のコードを入力してください。

```
import numpy as np
from sklearn import linear_model
import sklearn.metrics as sm
import matplotlib.pyplot as plt
%matplotlib inline

RANGE = 5
x = np.random.rand(100) * RANGE
y = np.sin(x) + np.random.rand(100) * 0.3

x = x.reshape(-1, 1)
regressor = linear_model.LinearRegression()
regressor.fit(x, y)

x_test = np.linspace(0, RANGE, 100).reshape(-1,1)
y_pred = regressor.predict(x_test)

plt.scatter(x, y, color='green')
plt.plot(x_test, y_pred, color='black')
plt.show()
```

これを実行すると、図2-8のようなグラフが表示されるでしょう。

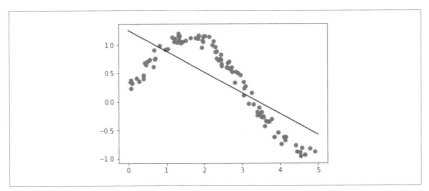

図2-8

緑の点がデータx,yで、正弦波にランダムな値を足したものを生成して使っています。これを線形回帰した結果が黒の直線です。データが線形ではないため、大きく外れています。

誤差を表示します。

```
y_pred = regressor.predict(x)
print("Mean absolute error =", round(sm.mean_absolute_error(y, y_pred), 2))
print("Mean squared error =", round(sm.mean_squared_error(y, y_pred), 2))
print("Median absolute error =", round(sm.median_absolute_error(y, y_pred), 2))
print("Explain variance score =", round(sm.explained_variance_score(y, y_pred), 2))
print("R2 score =", round(sm.r2_score(y, y_pred), 2))
```

次のように大きな値であることがわかります。

```
Mean absolute error = 0.38
Mean squared error = 0.18
Median absolute error = 0.36
Explain variance score = 0.56
R2 score = 0.56
```

それでは、多項式で近似して回帰してみましょう。次のコードを入力してください。PolynomialFeaturesは、多項式基底に変換するオブジェクトです。ここでは10自由度 (degree) のモデルを用います。fit_transform()で、データxから学習した上で、xを多項式で近似して多次元のパラメータx_transformedに変換します。あとは前節同様に、このx_transformedとyを使って、線形回帰モデルを学習します。

```
from sklearn.preprocessing import PolynomialFeatures
```

```python
polynomial = PolynomialFeatures(degree=10)
x_transformed = polynomial.fit_transform(x)
poly_linear_regressor = linear_model.LinearRegression()
poly_linear_regressor.fit(x_transformed, y)

x_test_transformed = polynomial.transform(x_test)
y_pred = poly_linear_regressor.predict(x_test_transformed)
plt.scatter(x, y, color='green')
plt.plot(x_test, y_pred, color='black')
plt.show()
```

以上のコードを実行すると、**図2-9**のグラフが表示されるでしょう。

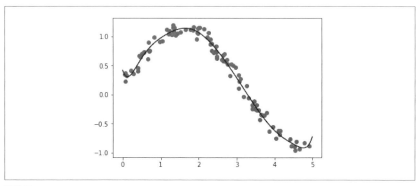

図2-9

先ほどのグラフに比べて、黒い線がうまく近似できていることがわかります。精度を評価してみます。

```python
y_pred = poly_linear_regressor.predict(x_transformed)
print("Mean absolute error =", round(sm.mean_absolute_error(y, y_pred), 2))
print("Mean squared error =", round(sm.mean_squared_error(y, y_pred), 2))
print("Median absolute error =", round(sm.median_absolute_error(y, y_pred), 2))
print("Explain variance score =", round(sm.explained_variance_score(y, y_pred), 2))
print("R2 score =", round(sm.r2_score(y, y_pred), 2))
```

実行すると、次のように表示され、先ほどに比べて誤差が減っていることがわかります。

```
Mean absolute error = 0.07
Mean squared error = 0.01
```

```
Median absolute error = 0.06
Explain variance score = 0.99
R2 score = 0.99
```

本節のコードは、regressor_polynomial.ipynbに格納されています。

2.14 サポートベクター回帰を用いた住宅費の推定

SVMの考え方で回帰モデルを作り、住宅費を推定してみましょう。データセットとして、scikit-learnパッケージに内蔵されている13属性からなるデータを使います。目標は、属性値から住宅費を推定することです。

新たにPython 3タブを開いて、次のコードを入力してください。

```
import numpy as np
from sklearn import datasets
from sklearn.svm import SVR
from sklearn.metrics import mean_squared_error, explained_variance_score
from sklearn.utils import shuffle
```

住宅費のデータセットを読み込みます。

```
data = datasets.load_boston()
```

データをシャッフルして、分析上のバイアスをなくします。

```
X, y = shuffle(data.data, data.target, random_state=7)
```

データセットを、訓練用と検証用に80:20の割合で分けます。

```
num_training = int(0.8 * len(X))
X_train, y_train = X[:num_training], y[:num_training]
X_test, y_test = X[num_training:], y[num_training:]
```

線形カーネルを用いるサポートベクター回帰モデルを作成し訓練します。Cパラメータは、訓練誤差へのペナルティーを表します。Cの値を増やせば教師データへの適合度が上がりますが、大きくしすぎると過剰適合となって汎化性能が下がります。epsilonパラメータは閾値を表し、推定値と真の値の距離がこの閾値より小さければ、訓練誤差へのペナルティーをなくします。

```
sv_regressor = SVR(kernel='linear', C=1.0, epsilon=0.1)
```

```
sv_regressor.fit(X_train, y_train)
```

回帰モデルの性能を評価して指標を表示します。

```
y_test_pred = sv_regressor.predict(X_test)
mse = mean_squared_error(y_test, y_test_pred)
evs = explained_variance_score(y_test, y_test_pred)
print("#### Performance ####")
print("Mean squared error =", round(mse, 2))
print("Explained variance score =", round(evs, 2))
```

ここまでを実行すると、次のように表示されるでしょう。

```
#### Performance ####
Mean squared error = 15.41
Explained variance score = 0.82
```

次に、検証用データを使って、推定してみましょう。

```
test_data = [3.7, 0, 18.4, 1, 0.87, 5.95, 91, 2.5052, 26, 666, 20.2, 351.34, 15.27]
print("Predicted price:", sv_regressor.predict([test_data])[0])
```

コードを実行すると、次のように表示されるでしょう。

```
Predicted price: 18.5217801073
```

本節のコードは、house_prices.ipynbに格納されています。

3章
アンサンブル学習を用いた予測分析

本章では、アンサンブル学習と、それを用いた予測分析について説明します。本章を通じて、次のような事柄を学びます。

- アンサンブル学習を用いた学習モデルの構築
- 決定木と分類器の作り方
- ランダムフォレストと、Extremely Randomized Trees (ERT) と、これらを使った分類器の作り方
- 予測の確信度の推定
- クラス不均衡の扱い方
- グリッドサーチを使った最適な訓練パラメータの発見法
- 特徴量の相対重要度
- ERT回帰モデルを使った交通量予測

3.1 アンサンブル学習とは？

アンサンブル学習(ensemble learning)とは、複数のモデルを組み合わせることによって、個々のモデルよりも良い結果を得られるようにする手法です。個々のモデルは、分類モデルや回帰モデルなど、データをモデル化するものならなんでもかまいません。アンサンブル学習は、データ分類、予測モデル、異常検知など幅広い分野で使われています。

そもそも、なぜアンサンブル学習が必要なのでしょうか？ 実生活の例を用いて説明します。新しいテレビを買いたいのですが、最新モデルのことはよくわからないとします。最もお買い得なテレビを見つけることが目標ですが、判断するのに十分な知識を持ち合わせていません。このような状況では、その分野の専門家の何人かに意見を聞

いて回ります。そうすればベストな判断に役立つでしょう。

多くの場合、ひとつの意見だけに頼らずに、複数の意見を組み合わせて最終判断をします。間違った判断や準最適な判断を下してしまう可能性を減らしたいからです。

3.1.1 アンサンブル学習

モデルを選択する場合に最も一般的な手順は、教師データに対して誤差が最小になるものを選ぶことです。しかし、常にうまくいくわけではありません。モデルが教師データに過剰適合したり、偏りが生じたりするかもしれません。交差検証を用いてモデルを計算しても、未知のデータをうまく処理できないことがあります。

アンサンブル学習が効果的な理由は、不適切なモデル選択による過剰適合のリスクを減らすからです。多様な方法で訓練すれば、未知のデータにうまく対処できるようになります。アンサンブル学習でモデルを作るときには、個々のモデルが多様性を示す必要があります。こうすることによって、データに存在する多様な揺れを扱えるようになり、全体のモデルがより正確になるのです。

個々のモデルの訓練パラメータを変えることによって、多様性をもたらすことができます。個々のモデルは、教師データに対して異なる判断基準を持つようになります。つまり、個々のモデルが推論するための異なるルールを持つので、最終結果の有効性を調べるのに強力な方法になるのです。モデル間で合意がとれれば、出力は正しいとわかります。

3.2 決定木とは？

決定木（decision tree）とは、データセットを枝に分け、各階層で簡単な判定ができる構造です。木をたどっていけば、最終判断に到着します。決定木は、最適な方法でデータを分割する訓練アルゴリズムにより生成されます。

決定手順は、木の最上位にある根ノードから始まります。木の各ノードには、判定ルールがあります。教師データの中の入力データとラベルの間の関係に基づいて、学習アルゴリズムがこのルールを構築します。入力データの値は、出力値を推定するのに使われます。

決定木の基本概念がわかったので、次に決定木を自動作成する方法を説明します。データに基づいて最適な決定木を作るためには、学習アルゴリズムが必要です。それを理解するためには、エントロピーの概念を知る必要があります。ここでいうエントロ

ピーとは、熱力学のエントロピーではなく、情報学のエントロピーを指します。エントロピーとは、基本的に不確定性の指標です。決定木の主たる目標は、根ノードから葉ノードに移動するに従って不確定性を減らすことです。最初、未知のデータが入力されると、どんな出力になるのかまったく不確定です。しかし、葉ノードに到達するころには、出力は確定します。つまり、決定木は階層ごとに不確定性を減らすように構築される必要があるのです。葉ノードに進むにつれてエントロピーが減っていく必要がある、ということです。

決定木については、次の記事（英文）で詳しく学ぶことができます。
https://prateekvjoshi.com/2016/03/22/how-are-decision-trees-constructed-in-machine-learning

3.3　決定木を用いる分類器

それでは、決定木を用いた分類器を作ってみましょう。Jupyter Notebookで新たにPython 3のタブを開いて、セルに次のように入力してください。utilities.ipynbは「2章 教師あり学習を用いた分類と回帰」で作成したものです。

```
import numpy as np
import matplotlib.pyplot as plt
from sklearn.metrics import classification_report
from sklearn import model_selection
from sklearn.tree import DecisionTreeClassifier
%matplotlib inline
%run utilities.ipynb
```

データとしてdata_decision_trees.txtファイルを使います。このファイルには、次のようなカンマ区切りの値が格納されています。最初の2つの値が入力データであり、最後の値は0か1のラベルです。

```
4.86,4.87,0
4.69,5.37,0
3.82,5.71,0
2.58,9.88,1
8.3,5.36,1
3.41,1.46,1
...
```

ファイルからデータを読み込みましょう。

```
input_file = 'data_decision_trees.txt'
data = np.loadtxt(input_file, delimiter=',')
X, y = data[:, :-1], data[:, -1]
```

ラベルに基づいて、入力データを2つのクラスに分けます。

```
class_0 = np.array(X[y==0])
class_1 = np.array(X[y==1])
```

散布図を用いて入力データを可視化します。

```
plt.figure()
plt.scatter(class_0[:, 0], class_0[:, 1], s=75, facecolors='black',
            edgecolors='black', linewidth=1, marker='x')
plt.scatter(class_1[:, 0], class_1[:, 1], s=75, facecolors='white',
            edgecolors='black', linewidth=1, marker='o')
plt.title('Input data')
plt.show()
```

ここまでのコードを実行すると、**図3-1**のように表示されるでしょう。

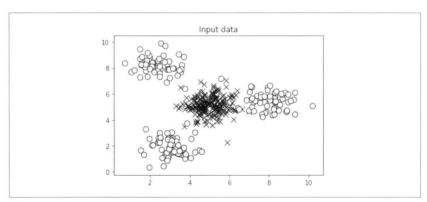

図3-1

クラス0(×印)が中央にあり、クラス1(○印)が周辺に分布していることがわかります。

次に、データセットを訓練用と検証用に分けます。

```
X_train, X_test, y_train, y_test = model_selection.train_test_split(
        X, y, test_size=0.25, random_state=5)
```

決定木による分類器を作り、教師データを使って訓練して、可視化します。random_stateパラメータは内部の乱数生成器が用いるシード値です。これを指定すれば、再実行時に同じ乱数が発生するので、結果が再現します。max_depthパラメータは、決定木の最大深さを表します。

```
params = {'random_state': 0, 'max_depth': 4}
classifier = DecisionTreeClassifier(**params)
classifier.fit(X_train, y_train)
visualize_classifier(classifier, X_train, y_train, 'Training dataset')
```

ここまでを実行すると、**図3-2**のように表示されるでしょう。

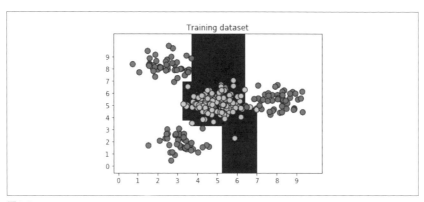

図3-2

クラス0を分類する領域が黒く表示されています。

次に、検証用データを使って、分類結果を可視化します（**図3-3**）。

```
y_test_pred = classifier.predict(X_test)
visualize_classifier(classifier, X_test, y_test, 'Test dataset')
```

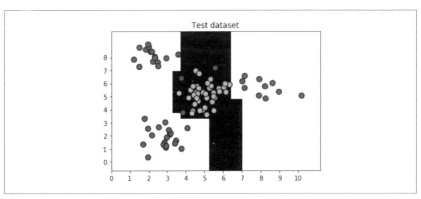

図 3-3

クラス0と判定する黒い領域に、クラス1のデータ点が3つほど入っていて、誤分類になっていることがわかります。

分類器の性能を評価するために、分類レポートを表示します。

```
class_names = ['Class-0', 'Class-1']
print("Classifier performance on training dataset\n")
print(classification_report(y_train, classifier.predict(X_train),
    target_names=class_names))

print("Classifier performance on test dataset\n")
print(classification_report(y_test, y_test_pred, target_names=class_names))
```

これを実行すると、次のように表示されるでしょう。

```
Classifier performance on training dataset

              precision    recall  f1-score   support

     Class-0       0.99      1.00      1.00       137
     Class-1       1.00      0.99      1.00       133

   micro avg       1.00      1.00      1.00       270
   macro avg       1.00      1.00      1.00       270
weighted avg       1.00      1.00      1.00       270


Classifier performance on test dataset
```

```
              precision    recall  f1-score   support

     Class-0       0.93      1.00      0.97        43
     Class-1       1.00      0.94      0.97        47

   micro avg       0.97      0.97      0.97        90
   macro avg       0.97      0.97      0.97        90
weighted avg       0.97      0.97      0.97        90
```

　分類器の性能は、適合率precision、再現率recall、F1値f1-scoresによって表されます。適合率は分類の正確さ(正しく分類された数÷分類された数)を表し、再現率は分類漏れの少なさ(実際に分類された数÷本来分類されるべき数)を表します。良い分類器は適合率と再現率が高いのですが、通常、両者はトレードオフの関係にあります。そこで、F1値によって性能を表します。F1値は適合率と再現率の調和平均(2×precision×recall/(precision+recall))であり、両者をほどよいバランスでまとめてくれます。

　本節のコードは、decision_trees.ipynbに格納されています。

3.4　ランダムフォレストとERTとは？

　ランダムフォレスト(random forest)とは、個々のモデルを決定木によって構成するアンサンブル学習の一種です。決定木を組み合わせることにより、出力値を推定します。各決定木を構築するには、教師データからランダムに選んだ部分集合を用います。これにより、決定木の間に多様性が生まれます。最初の節で、アンサンブル学習においては各モデル間に多様性があることが重要であると説明しましたね。

　ランダムフォレストの最も良いところは、過剰適合(過学習)しにくいところです。過剰適合は、機械学習においてしばしば直面する問題です。ランダムな部分集合を用いて決定木に多様性を持たせることによって、モデルが教師データに過剰適合しないようにできます。決定木を構築するとき、ノードが順番に分割され、各階層でエントロピーを減らすように最適な閾値が選ばれます。この分割は、入力データのすべての特徴を考慮するものではなく、一部のランダムな部分集合のみを考慮したものになっています。ランダム性によりランダムフォレストには偏りが生じやすくなりますが、平均の効果によって分散は減ります。これにより、ロバストなモデルができあがるのです[*1]。

[*1]　訳注:ランダムフォレストでも、木を深くすると過剰適合しやすくなります。

ERT（extremely randomized trees）は、ランダム性をさらに一歩推し進めたものです。特徴量のランダムな部分集合を取るだけでなく、閾値もランダムに選びます。ランダムに生成された閾値が分割ルールとして選ばれ、モデルの分散をさらに減らします。これにより、ERTを用いた判定境界は、ランダムフォレストよりも滑らかになります。

3.4.1 ランダムフォレストとERTによる分類器

それでは、ランダムフォレストとERTに基づく分類器を作ってみましょう。両者の作り方はとても似ているので、まずランダムフォレストを用い、次にERTに書き換えることにします。

新たにPython 3のタブを開いて、次のように入力してください。

```
import numpy as np
import matplotlib.pyplot as plt
from sklearn.metrics import classification_report
from sklearn import model_selection
from sklearn.ensemble import RandomForestClassifier, ExtraTreesClassifier
from sklearn.metrics import classification_report
%matplotlib inline
%run utilities.ipynb
```

入力データとして、`data_random_forests.txt`ファイルを使います。各行はカンマ区切りの値になっていて、最初の2つの値が入力データ、最後の値がラベルです。このデータセットには3つのクラスが含まれています。それでは、ファイルからデータを読み込んでみましょう。

```
input_file = 'data_random_forests.txt'
data = np.loadtxt(input_file, delimiter=',')
X, y = data[:, :-1], data[:, -1]
```

ラベルに従って、データを3つのクラスに分けます。

```
class_0 = np.array(X[y==0])
class_1 = np.array(X[y==1])
class_2 = np.array(X[y==2])
```

入力データを可視化します。

```
plt.figure()
plt.scatter(class_0[:, 0], class_0[:, 1], s=75, facecolors='white',
```

```
            edgecolors='black', linewidth=1, marker='s')
plt.scatter(class_1[:, 0], class_1[:, 1], s=75, facecolors='white',
            edgecolors='black', linewidth=1, marker='o')
plt.scatter(class_2[:, 0], class_2[:, 1], s=75, facecolors='white',
            edgecolors='black', linewidth=1, marker='^')
plt.title('Input data')
plt.show()
```

ここまでのコードを実行すると、**図3-4**のように表示されます。

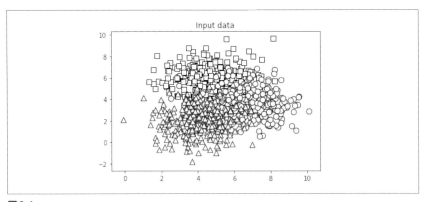

図3-4

3クラスの点(□、○、△)が密集していて、互いに重なり合っていることがわかります。次に、データを訓練用と検証用に分けます。

```
X_train, X_test, y_train, y_test = model_selection.train_test_split(
        X, y, test_size=0.25, random_state=5)
```

分類器を構築するときに用いるパラメータを定義します。n_estimatorsパラメータは、構築する決定木の数です。max_depthパラメータは、各決定木の最大階層数です。random_stateパラメータは、内部で用いる乱数発生器に渡すシード値です。

```
params = {'n_estimators': 100, 'max_depth': 4, 'random_state': 0}
```

ランダムフォレスト分類器RandomForestClassifierを生成します。

```
classifier = RandomForestClassifier(**params)
```

分類器を訓練します。

```
classifier.fit(X_train, y_train)
```

次に、検証用データを使って推定し、可視化します。

```
y_test_pred = classifier.predict(X_test)
visualize_classifier(classifier, X_test, y_test, 'Test dataset')
```

分類性能を評価して、分類レポートを表示します。

```
class_names = ['Class-0', 'Class-1', 'Class-2']
print("Classifier performance on training dataset\n")
print(classification_report(y_train, classifier.predict(X_train),
                            target_names=class_names))

print("Classifier performance on test dataset\n")
print(classification_report(y_test, y_test_pred, target_names=class_names))
```

ここまでを実行すると、**図3-5**のように表示されるでしょう。

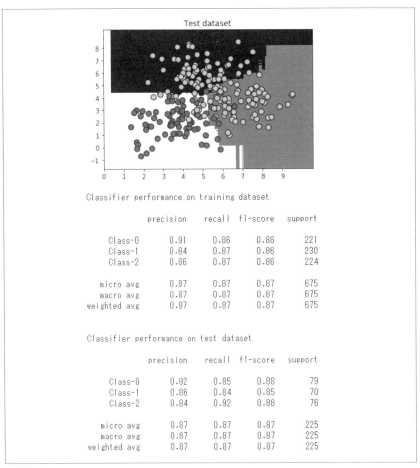

図 3-5

クラスの境界線が引かれていることがわかります[*1]。

次に、ERTを使った分類器を使ってみましょう。前述のclassifierの定義を次のようにExtraTreesClassifierに変更してから、Jupyter Notebookの［Cell］→［Run All］を選択して、すべてのセルを実行します。

[*1] 訳注：ランダムフォレストはメモリを大量に使うので、メモリ不足のエラーになることがあります。その場合は、n_estimatorsの値を減らしてください。

```
#classifier = RandomForestClassifier(**params)
classifier = ExtraTreesClassifier(**params)
```

しばらく待つと、**図3-6**のように表示されるでしょう。

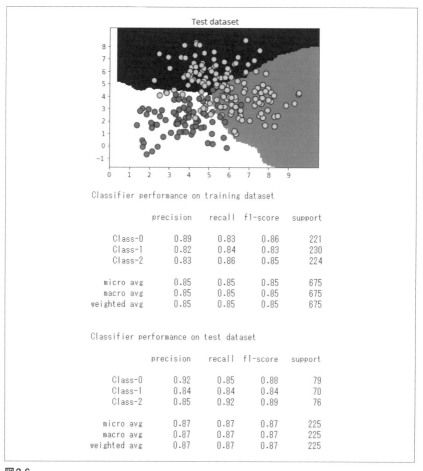

図3-6

ランダムフォレスト分類器による結果と比べると、境界線が滑らかになっていることがわかります。その理由は、ERTには訓練過程での自由度が大きく、良い決定木ができるからで、その結果、境界線が良くなるのです。

本節のコードは、random_forests.ipynbに格納されています。

3.4.2　予測の確信度の推定

各データ点がそれぞれのクラスに属する確信度（確率）を推定することは、機械学習の重要な仕事です。前節に続けて、新しいセルに次のように追加し、検証用のデータ配列を定義してください。

```
test_datapoints = np.array([[5, 5], [3, 6], [6, 4], [7, 2], [4, 4], [5, 2]])
```

classifierオブジェクトには、確信度を計算するメソッドpredict_proba()が組み込まれているので、それを呼び出して、各点についての確信度を計算してみましょう。

```
print("Confidence measure:")
for datapoint in test_datapoints:
    probabilities = classifier.predict_proba([datapoint])[0]
    predicted_class = 'Class-' + str(np.argmax(probabilities))
    print('\nDatapoint:', datapoint)
    print('Probablilities:', probabilities)
    print('Predicted class:', predicted_class)
```

検証用のデータ点を、分類器の境界上に可視化します。

```
visualize_classifier(classifier, test_datapoints,
                [0]*len(test_datapoints),
                'Test datapoints')
```

classifierをRandomForestClassifierに戻し、[Cell]→[Run All]メニューで再度実行すると、**図3-7**のような出力が得られます。

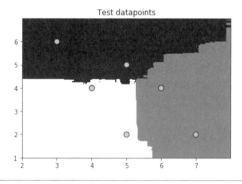

図3-7

　各データ点について、3つのクラスに属する確率が計算されています。最も大きな確信度のクラスを選ぶことでクラスを判定しています[*1]。

　次に、classifierをExtraTreesClassifierにして再実行すると、**図3-8**のように表示されます。

[*1] 訳注：一見、境界線が**図3-6**と異なっているように見えますが、**図3-6**の中央部分が拡大表示されているにすぎません。

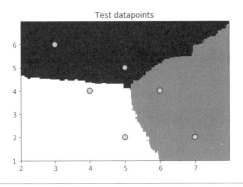

図3-8

ご覧のように、確信度が最大のクラスが正しい分類を示していることや、クラス境界に近いと確信度の差が少なくなることがわかります。

3.5 クラスの不均衡への対処

分類器は、訓練に使われたデータと同じ程度にしか良くなりません。実世界でよく直面する問題のひとつに、データの品質の問題があります。分類器を良好に働かせるには、各クラスに同数のデータが必要です。けれども、実際にデータを集めると、各クラ

スが同じデータ数になるとは限りません。あるクラスが他のクラスより10倍のデータを持つと、分類器は数の多いほうのクラスに偏りやすくなります。そこで、データに重みづけをして不均衡の問題に対処します。

新たにPython 3タブを開いて、次のように入力してください。

```
import numpy as np
import matplotlib.pyplot as plt
from sklearn.ensemble import ExtraTreesClassifier
from sklearn import model_selection
from sklearn.metrics import classification_report
%matplotlib inline
%run utilities.ipynb
```

入力データとして、data_imbalance.txtを読み込みます。各行はカンマ区切りの値であり、最初の2つの値は入力データ、最後の値はラベルです。このデータセットにはラベルが0と1の2つのクラスがあります。それでは、ファイルからデータを読み込みましょう。

```
input_file = 'data_imbalance.txt'
data = np.loadtxt(input_file, delimiter=',')
X, y = data[:, :-1], data[:, -1]
```

入力データを2つのクラスに分けます。

```
class_0 = np.array(X[y==0])
class_1 = np.array(X[y==1])
```

散布図を使って入力データを可視化します。

```
plt.figure()
plt.scatter(class_0[:, 0], class_0[:, 1], s=75, facecolors='black',
            edgecolors='black', linewidth=1, marker='x')
plt.scatter(class_1[:, 0], class_1[:, 1], s=75, facecolors='white',
            edgecolors='black', linewidth=1, marker='o')
plt.title('Input data')
plt.show()
```

ここまでのコードを実行すると、**図3-9**のように表示されるでしょう。

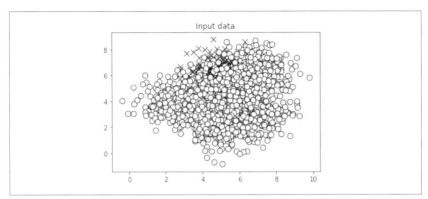

図 3-9

　クラス1のデータ（○）に比べて、クラス0のデータ（×）が極端に少ないことがわかります。このような不均衡なデータに対して、まずそのまま扱ってみることにします。

　データを訓練用と検証用に分けます。

```
X_train, X_test, y_train, y_test = model_selection.train_test_split(
        X, y, test_size=0.25, random_state=5)
```

　次に、ERT分類器のパラメータを定義します。

```
xparams = {'n_estimators': 100, 'max_depth': 4, 'random_state': 0,
#          'class_weight': 'balanced'
          }
```

　後述しますが、2行目の先頭の#を外すと、class_weightパラメータにbalancedを指定することになり、各データの数に比例した重みづけによって不均衡を補正します。まずはコメントアウトした状態で試します。

　分類器を生成し、訓練用のデータを用いて訓練します。

```
classifier = ExtraTreesClassifier(**params)
classifier.fit(X_train, y_train)
```

　検証用のデータを使って推定し、出力を可視化します。

```
y_test_pred = classifier.predict(X_test)
visualize_classifier(classifier, X_test, y_test, 'Test dataset')
```

分類器の性能を計算して、分類レポートを表示します。

```
class_names = ['Class-0', 'Class-1']
print("Classifier performance on test dataset\n")
print(classification_report(y_test, y_test_pred, target_names=class_names))
```

コードを実行すると、**図3-10**のように表示されます。

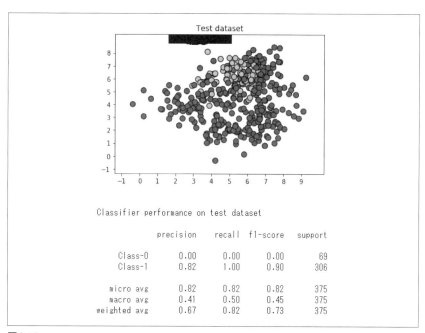

図3-10

上部の黒い領域がクラス境界なのですが、境界線が2つのクラスの間にまたがっていないことがわかります。また、性能指標からClass-0に分類されるデータがひとつもないこともわかります。

なお、Class-0の結果が0になりf1-scoreの計算ができないため、次のような警告が表示されるでしょう。

> UndefinedMetricWarning: Precision and F-score are ill-defined and being set to 0.0 in labels with no predicted samples.
> 推定されたサンプルがないため、PrecisionとF-scoreは不定であり、0.0と表記されている。

次に、ERT分類器のパラメータを変更してみましょう。paramsの2行目の先頭の#を外して、class_weightパラメータにbalancedを指定します。

[Cell]→[Run All]メニューで再実行すると、図3-11のように表示されます。

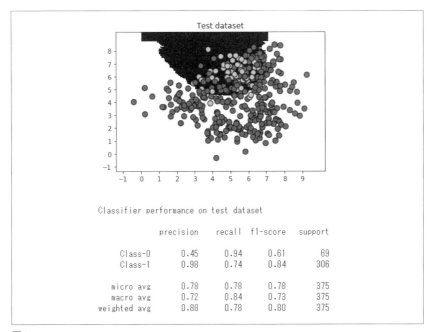

図3-11

クラスの不均衡を補正すると、Class-0のデータを分類できるようになりました。

本節のコードは、class_imbalance.ipynbに格納されています。

3.6 グリッドサーチを用いたパラメータ最適化

分類器を扱うとき、常に最適なパラメータがわかっているとは限りません。すべてのパラメータの組み合わせを手作業でしらみつぶしに調べるわけにもいきません。このような場面ではグリッドサーチが便利です。グリッドサーチとは、指定した値域の中でパラメータを変えながら分類器を実行することによって、最適なパラメータの組み合わせを見つける方法です。

新たにPython 3タブを開き、次のコードを入力してください。

```
import numpy as np
from sklearn.ensemble import ExtraTreesClassifier
from sklearn import model_selection
from sklearn.metrics import classification_report
```

　分析する入力ファイルは、前節と同じdata_random_forests.txtです。前節同様に読み込んで、カンマで分割し、ラベルに従って3つのクラスに分けます。さらに、データを訓練用と検証用に分けます。

```
input_file = 'data_random_forests.txt'
data = np.loadtxt(input_file, delimiter=',')
X, y = data[:, :-1], data[:, -1]

class_0 = np.array(X[y==0])
class_1 = np.array(X[y==1])
class_2 = np.array(X[y==2])

X_train, X_test, y_train, y_test = model_selection.train_test_split(
        X, y, test_size=0.25, random_state=5)
```

　パラメータの値のリストを記述して、グリッドを定義します。通常、ひとつのパラメータを固定し、他のパラメータを変動させます。次に、パラメータを入れ替えて、最適な組み合わせを調べます。今回は、n_estimatorsとmax_depthの最適な値を求めたいので、次のようにグリッドを定義します。

```
parameter_grid = [ {'n_estimators': [100], 'max_depth': [2, 4, 7, 12, 16]},
                   {'max_depth': [4], 'n_estimators': [25, 50, 100, 250]}
                 ]
```

　分類器のパラメータの最適な組み合わせを見つけるのに使う評価指標を定義します。

```
metrics = ['precision_weighted', 'recall_weighted']
```

　それぞれの評価指標に対して、GridSearchCV()を使ってグリッドサーチを実行する分類器を生成し、fit()で訓練します。

```
for metric in metrics:
    print("\n##### Searching optimal parameters for", metric)

    classifier = model_selection.GridSearchCV(
            ExtraTreesClassifier(random_state=0),
```

3.6 グリッドサーチを用いたパラメータ最適化

```
                    parameter_grid, cv=5, scoring=metric)
classifier.fit(X_train, y_train)
```

パラメータの組み合わせごとに、評価指標のスコアを表示します。

```
print("\nGrid scores for the parameter grid:")
for params, avg_score in zip(classifier.cv_results_['params'],
                            classifier.cv_results_['mean_test_score']):
    print(params, '-->', round(avg_score, 3))
print("\nBest parameters:", classifier.best_params_)
```

性能レポートを表示します。

```
y_pred = classifier.predict(X_test)
print("\nPerformance report:\n")
print(classification_report(y_test, y_pred))
```

コードを実行すると、まず、次のように適合率を評価指標としたときの結果が表示されます。

```
##### Searching optimal parameters for precision_weighted

Grid scores for the parameter grid:
{'max_depth': 2, 'n_estimators': 100} --> 0.847
{'max_depth': 4, 'n_estimators': 100} --> 0.841
{'max_depth': 7, 'n_estimators': 100} --> 0.844
{'max_depth': 12, 'n_estimators': 100} --> 0.836
{'max_depth': 16, 'n_estimators': 100} --> 0.818
{'max_depth': 4, 'n_estimators': 25} --> 0.846
{'max_depth': 4, 'n_estimators': 50} --> 0.84
{'max_depth': 4, 'n_estimators': 100} --> 0.841
{'max_depth': 4, 'n_estimators': 250} --> 0.845

Best parameters: {'max_depth': 2, 'n_estimators': 100}

Performance report:

             precision    recall  f1-score   support

        0.0       0.94      0.81      0.87        79
        1.0       0.81      0.86      0.83        70
        2.0       0.83      0.91      0.87        76

  micro avg       0.86      0.86      0.86       225
  macro avg       0.86      0.86      0.86       225
weighted avg       0.86      0.86      0.86       225
```

グリッドサーチの組み合わせの中から、最良の適合率をもたらすパラメータが表示されます。続いて、再現率を評価指標とした場合についても表示されます。

```
##### Searching optimal parameters for recall_weighted

Grid scores for the parameter grid:
{'max_depth': 2, 'n_estimators': 100} --> 0.84
{'max_depth': 4, 'n_estimators': 100} --> 0.837
{'max_depth': 7, 'n_estimators': 100} --> 0.841
{'max_depth': 12, 'n_estimators': 100} --> 0.834
{'max_depth': 16, 'n_estimators': 100} --> 0.816
{'max_depth': 4, 'n_estimators': 25} --> 0.843
{'max_depth': 4, 'n_estimators': 50} --> 0.836
{'max_depth': 4, 'n_estimators': 100} --> 0.837
{'max_depth': 4, 'n_estimators': 250} --> 0.841

Best parameters: {'max_depth': 4, 'n_estimators': 25}

Performance report:

              precision    recall  f1-score   support

         0.0       0.93      0.84      0.88        79
         1.0       0.85      0.86      0.85        70
         2.0       0.84      0.92      0.88        76

   micro avg       0.87      0.87      0.87       225
   macro avg       0.87      0.87      0.87       225
weighted avg       0.87      0.87      0.87       225
```

再現率については、異なる組み合わせが最適になりました。適合率と再現率は異なる指標なので、要求するパラメータが異なってもおかしくありません[*1]。

[*1] 訳注：本文ではパラメータの一方を固定していましたが、両方の組み合わせを試せるのが、グリッドサーチの醍醐味です。もちろん、組み合わせを総当たりで調べるので時間がかかります。本例題では、グリッドを
```
parameter_grid = [ {'n_estimators': [25, 50, 100, 250],
                    'max_depth': [2, 4, 7, 12, 16]} ]
```
のように定義すると、より最適なパラメータ
```
{'max_depth': 7, 'n_estimators': 250}
```
を見つけることができました。また、偶然ですが、このパラメータは再現率と適合率の両方とも最適にするものです。

本節のコードは、run_grid_search.ipynbに格納されています。

3.7 特徴量の相対重要度

　N次元の特徴量からなるデータセットを扱うとき、すべての特徴量が等しく重要とは限らないということを心に刻んでおくべきです。ある特徴量のほうが、ほかに比べて識別可能なことがあります。この情報を獲得できれば、次元数を減らすのに役立ちます。次元数を減らすことは、計算の複雑さを減らしてアルゴリズムを高速化するのに有用なのです。いくつかの特徴量がまったく冗長であることがよくあり、そういった無駄な特徴量はデータセットから除外してもかまわないのです。

　特徴量の重要度を計算するのに、AdaBoost回帰を用います。AdaBoostとは、Adaptive Boostingを略したもので、他の機械学習アルゴリズムと一緒に用いることで性能を向上するのによく使われます。AdaBoostでは分類器は直列につながっていて、教師データは、最初の分類器から順番に分配されていきます。あとに続く分類器ほど困難なデータを扱うように繰り返し分配方法を更新します。困難なデータとは、分類間違いが生じやすいものを表します。分配を更新していくと、以前に分類ミスをしたデータを正しく分類できるようになっていきます。AdaBoostの判定結果は、分類器の重みづけの多数決で決まります。

　それでは、Python 3のタブを新たに開いて、次のコードを入力してください。

```
import numpy as np
import matplotlib.pyplot as plt
%matplotlib inline
from sklearn.tree import DecisionTreeRegressor
from sklearn.ensemble import AdaBoostRegressor
from sklearn import datasets
from sklearn.metrics import mean_squared_error, explained_variance_score
from sklearn import model_selection
from sklearn.utils import shuffle
```

　今回用いるデータは、scikit-learnパッケージに入っている住宅費のデータセットです。

```
housing_data = datasets.load_boston()
```

　データをシャッフルして、分析の偏りをなくします。

```
X, y = shuffle(housing_data.data, housing_data.target, random_state=7)
```

データを訓練用と検証用に分けます。

```
X_train, X_test, y_train, y_test = model_selection.train_test_split(
        X, y, test_size=0.2, random_state=7)
```

DecisionTreeRegressorを基本モデルとしたAdaBoostによるアンサンブル学習器AdaBoostRegressorを定義して訓練します。

```
regressor = AdaBoostRegressor(DecisionTreeRegressor(max_depth=4),
                              n_estimators=400, random_state=7)
regressor.fit(X_train, y_train)
```

回帰モデルの性能を評価します。

```
y_pred = regressor.predict(X_test)
mse = mean_squared_error(y_test, y_pred)
evs = explained_variance_score(y_test, y_pred )
print("ADABOOST REGRESSOR")
print("Mean squared error =", round(mse, 2))
print("Explained variance score =", round(evs, 2))
```

この回帰モデルには、相対的な特徴量の重要度を計算するメソッドがあります。

```
feature_importances = regressor.feature_importances_
feature_names = housing_data.feature_names
```

重要度の値を正規化して、相対化します。

```
feature_importances = 100 * (feature_importances / max(feature_importances))
```

表示用にソートして表示します。

```
index_sorted = np.flipud(np.argsort(feature_importances))
```

棒グラフのX軸の目盛を設定します。

```
pos = np.arange(index_sorted.shape[0]) + 0.5
```

棒グラフを描画します。

```
plt.figure()
plt.bar(pos, feature_importances[index_sorted], align='center')
plt.xticks(pos, feature_names[index_sorted])
plt.ylabel('Relative Importance')
plt.title('Feature importance using AdaBoost regressor')
plt.show()
```

コードを実行すると、**図3-12**のように表示されるでしょう。

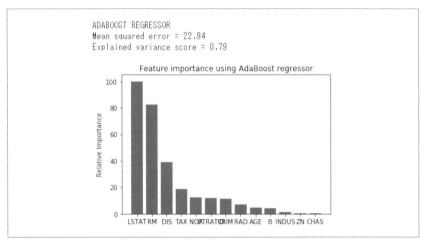

図3-12

この分析によれば、データセットの中でLSTATという特徴量（人口あたりの低所得者比率）が最も重要です。

本節のコードは、feature_importance.ipynbに格納されています。

3.8 ERT回帰モデルを使った交通量予測

最後に、これまで学んだ知識を実世界の問題に応用してみましょう。使用するデータセットはhttps://archive.ics.uci.edu/ml/datasets/Dodgers+Loop+Sensorから入手可能です。このデータセットは、ロサンゼルス・スタジアムで開催された野球の試合の間に、道路を通行した車の数を数えたものです。データを分析できるように、前処理を行う必要があります。前処理後のデータを、traffic_data.txtに格納しました。このファイルでは、各行にカンマ区切りの値が格納されています。先頭行は次のようになっています。

```
Tuesday,00:00,San Francisco,no,3
```

この行は、次のような形式になっています。

曜日 , 時間 , 対戦相手 , 野球の試合中かどうかのフラグ（yes/no）, 通行した車の数

目標は、情報から車の通行量を予測することです。出力変数は連続値なので、予測には回帰モデルを構築する必要があります。ここでは、ERTを使って回帰モデルを構築します。

新たにPython 3タブを開き、次のコードを入力してください。

```
import numpy as np
import matplotlib.pyplot as plt
from sklearn.metrics import classification_report, mean_absolute_error
from sklearn import model_selection, preprocessing
from sklearn.ensemble import ExtraTreesRegressor
from sklearn.metrics import classification_report
```

traffic_data.txtファイルからデータを読み込みます。

```
input_file = 'traffic_data.txt'
data = []
with open(input_file, 'r') as f:
    for line in f.readlines():
        items = line[:-1].split(',')
        data.append(items)

data = np.array(data)
```

特徴量のうち数値でない値はエンコードし、数値はそのままにしておきます。エンコードする特徴量どうしは、異なるラベルエンコーダを使います。ラベルエンコーダを保存しておいて、あとで未知のデータを入力するときに用います。それでは、ラベルエンコーダを作りましょう。

```
label_encoder = []
X_encoded = np.empty(data.shape)
for i, item in enumerate(data[0]):
    if item.isdigit():
        X_encoded[:, i] = data[:, i]
    else:
        label_encoder.append(preprocessing.LabelEncoder())
        X_encoded[:, i] = label_encoder[-1].fit_transform(data[:, i])
```

```
X = X_encoded[:, :-1].astype(int)
y = X_encoded[:, -1].astype(int)
```

データを訓練用と検証用に分けます。

```
X_train, X_test, y_train, y_test = model_selection.train_test_split(
        X, y, test_size=0.25, random_state=5)
```

ERT回帰モデルExtraTreesRegressorを訓練します。

```
params = {'n_estimators': 100, 'max_depth': 4, 'random_state': 0}
regressor = ExtraTreesRegressor(**params)
regressor.fit(X_train, y_train)
```

検証用データを使って回帰モデルの性能を測定します。

```
y_pred = regressor.predict(X_test)
print("Mean absolute error:", round(mean_absolute_error(y_test, y_pred), 2))
```

以上を実行すると、次のように表示されます。

```
Mean absolute error: 7.42
```

次に、未知のデータを入力して予測してみましょう。保存しておいたラベルエンコーダを用いて、非数値の値を数値に変換します。

```
test_datapoint = ['Saturday', '10:20', 'Atlanta', 'no']
test_datapoint_encoded = [0] * len(test_datapoint)
count = 0
for i, item in enumerate(test_datapoint):
    if item.isdigit():
        test_datapoint_encoded[i] = int(test_datapoint[i])
    else:
        test_datapoint_encoded[i] = int(label_encoder[count].transform(
                                        [test_datapoint[i]])[0])
        count += 1

test_datapoint_encoded = np.array(test_datapoint_encoded)
```

出力を予測します。

```
print("Predicted traffic:", int(regressor.predict([test_datapoint_encoded])[0]))
```

以上のコードを実行すると、推定値として、

```
Predicted traffic: 26
```

と出力されます。データファイルを確認すると、この値は実際の値（24）にかなり近いものであることがわかります。

traffic_data.txtの3293行目：

```
Saturday,10:20,Atlanta,no,24
```

本節のコードは、`traffic_prediction.ipynb`に格納されています。

4章
教師なし学習を用いたパターン検出

本章では、教師なし学習と実世界への応用について説明します。本章を通じて、次のような事柄を学びます。

- 教師なし学習
- k-平均法を用いたデータのクラスタリング
- Mean Shiftアルゴリズムを用いたクラスタ数推定
- シルエットスコアを用いたクラスタリングの品質推定
- 混合ガウスモデルに基づくクラスタリング
- Affinity Propagation（アフィニティープロパゲーション）モデルを用いた株式市場のサブグループの検出
- 購買パターンに基づくマーケットのセグメント分け

4.1 教師なし学習とは？

教師なし学習とは、ラベルの付いていない教師データから学習モデルを構築する手法です。教師なし学習は、マーケットのセグメンテーション、株式市場、自然言語処理、コンピュータビジョンなど、さまざまな研究分野で応用されています。

前の章では、ラベルの付いたデータを扱ってきました。ラベル付きの教師データがあれば、ラベルに基づいてデータをクラス分けするようにアルゴリズムが学習します。しかし、実際にはラベル付きのデータを常に入手できるとは限りません。大量のデータだけがあり、なんらかの方法でカテゴリ分けをする必要がある場合がよくあります。教師なし学習は、こんな場面で活躍します。教師なし学習のアルゴリズムは、なんらかの類似度を用いて、与えられたデータセットの中にサブグループを見つけるように学習モデ

ルを構築します。

　教師なし学習における学習の問題を形式化してみましょう。ラベルの付いていないデータセットは、なんらかの分布を統制する潜在的な変数によって生成されているものと仮定します。学習の過程は、個々のデータから始めて階層的に進めます。こうして深い階層からなるデータ表現を構築できます。

4.2　k-平均法を用いたクラスタリング

　クラスタリングは、最もよく使われる教師なし学習法のひとつです。この手法は、データを分析してデータの中にクラスタを見つけるのに使います。ユークリッド距離などのなんらかの類似度を用いてサブグループを見つけます。類似度によって、サブグループの密集度を推定できます。クラスタリングとは、互いに類似した要素をサブグループにまとめていく処理だということもできます。

　目標は、データが同じサブグループに属していることの根拠となる本質的な性質を識別することです。すべての場合に有効な万能の類似度はなく、問題に応じて類似度を考えます。例えば、各サブグループを代表するデータを見つけることに関心がある場合もあれば、データの中の異常値を見つけることが重要な場合もあります。状況に応じて、適切な類似度を選ぶしかありません。

　k-平均法は、有名なクラスタリングのアルゴリズムです。このアルゴリズムを使うためには、事前にクラスタの数を仮定しておく必要があります。さまざまな属性を用いて、データをk個のサブグループに分けます。クラスタの数を一定にして、グループ分けするのです。主な考え方は、k個のサブグループの中心点の位置を繰り返し更新していく、というものです。中心点が最適な位置に移動するまで、これを繰り返します。

　このアルゴリズムでは、中心点の初期位置が重要な働きをしていることがわかります。結果に大きな影響を与えるので、中心点の位置は賢く決める必要があります。中心点を互いにできるだけ離して位置づけるのは良い戦略です。基本的なk-平均法では、初期の中心点をランダムに配置しますが、**k-平均++**（k-means++）という手法では、入力したデータ点の並びからアルゴリズムを使って点を選びます。初期の中心点を互いに離して配置することで、収束を高速化します。そして、教師データセットの各データを、最も近い中心点を持つグループに割り当てます。

　データセット全体を処理したら、最初の繰り返しは終了です。これで、初期中心点に基づいてデータがグループ分けされました。次に必要なのは、そのグループに属す

るデータの中心点を求めることです。新たにk個の中心点を求めたら、再びすべてのデータを最も近い中心点を持つグループに割り当てます。

この処理を繰り返すと、やがて中心点が平衡点に落ち着きます。一定の繰り返し後は、中心点が移動しなくなるのです。つまり、中心点の最終位置に到達したことを意味します。このk個の中心点が最終的なk個のデータ平均であり、クラスタの推定に用いられます。

それでは、2次元のデータにk-平均法を適用し、その動作を確認してみましょう。データはdata_clustering.txtというファイルに入っています。各行は、カンマ区切りで2つの数値が書かれています。

Jupyter Notebookで、Python 3のタブを開き、次のコードを入力してください。

```
import numpy as np
import matplotlib.pyplot as plt
%matplotlib inline
from sklearn.cluster import KMeans
from sklearn import metrics
```

ファイルから入力データを読み込みます。

```
X = np.loadtxt('data_clustering.txt', delimiter=',')
```

入力データを可視化して分布の様子を確認します。

```
plt.figure()
plt.scatter(X[:,0], X[:,1], marker='o', facecolors='none',
            edgecolors='black', s=80)
x_min, x_max = X[:, 0].min() - 1, X[:, 0].max() + 1
y_min, y_max = X[:, 1].min() - 1, X[:, 1].max() + 1
plt.title('Input data')
plt.xlim(x_min, x_max)
plt.ylim(y_min, y_max)
plt.xticks(())
plt.yticks(())
plt.show()
```

ここまでのコードを実行すると、**図4-1**のように表示されるでしょう。

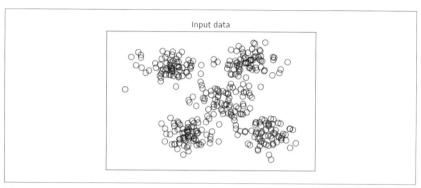

図4-1

データには5つのグループがあることがわかります。そこで、k-平均法を使う前に、クラスタ数を5と定義しておきます。

```
num_clusters = 5
```

初期パラメータを用いてKMeansオブジェクトを生成します。initパラメータは、クラスタ中心点の初期位置を設定する方法を表します。k-means++を指定して、ランダムに選ぶよりも賢い方法で中心点の初期値を決めます。これによりアルゴリズムは高速に収束するようになります。n_clustersパラメータは、クラスタ数を表します。n_initパラメータは、最良の結果を判定するのに、何回アルゴリズムを実行するのかを指定します。

```
kmeans = KMeans(init='k-means++', n_clusters=num_clusters, n_init=10)
```

入力データを用いてk-平均法のモデルを訓練します。

```
kmeans.fit(X)
```

境界線を可視化するために、点のグリッドを作り、すべての点についてモデルを評価します。グリッドのステップサイズを定義します。

```
step_size = 0.01
```

入力データのすべての値をカバーするように、点のグリッドを定義します。

```
x_min, x_max = X[:, 0].min() - 1, X[:, 0].max() + 1
```

```
y_min, y_max = X[:, 1].min() - 1, X[:, 1].max() + 1
x_vals, y_vals = np.meshgrid(np.arange(x_min, x_max, step_size),
                             np.arange(y_min, y_max, step_size))
```

訓練したk-平均法モデルにグリッド上のすべての点を入力して出力を推定します。

```
output = kmeans.predict(np.c_[x_vals.ravel(), y_vals.ravel()])
```

すべての出力値を描画して、領域を色分けします。

```
output = output.reshape(x_vals.shape)
plt.figure()
plt.clf()
plt.imshow(output, interpolation='nearest',
           extent=(x_vals.min(), x_vals.max(),
                   y_vals.min(), y_vals.max()),
           cmap=plt.cm.Paired,
           aspect='auto',
           origin='lower')
```

色分けした領域の上に、入力点を重ねて表示します。

```
plt.scatter(X[:,0], X[:,1], marker='o', facecolors='none',
            edgecolors='black', s=80)
```

k-平均法で求めたクラスタの中心点を表示します。

```
cluster_centers = kmeans.cluster_centers_
plt.scatter(cluster_centers[:,0], cluster_centers[:,1],
            marker='o', s=210, linewidths=4, color='black',
            zorder=12, facecolors='black')

x_min, x_max = X[:, 0].min() - 1, X[:, 0].max() + 1
y_min, y_max = X[:, 1].min() - 1, X[:, 1].max() + 1
plt.title('Boundaries of clusters')
plt.xlim(x_min, x_max)
plt.ylim(y_min, y_max)
plt.xticks(())
plt.yticks(())
plt.show()
```

これを実行すると、**図4-2**のように表示されます。

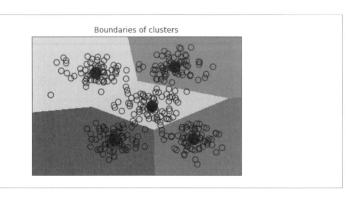

図 4-2

各クラスタの中心にある黒丸●は、クラスタの中心点を表しています。

本節のコードは、kmeans.ipynbに格納されています。

4.3 Mean Shiftアルゴリズムを用いたクラスタ数推定

Mean Shift(ミーンシフト)は、教師なし学習で使われる強力なアルゴリズムであり、クラスタリングでよく使われるノンパラメトリックなアルゴリズムです。ノンパラメトリックとは、データの分布に関して仮定を持たないという意味です。一方、パラメトリックな手法とはデータが標準確率分布に従うと仮定するものであり、これとは対照的です。Mean Shiftは、物体追跡やリアルタイムなデータ分析などの分野で数多く応用されています。

Mean Shiftアルゴリズムでは、特徴量空間全体を確率密度関数であると考えます。最初、教師データは、確率密度関数からサンプリングされたと仮定します。この枠組みにおいて、クラスタは確率分布の局所最大値に対応します。k個のクラスタがあれば、データ分布にはk個のピークがあり、Mean Shiftはそのピークを見つけます。

Mean Shiftの目標は、中心点の位置を特定することです。教師データの各データの周辺にウィンドウを定義します。次に、このウィンドウの中で中心点を計算し、そこをデータの新しい位置とします。新しい位置でウィンドウを定義して、この処理を繰り返します。この処理を続けると、各データはクラスタのピークに近づいていきます。データは、それが属するクラスタの中心点に向かって動いていくわけです。その動きは密度

の高い領域に向かいます。

　各クラスタのピークに向かって、中心点、すなわち平均点（mean）の移動（shift）を続けます。平均点を移動するから、Mean Shiftというわけです。アルゴリズムは収束するまで、つまり、中心点が動かなくなるまで、繰り返します。

　それでは、MeanShiftオブジェクトを使って、データセットの最適なクラスタ数を推定してみましょう。前節のk-平均法に使ったのと同じdata_clustering.txtファイルのデータを解析します。

　新たにPython 3のタブを開いて、次のコードを入力してください。

```
import numpy as np
import matplotlib.pyplot as plt
%matplotlib inline
from sklearn.cluster import MeanShift, estimate_bandwidth
from itertools import cycle
```

入力データを読み込みます。

```
X = np.loadtxt('data_clustering.txt', delimiter=',')
```

　入力データのバンド幅を見積もります。バンド幅とは、Mean Shiftアルゴリズムで使われるカーネル密度推定法のパラメータです。バンド幅はアルゴリズムの収束率全体や、最終的に到達するクラスタ数に影響します。したがって、とても重要なパラメータなのです。バンド幅が小さいと、クラスタ数が多くなりすぎ、バンド幅が大きいと、区別されるべきクラスタが過剰に併合されてしまいます。

　quantileパラメータは、バンド幅推定に影響を与えます。このパラメータが大きいと、バンド幅の見積もりが大きくなり、クラスタの数が少なくなります。

```
bandwidth_X = estimate_bandwidth(X, quantile=0.1, n_samples=len(X))
```

見積もったバンド幅を用いて、Mean Shiftクラスタリングのモデルを訓練します。

```
meanshift_model = MeanShift(bandwidth=bandwidth_X, bin_seeding=True)
meanshift_model.fit(X)
```

クラスタの中心点を抽出します。

```
cluster_centers = meanshift_model.cluster_centers_
print('\nCenters of clusters:\n', cluster_centers)
```

クラスタの数を抽出します。

```
labels = meanshift_model.labels_
num_clusters = len(np.unique(labels))
print("\nNumber of clusters in input data =", num_clusters)
```

データを可視化します。

```
plt.figure()
markers = 'o*xvs'
for i, marker in zip(range(num_clusters), markers):
    # クラスタに属する点を描画する
    plt.scatter(X[labels==i, 0], X[labels==i, 1], marker=marker, color='black')
```

クラスタの中心点を黒丸●で描画します。

```
    cluster_center = cluster_centers[i]
    plt.plot(cluster_center[0], cluster_center[1], marker='o',
            markerfacecolor='black', markeredgecolor='black',
            markersize=15)

plt.title('Clusters')
plt.show()
```

コードを実行すると、図4-3のように表示されるでしょう。黒丸がクラスタの中心点で、クラスタごとに異なる記号で各データ点がプロットされています。クラスタ数は5と推定されています。

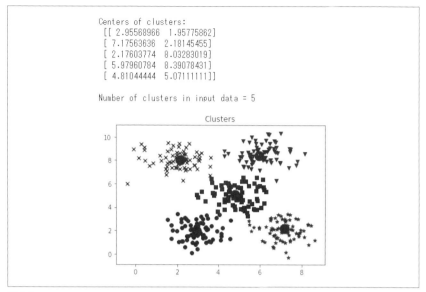

図4-3

本節のコードは、mean_shift.ipynbに格納されています。

4.4　シルエットスコアを用いたクラスタリングの品質推定

　データが明確なクラスタに自然に分かれれば、目で確認し推論を導くことは容易です。しかし、そのような場合は珍しく、実世界のデータは膨大で乱雑です。そこで、クラスタリングの品質を定量化する方法が必要になります。

　シルエット分析は、クラスタの凝集度を調べる方法です。データ点がクラスタにどれほど適合しているのかを推定します。シルエットスコアは、データ点とそのクラスタが、ほかのクラスタに比べてどれだけ類似しているのかを測る指標です。シルエットスコアは任意の類似度に適用可能です。

　シルエットスコアは、次の数式で計算します。

$$silhouette\ score\ =\ (p - q) / \max(p, q)$$

　ここで、pは、データが属していないクラスタのうち最も近いクラスタのデータとの

平均距離であり、qは、データが属しているクラスタに含まれるすべてのデータとの平均距離を表します。

シルエットスコアの値域は、-1～1となります。スコアが1に近づけば、データは同じクラスタ内の他のデータに非常に類似していることを表します。一方、スコアが-1に近づけば、他のデータと類似していないことを表します。マイナスのシルエットスコアを持つ点が多すぎるなら、クラスタの数が少なすぎるか多すぎることを表します。その場合は、再びクラスタリングを実行して最適なクラスタ数を求める必要があります。

それでは、シルエットスコアを用いてクラスタリングの品質を見積もってみましょう。新たにPython 3タブを開いて、次のコードを入力してください。

```
import numpy as np
import matplotlib.pyplot as plt
%matplotlib inline
from sklearn import metrics
from sklearn.cluster import KMeans
```

データとしてdata_quality.txtを用います。各行はカンマ区切りで2つの数値が書かれています。

```
X = np.loadtxt('data_quality.txt', delimiter=',')
```

入力データを可視化します。

```
plt.figure()
plt.scatter(X[:,0], X[:,1], color='black', s=80, marker='o', facecolors='none')
x_min, x_max = X[:, 0].min() - 1, X[:, 0].max() + 1
y_min, y_max = X[:, 1].min() - 1, X[:, 1].max() + 1
plt.title('Input data')
plt.xlim(x_min, x_max)
plt.ylim(y_min, y_max)
plt.xticks(())
plt.yticks(())

plt.show()
```

ここまでのコードを実行すると、**図4-4**のように表示されるでしょう。

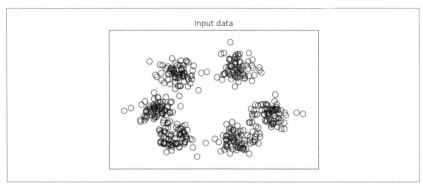

図 4-4

6つのクラスタがあることがわかります。

シルエットスコアを計算する準備として、まず、最適なクラスタ数を調べる範囲を定義します。values配列に、2～9のクラスタ数の並びを格納します。

```
scores = []
values = np.arange(2, 10)
```

クラスタ数を変えながら、k-平均法モデルを生成して訓練することを繰り返します。

```
for num_clusters in values:
    kmeans = KMeans(init='k-means++', n_clusters=num_clusters, n_init=10)
    kmeans.fit(X)
```

現在のクラスタリングモデルについて、ユークリッド距離に基づくシルエットスコアを推定します。

```
    score = metrics.silhouette_score(X, kmeans.labels_,
                metric='euclidean', sample_size=len(X))
```

現在のクラスタ数のシルエットスコアを表示します。

```
    print("\nNumber of clusters =", num_clusters)
    print("Silhouette score =", score)

    scores.append(score)
```

これでシルエットスコアを計算できたので、クラスタ数ごとにシルエットスコアを可視化します。

```
plt.figure()
plt.bar(values, scores, width=0.7, color='black', align='center')
plt.title('Silhouette score vs number of clusters')
plt.show()
```

最良のスコアを抽出し、対応するクラスタ数を表示します。

```
num_clusters = np.argmax(scores) + values[0]
print('\nOptimal number of clusters =', num_clusters)
```

コードを実行すると、クラスタ数とシルエットスコアが棒グラフで表示されます（図4-5）。

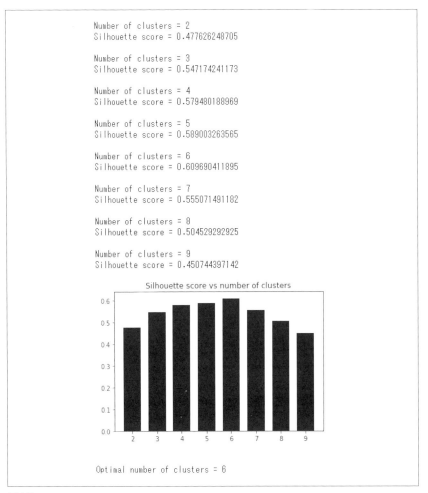

図 4-5

シルエットスコアは、クラスタ数が6のときに最大になることがわかります。これは先ほど入力データを可視化して確認したことと一致しています。

本節のコードは、clustering_quality.ipynbに格納されています。

4.5　混合ガウスモデルとは？

　混合ガウスモデルの前に、混合モデルについて説明します。混合モデルとは、複数の確率分布の組み合わせで確率密度を表すモデルです。ガウス分布を用いる混合モデルが、**混合ガウスモデル**（gaussian mixture model：GMM）です。確率分布を組み合わせる目的は、マルチモーダルな密度関数を提供するためであり、それが混合モデルとなるのです。

　混合モデルの働きを理解するために、一例を示します。南アメリカの人々の購買習慣をモデル化することを考えます。大陸全体をモデル化して単一のモデルを当てはめることもひとつの方法です。しかし、国が異なれば人々の購買行動も異なります。個々の国で人々がどのような購買行動を行うのかを理解する必要があります。

　事象をうまく表現するモデルを作るには、南アメリカ大陸内のすべての多様性を説明できなければなりません。そこで、個々の国の購買習慣をモデル化し、それらを組み合わせて混合モデル化します。このようにすれば、国ごとの微妙な行動の違いを見落とすことがなくなります。すべての国に単一のモデルを当てはめないことによって、より正確なモデル化ができるのです。

　面白いのは、混合モデルはセミパラメトリックであるということです。つまり、事前に定義した関数の集合に依存する面があります。混合モデルは、正確性に優れ、データの分布を柔軟にモデル化できます。データが少ないことで生じる溝を平滑化できるのです。

　関数を定義すれば、混合モデルはセミパラメトリックからパラメトリックに変わります。GMMは、ガウス関数の重みづけ和として表されるパラメトリックモデルです。データは、ガウス分布がなんらかの形で組み合わさって生じていると仮定します。GMMはとても強力で、多くの分野で使われています。GMMのパラメータは、**期待値最大化**（expectation-maximization：EM）や**最大事後確率**（maximum a posteriori：MAP）などのアルゴリズムによって、教師データから推定します。GMMは、画像データベース検索、株式市場変動のモデル化、生体認証などにおいて、よく応用されています。

4.6　混合ガウスモデルに基づくクラスタリング

　それでは、混合ガウスモデルに基づいてクラスタリングしましょう。Python 3のタブを開いて、次のコードを入力してください。

4.6 混合ガウスモデルに基づくクラスタリング

```python
import numpy as np
import matplotlib.pyplot as plt
from matplotlib import patches

from sklearn import datasets
from sklearn.mixture import GaussianMixture
from sklearn.model_selection import StratifiedKFold
```

分析対象として、scikit-learnパッケージ内蔵のIrisデータセット（アヤメの計測データ）を用います。

```python
iris = datasets.load_iris()
```

データセットを80:20の割合で訓練用と検証用に分けます。n_splitsパラメータは、サブグループへの分割数です。ここでは5を指定して、データセットを5分割します。そのうち4つを訓練用に、1つを検証用に用いるので、80:20に分割することになるのです。

```python
indices = StratifiedKFold(n_splits=5).split(iris.data, iris.target)
```

訓練用のデータを展開します。

```python
# 最初のサブグループを取得する
train_index, test_index = next(iter(indices))

# 訓練用データとラベルを取得する
X_train = iris.data[train_index]
y_train = iris.target[train_index]

# 検証用データとラベルを取得する
X_test = iris.data[test_index]
y_test = iris.target[test_index]
```

訓練用データのクラス数を求めます。

```python
num_classes = len(np.unique(y_train))
```

関係するパラメータを用いて混合ガウスモデルGaussianMixtureを構築します。n_componentsパラメータは確率分布の個数です。この場合は、先ほど求めたクラス数になります。次に、共分散の種類をcovariance_typeパラメータに指定する必要があります。ここでは、fullの共分散を指定します。init_paramsパラメータは、

重みと平均を初期化する方法を指定します。ここではrandomを指定しランダムに初期化しますが、random_stateに乱数のシード値を指定して毎回同じ結果になるようにしています。n_iterパラメータは、訓練中に実行される期待値最大化処理の繰り返し回数です。

```
gmm = GaussianMixture(n_components=num_classes, covariance_type='full',
                      init_params='random', random_state=0, max_iter=20)
```

GMMの平均値を初期化します。

```
gmm.means_init = np.array([X_train[y_train == i].mean(axis=0)
                           for i in range(num_classes)])
```

訓練用データを用いてGMMを訓練します。

```
gmm.fit(X_train)
```

クラスタ境界を可視化してみましょう。固有値と固有ベクトルを取り出して、クラスタ周辺に楕円形の境界線を描画します。固有値と固有ベクトルをすぐに思い出せないときには、https://www.math.hmc.edu/calculus/tutorials/eigenstuff を参照してください。

```
plt.figure()
axis_handle = plt.subplot(1, 1, 1)
colors = 'bgr'
for i, color in enumerate(colors):
    eigenvalues, eigenvectors = np.linalg.eigh(
        gmm.covariances_[i][:2, :2])
```

第1成分の固有ベクトルを正規化します。

```
    norm_vec = eigenvectors[0] / np.linalg.norm(eigenvectors[0])
```

分布を正確に表現するには、楕円形を回転させる必要があります。次のように角度を計算します。

```
    angle = np.arctan2(norm_vec[1], norm_vec[0])
    angle = 180 * angle / np.pi
```

可視化のために楕円形を拡大します。固有値が楕円形の大きさを表します。拡大率の8は、表示サイズに合わせて適当に選んだものです。

```
scaling_factor = 8
eigenvalues *= scaling_factor
```

楕円形を描画します。

```
ellipse = patches.Ellipse(gmm.means_[i, :2],
            eigenvalues[0], eigenvalues[1], 180 + angle,
            color=color)
ellipse.set_clip_box(axis_handle.bbox)
ellipse.set_alpha(0.6)
axis_handle.add_artist(ellipse)
```

入力データを○印で図に重ねて表示します。

```
for i, color in enumerate(colors):
    cur_data = iris.data[iris.target == i]
    plt.scatter(cur_data[:,0], cur_data[:,1], marker='o',
                facecolors='none', edgecolors=color, s=40,
                label=iris.target_names[i])
```

テストデータも■印で重ねます。タイトルを付けて表示します。

```
    test_data = X_test[y_test == i]
    plt.scatter(test_data[:,0], test_data[:,1], marker='s',
                facecolors=color, edgecolors=color, s=40,
                label=iris.target_names[i])

plt.title('GMM classifier')
plt.show()
```

以上のコードを実行すると、**図4-6**のように表示されるでしょう。

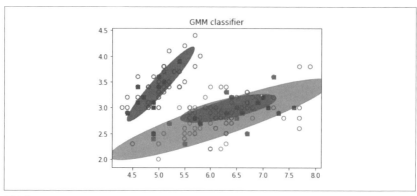

図4-6

入力データは3つの分布から構成されています。大きさと角度の異なる3つの楕円形は、入力データの分布を表しています。

次に、訓練用データと検証用データについて、それぞれクラスを推定し、正解と照らし合わせて評価します。

```
y_train_pred = gmm.predict(X_train)
accuracy_training = np.mean(y_train_pred.ravel() == y_train.ravel()) * 100
print('Accuracy on training data =', accuracy_training)

y_test_pred = gmm.predict(X_test)
accuracy_testing = np.mean(y_test_pred.ravel() == y_test.ravel()) * 100
print('Accuracy on testing data =', accuracy_testing)
```

これを実行すると次のように表示されるでしょう。

```
Accuracy on training data = 87.5
Accuracy on testing data = 86.6666666667
```

本節のコードは、`gmm_classifier.ipynb`に格納されています。

4.7 Affinity Propagationモデルを使った株式市場のサブグループ検出

Affinity Propagation（AP：アフィニティープロパゲーション）は、事前にクラスタの数を指定する必要のないクラスタリングアルゴリズムです。汎用性があり実装が簡単なので、多くの分野で応用されています。メッセージパッシングという手法を用いて、ク

4.7 Affinity Propagationモデルを使った株式市場のサブグループ検出

ラスタの代表例(**exemplar**と言います)を見つけ出します。まず、類似度を指定する必要があります。また、すべての教師データ点がexemplarになりうると考えます。それから、exemplarの集合を見つけるまで、データ点の間でメッセージを渡します。

メッセージの送信は、**responsibility**と**availability**という2つの評価値を交互に渡す手順で進みます。responsibilityは、クラスタのメンバからexemplarの候補に送られるメッセージであり、自分がこのexemplarのクラスタに属するのにどれだけふさわしいのかを表します。availabilityは、exemplarの候補からクラスタのメンバになりうるデータ点に送られるメッセージであり、自分がexemplarとしてどれだけふさわしいのかを表します。

見つけ出すexemplarの数を制御するためのpreferenceというパラメータもあります。大きな値にすると、見つかるクラスタ数が多くなり、小さい値にすれば、クラスタ数は少なくなります。ポイント間の類似度の中間値を選ぶのが良いです。

それではAPモデルを使って株式市場からサブグループを見つけてみましょう。ここでは、株価の始値と終値の差を特徴量とします。

Python 3のタブを開いて、次のコードを入力してください。

```
import datetime
import json
import numpy as np
from sklearn import covariance, cluster
import pandas as pd
import pandas_datareader.data as pdd
```

株式市場のデータは、pandas_datareaderパッケージを使ってアクセスします。pandas_datareaderパッケージは、次のコマンドでインストールできます。

```
$ pip3 install pandas_datareader
```

銘柄コードと会社名の対応は、company_symbol_mapping.jsonというファイルに格納されています。

```
input_file = 'company_symbol_mapping.json'
```

銘柄のシンボル対応表をファイルから読み込みます。

```
with open(input_file, 'r') as f:
    company_symbols_map = json.loads(f.read())
```

```
symbols = company_symbols_map.keys()
```

 pandas_datareader.dataを用いて、Quandlサイトからオンラインの株価データを読み込みます。QuandlのAPIを使うにはAPI KEYが必要です。API KEYは次のように取得します。

1. Quandlのサイトhttps://www.quandl.comの[SIGN UP]でユーザー情報を登録
2. 確認メールが送られてくるので[CONFIRM ADDRESS]ボタンを押して承認
3. アカウント設定のプロファイル画面https://www.quandl.com/account/profileを開き、[YOUR API KEY]としてランダムな文字列が生成されているのを確認

API KEYをコピーして、QUANDL_API_KEYに設定します。

```
QUANDL_API_KEY = 'xxxxxxxxxxxxxxxxxxxx'
```

 非課金ユーザーのAPI KEYではアクセスできない銘柄があるため、例外処理をしています。quotesには株価、namesには銘柄シンボルが格納されます。

```
start_date = datetime.datetime(2003, 7, 3)
end_date = datetime.datetime(2007, 5, 4)

quotes = []
names = []
for symbol in symbols:
    try:
        print('Loading ', symbol, end='...')
        d = pdd.DataReader('WIKI/' + symbol, 'quandl', start_date, end_date,
                           access_key=QUANDL_API_KEY)
        print('done')
        quotes.append(d)
        names.append(company_symbols_map[symbol])
    except:
        print('not found.')
names = np.array(names)
```

株価の始値と終値の差quotes_diffを計算します。

```
opening_quotes = np.array([quote['Open'] for quote in quotes]).astype(np.float)
closing_quotes = np.array([quote['Close'] for quote in quotes]).astype(np.float)
quotes_diff = closing_quotes - opening_quotes
```

4.7 Affinity Propagation モデルを使った株式市場のサブグループ検出

標準偏差で割ってデータを正規化します。

```
X = quotes_diff.copy().T
X /= X.std(axis=0)
```

グラフモデルを作ります。

```
edge_model = covariance.GraphicalLassoCV(cv=3)
```

モデルを訓練します。

```
with np.errstate(invalid='ignore'):
    edge_model.fit(X)
```

訓練したグラフモデルを使って、APクラスタリングモデルを作ります。

```
_, labels = cluster.affinity_propagation(edge_model.covariance_)
num_labels = labels.max()
```

クラスタを表示します。

```
for i in range(num_labels + 1):
    print("Cluster", i+1, "==>", ', '.join(names[labels == i]))
```

以上のコードを実行すると、次のように表示されるでしょう。

```
Loading TOT Total...not found.
Loading XOM Exxon...done.
Loading CVX Chevron...done.
…中略…
Loading RTN Raytheon...done.
Loading CVS CVS...done.
Loading CAT Caterpillar...done.

Cluster 1 ==> Exxon, Chevron, ConocoPhillips, Valero Energy
Cluster 2 ==> Yahoo, Amazon, Apple
Cluster 3 ==> Ford, Navistar, Caterpillar
Cluster 4 ==> Kraft Foods
Cluster 5 ==> Coca Cola, Pepsi, Kellogg, Procter Gamble,
   Colgate-Palmolive, Kimberly-Clark
Cluster 6 ==> Comcast, Mc Donalds, Marriott, Wells Fargo,
   JPMorgan Chase, AIG, American express, Bank of America,
   Goldman Sachs, Xerox, Wal-Mart, Home Depot, Pfizer, Ryder
```

```
Cluster 7 ==> Microsoft, IBM, Time Warner, HP, 3M, General Electrics,
    Cisco, Texas instruments
Cluster 8 ==> Walgreen, CVS
Cluster 9 ==> Northrop Grumman, Boeing, General Dynamics, Raytheon
```

この出力を見ると、株式市場には指定した期間内に株価変動が似たサブグループがあることがわかります。なお、クラスタの表示順は、実行するたびに変わりうる点に注意してください。

本節のコードは、stocks.ipynbに格納されています。

4.8　購買パターンに基づくマーケットのセグメント分け

最後に、消費者の購買パターンによってマーケットをセグメント分けするのに、教師なし学習を応用する方法を示します。sales.csvというファイルには、数多くの衣料品店から得た6種類のトップスの売上の詳細情報が格納されています。

```
Store id,Tshirt,Tank top,Halter top,Turtleneck,Tube top,Sweater
```

ここでの目標は、お店での販売数に基づいて、購買パターンとマーケットのセグメントを見つけることです。

Python 3のタブを開いて、次のコードを入力してください。

```
import csv
import numpy as np
import matplotlib.pyplot as plt
%matplotlib inline
from sklearn.cluster import MeanShift, estimate_bandwidth
```

入力ファイルからデータを読み込みます。CSVファイルなので、Pythonのcsvパッケージを使ってデータを読み込んでから、NumPyの配列に変換します。

```
# ファイルからデータを読み込む
input_file = 'sales.csv'
file_reader = csv.reader(open(input_file, 'r'), delimiter=',')

X = []
for count, row in enumerate(file_reader):
    if not count:   #先頭行はラベル
        names = row[1:]
        continue
```

```
    # 2行目以降はデータ
    X.append([float(x) for x in row[1:]])

# numpy 配列に変換する
X = np.array(X)
```

入力データのバンド幅を見積もります。

```
bandwidth = estimate_bandwidth(X, quantile=0.8, n_samples=len(X))
```

見積もったバンド幅でMean Shiftモデルを訓練します。

```
meanshift_model = MeanShift(bandwidth=bandwidth, bin_seeding=True)
meanshift_model.fit(X)
```

ラベルと各クラスタの中心を取得します。

```
labels = meanshift_model.labels_
cluster_centers = meanshift_model.cluster_centers_
num_clusters = len(np.unique(labels))
```

クラスタ数とクラスタ中心を表示します。

```
print("\nNumber of clusters in input data =", num_clusters)

print("\nCenters of clusters:")
print('\t'.join([name[:7] for name in names]))
for cluster_center in cluster_centers:
    print('\t'.join([str(int(x)) for x in cluster_center]))
```

ここまでのコードを実行すると、次のように表示されるでしょう。

```
Number of clusters in input data = 9

Centers of clusters:
Tshirt  Tank to Halter  Turtlen Tube to Sweater
9823    4637    6539    2607    2228    1239
38589   44199   56158   5030    24674   4125
28333   34263   24065   5575    4229    18076
14987   46397   97393   1127    37315   3235
22617   77873   32543   1005    21035   837
104972  29186   19415   16016   5060    9372
38741   40539   20120   35059   255     50710
35314   16745   12775   66900   1298    5613
```

```
   7852    4939   63081    134   40066    1332
```

9つのクラスタができたことがわかります。

次に、クラスタ中心を描画します。6次元のデータを扱っているので、可視化のために、第2、第3軸を使って2次元データを作成します。つまり、横軸がTank top、縦軸がHalter topの価格となります。xとyに可視化する軸の番号から1を引いた値を設定してプロットします。

```
plt.figure()
x = 1
y = 2
plt.scatter(cluster_centers[:,x], cluster_centers[:,y],
        s=120, edgecolors='black', facecolors='none')

plt.title('Centers of 2D clusters')
plt.xlabel(names[x])
plt.ylabel(names[y])
plt.show()
```

このコードを実行すると、**図4-7**のようにクラスタ中心の価格分布がわかります[*1]。

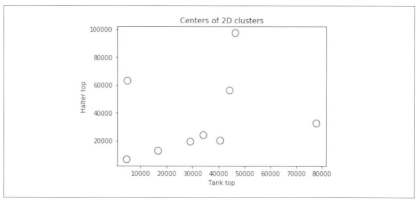

図4-7

本節のコードは、`market_segmentation.ipynb`に格納されています。

[*1] 訳注：sales.csvの全データをplt.scatter(X[:,x], X[:,y], marker='.')のようにプロットすると、外れ値が独立したクラスタとして扱われていることがわかります。クラスタリングの事例としては適さないのですが、原文を重視してこのままとしました。

5章
推薦エンジンを作る

本章では次の事柄について学びます。

- 訓練パイプライン
- 最近傍点の抽出
- k-最近傍（NN）分類器
- 類似度の計算
- 協調フィルタを用いた類似ユーザーの検索
- 映画の推薦システムの作成

5.1 訓練パイプライン

　機械学習システムは、さまざまなモジュールを組み合わせて作られることが多いです。ある順番でモジュールを組み合わせて目標を達成します。scikit-learnライブラリには、さまざまなモジュールを連結してパイプラインを形成できる関数があります。モジュールと対応するパラメータを指定するだけで済むのです。パイプラインを作れば、データを処理してシステムを訓練してくれます。

　パイプラインは、特徴選択、前処理、ランダムフォレスト、クラスタリングなど、さまざまな機能を実行するモジュールを含むことができます。本節では、入力データ点から上位k個の特徴量を選択し、ERT分類器を使って分類するパイプラインの作り方を説明します。

　Jupyter Notebookで、Python 3のタブを作り、最初のセルに次のように入力してください。

```
from sklearn.datasets import samples_generator
from sklearn.feature_selection import SelectKBest, f_regression
from sklearn.pipeline import Pipeline
from sklearn.ensemble import ExtraTreesClassifier
```

訓練用と検証用に、適当なラベル付きデータを生成します。scikit-learnパッケージには、データ生成関数が備わっています。次に示すように、25次元の特徴ベクトルで表されるデータを150個生成します。各データには6つの情報特徴量があり、重複する特徴量はありません。

```
X, y = samples_generator.make_classification(n_samples=150,
        n_features=25, n_classes=3, n_informative=6,
        n_redundant=0, random_state=7)
```

パイプラインの最初のブロックは、特徴量選択です。このブロックは、上位k個の特徴量を選択します。ここではkを9とします。

```
k_best_selector = SelectKBest(f_regression, k=9)
```

パイプラインの次のブロックは、推定器が60個で最大深さが4であるERT分類器です。

```
classifier = ExtraTreesClassifier(n_estimators=60, max_depth=4)
```

それでは、これらのブロックを連結するパイプラインを作りましょう。追跡しやすいように、ブロックに名前を付けることもできます。

```
processor_pipeline = Pipeline([('selector', k_best_selector),
                               ('erf', classifier)])
```

パイプラインを通じて個々のブロックのパラメータを変更できます。第1ブロックのkの値を7にし、第2ブロックの推定器の数を30にするには、次のように、ブロックの名前とパラメータを __ でつないで指定します。

```
processor_pipeline.set_params(selector__k=7, erf__n_estimators=30)
```

先ほど生成したデータを使って、パイプラインを訓練します。

```
processor_pipeline.fit(X, y)
```

すべての入力値について推論して、分類結果を表示します。

```
output = processor_pipeline.predict(X)
print("Predicted output:\n", output)
```

ラベル付き教師データを使って、性能を評価します。

```
print("\nScore:", processor_pipeline.score(X, y))
```

特徴選択ブロックで選択された特徴を抽出します。

```
# 特徴選択ブロックの状態を得る
status = processor_pipeline.named_steps['selector'].get_support()

# 選択された特徴の番号を取得して表示する
selected = [i for i, x in enumerate(status) if x]
print("\nIndices of selected features:", ', '.join([str(x) for x in selected]))
```

コードを実行すると、次のように表示されるでしょう。データはランダムに生成されるので、出力は毎回異なります。

```
Predicted output:
 [0 2 2 0 2 0 2 1 0 1 1 2 0 0 2 0 1 0 0 1 0 2 1 0 2 2 0 0 2 2 1 2 2 0 2 2 1
 1 2 2 2 0 1 2 2 1 2 2 1 0 1 2 2 2 2 0 2 2 0 2 2 2 0 1 0 2 2 1 1 1 2 0 1 0 2
 0 0 1 2 2 0 0 1 2 2 2 0 0 0 2 2 2 1 2 0 2 2 2 2 0 0 1 1 1 1 2 2 0 2 0 1 1
 0 2 1 1 0 1 1 1 1 0 0 0 1 2 0 0 0 2 1 2 0 0 1 0 1 1 0 1 1 1 1 2 2 0 1 2 0
 2 2]

Score: 0.88

Indices of selected features: 4, 7, 8, 12, 14, 17, 22
```

推論結果のリストには、分類されたラベルが表示されています。スコアは、処理の分類性能です。最後のIndices of selected features:は、選択された特徴の番号です。

本節のコードは、pipeline_trainer.ipynbに格納されています。

5.2 最近傍点の抽出

推薦システムは、良い推薦をするために、最近傍法の考え方を採用しています。最近傍法は、所定のデータセットの中から入力データに最も近いデータを見つけるアルゴ

リズムです。このアルゴリズムは分類システムにおいて、入力データとクラスの近接関係に基づいてデータを分類するときにも使われます。

それでは、与えた点の最近傍点を見つける方法を説明します。

Python 3タブを開いて、次のコードを入力してください。

```
import numpy as np
import matplotlib.pyplot as plt
%matplotlib inline
from sklearn.neighbors import NearestNeighbors
```

2次元の入力データ点を定義します。

```
X = np.array([[2.1, 1.3], [1.3, 3.2], [2.9, 2.5], [2.7, 5.4], [3.8, 0.9],
              [7.3, 2.1], [4.2, 6.5], [3.8, 3.7], [2.5, 4.1], [3.4, 1.9],
              [5.7, 3.5], [6.1, 4.3], [5.1, 2.2], [6.2, 1.1]])
```

入力データを黒い丸で描画します。

```
plt.figure()
plt.title('Input data')
plt.scatter(X[:,0], X[:,1], marker='o', s=75, color='black')
plt.show()
```

ここまでを実行すると、図5-1のように表示され、データの分布がわかります。

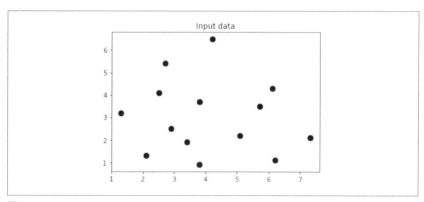

図5-1

抽出したい最近傍点の数を定義します。

```
k = 5
```

k個の最近傍点を抽出するための検証用のデータを定義します。

```
test_datapoint = [4.3, 2.7]
```

次に、k-近傍モデルNearestNeighborsを生成し、入力データで訓練します。このモデルを使って、検証用データ点の最近傍点を抽出します。次のコードを追加してください。

```
knn_model = NearestNeighbors(n_neighbors=k, algorithm='ball_tree').fit(X)
distances, indices = knn_model.kneighbors([test_datapoint])
```

モデルから抽出されたk個の最近傍点の値を表示します。

```
print("K Nearest Neighbors:")
for rank, index in enumerate(indices[0][:k], start=1):
    print(str(rank) + " ==>", X[index])
```

これを実行すると、次のように表示されます。

```
  K Nearest Neighbors:
  1 ==> [ 5.1  2.2]
  2 ==> [ 3.8  3.7]
  3 ==> [ 3.4  1.9]
  4 ==> [ 2.9  2.5]
  5 ==> [ 5.7  3.5]
```

次に、データと最近傍点を可視化します。

```
plt.figure()
plt.title('Nearest neighbors')
plt.scatter(X[:, 0], X[:, 1], marker='o', s=75, color='k')
plt.scatter(X[indices][0][:][:, 0], X[indices][0][:][:, 1],
            marker='o', s=250, color='k', facecolors='none')
plt.scatter(test_datapoint[0], test_datapoint[1],
            marker='x', s=75, color='k')
plt.show()
```

これを実行すると、検証用の入力データが**図5-2**のように×で表示され、それに最も近い5つの最近傍点が二重丸で表示されるでしょう。

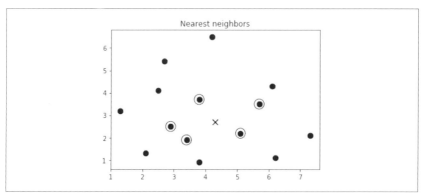

図5-2

本節のコードは、k_nearest_neighbors.ipynbに格納されています。

5.3　k-近傍分類器

k-近傍分類器は、最近傍アルゴリズムをデータの分類に用いる分類モデルです。入力データのクラスを識別するのに、教師データ中のk個の最近傍点を見つけ、その多数決をとって入力データのクラスであると判定します。k個の最近傍点のクラスのリストから、最も多いクラスをひとつ選ぶのです。それでは、このモデルを使った分類器の作り方を説明します。kの値は問題に応じて異なります。

新たにPython 3のタブを開いて、次のコードを入力してください。

```
import numpy as np
import matplotlib.pyplot as plt
import matplotlib.cm as cm
from sklearn import neighbors, datasets
%matplotlib inline
```

data.txtから入力データを読み込みます。各行はカンマで区切られた値であり、4つのクラスがあります。

```
input_file = 'data.txt'
data = np.loadtxt(input_file, delimiter=',')
X, y = data[:, :-1], data[:, -1].astype(np.int)
```

まず、入力データを4種類のマーカーを使って可視化してみましょう。

```
plt.figure()
plt.title('Input data')
marker_shapes = 'v^os'

for i in range(X.shape[0]):
    plt.scatter(X[i, 0], X[i, 1], marker=marker_shapes[y[i]],
                s=75, edgecolors='black', facecolors='none')
plt.show()
```

ここまでのコードを実行すると、図5-3のように入力点の分布がわかります。

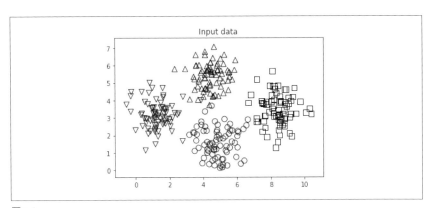

図5-3

次に、分類結果を可視化します。まず、最近傍点の数を定義します。

```
num_neighbors = 12
```

k-近傍分類モデル KNeighborsClassifier を作ります。

```
classifier = neighbors.KNeighborsClassifier(num_neighbors, weights='distance')
```

教師データを用いてモデルを訓練します。

```
classifier.fit(X, y)
```

分類モデルの境界を可視化するのに使うグリッドのステップサイズを定義します。

```
step_size = 0.01
x_min, x_max = X[:, 0].min() - 1, X[:, 0].max() + 1
y_min, y_max = X[:, 1].min() - 1, X[:, 1].max() + 1
```

```
x_values, y_values = np.meshgrid(np.arange(x_min, x_max, step_size),
                                  np.arange(y_min, y_max, step_size))
```

分類境界を描画するために、グリッド上のすべての点を分類します。

```
output = classifier.predict(np.c_[x_values.ravel(), y_values.ravel()])
```

出力を可視化するために、カラーメッシュを作ります。

```
output = output.reshape(x_values.shape)
plt.figure()
plt.pcolormesh(x_values, y_values, output, cmap=cm.Blues)
```

カラーメッシュ上に教師データを描画し、境界との関係を可視化します。

```
for i in range(X.shape[0]):
    plt.scatter(X[i, 0], X[i, 1], marker=marker_shapes[y[i]],
            s=50, edgecolors='black', facecolors='none')
```

X、Y軸の範囲とタイトルを設定します。

```
plt.xlim(x_values.min(), x_values.max())
plt.ylim(y_values.min(), y_values.max())
plt.title('K Nearest Neighbors classifier model boundaries')
plt.show()
```

ここまでのコードを実行した結果を**図5-4**に示します。4つのクラスが境界線で分けられていることがわかります。

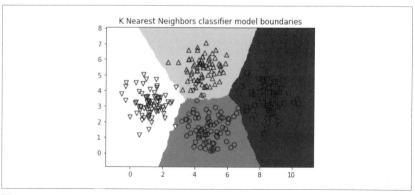

図5-4

次に、検証用のデータを用いて、分類器の動作を確認しましょう。教師データと検証用のデータを可視化し、位置関係を調べます。

```
test_datapoint = [5.1, 3.6]
plt.figure()
plt.title('Test datapoint')
for i in range(X.shape[0]):
    plt.scatter(X[i, 0], X[i, 1], marker=marker_shapes[y[i]],
                s=75, edgecolors='black', facecolors='none')

plt.scatter(test_datapoint[0], test_datapoint[1], marker='x',
            linewidth=6, s=200, facecolors='black')
plt.show()
```

実行すると、検証用のデータが**図5-5**のように×印で表示されるでしょう。4つのクラスの境界付近に位置するので、k個の最近傍点による多数決をとるのが合理的です。

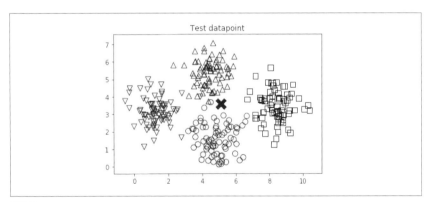

図5-5

分類モデルに検証用データ点を入力して、k個の最近傍点を抽出します。

```
_, indices = classifier.kneighbors([test_datapoint])
indices = indices.astype(np.int)[0]
```

k個の最近傍点を黒く塗りつぶして描画します。

```
plt.figure()
plt.title('K Nearest Neighbors')

for i in indices:
```

```
    plt.scatter(X[i, 0], X[i, 1], marker=marker_shapes[y[i]],
            linewidth=3, s=100, facecolors='black')
```

その上に検証用データを×で描画します。

```
plt.scatter(test_datapoint[0], test_datapoint[1], marker='x',
        linewidth=6, s=200, facecolors='black')
```

さらに入力データ点を描画します。

```
for i in range(X.shape[0]):
    plt.scatter(X[i, 0], X[i, 1], marker=marker_shapes[y[i]],
            s=75, edgecolors='black', facecolors='none')
plt.show()
```

ここまでのコードを実行すると、**図5-6**のように表示されます。12個の最近傍点が、塗りつぶしで描画されています。

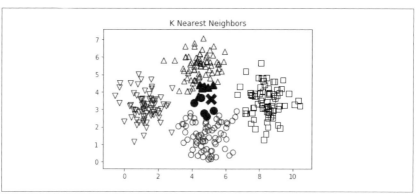

図5-6

出力の値を表示します。

```
print('K-Nearest Neighbours:')
for i in indices:
    print('({},{}) -> {}'.format(X[i, 0], X[i, 1], y[i]))

print("Predicted output:", classifier.predict([test_datapoint])[0])
```

これを実行すると、最近傍点の分類結果の一覧が表示され、多数決により、検証用データのクラスの推定結果として1が表示されます。

```
K-Nearest Neighbours:
(4.52,3.68) -> 2
(4.92,4.24) -> 1
(5.27,2.92) -> 2
(4.39,3.73) -> 1
(4.6,4.21) -> 1
(4.72,4.31) -> 1
(4.61,4.25) -> 1
(5.22,4.41) -> 1
(4.71,2.79) -> 2
(4.13,3.36) -> 2
(4.87,2.6) -> 2
(4.44,4.39) -> 1
Predicted output: 1
```

本節のコードは、nearest_neighbors_classifier.ipynbに格納されています。

5.4 類似度の計算

推薦システムを作るためには、データセット内のさまざまな事物どうしを比較する方法を理解することが重要です。例えば、人々の映画の好みが格納されたデータセットがあるとします。映画を推薦するためには、2人の人を比較する方法を考える必要があります。そこでは、類似度がとても重要になります。類似度は2つの事物がどれだけ似ているのかを示す指標です。

推薦システムでは、ユークリッドスコアとピアソンスコアという2つのスコアがよく使われます。

ユークリッドスコア（euclidean score）は、2つのデータの間の距離を用いて類似度を計算するものです。ユークリッド距離については、以下を参照してください。

https://ja.wikipedia.org/wiki/ユークリッド距離

ユークリッド距離の値域は無限なので、ユークリッドスコアが「0」から「1」の値域に収まるように変換してやります。2つのデータ間のユークリッド距離が大きければ、互いに似ていないことを意味するので、ユークリッドスコアは小さくなります。つまり、ユークリッドスコアはユークリッド距離に反比例するわけです。

ピアソンスコア（pearson score）は、2つの事物間の相関を用います。すなわち、2つのデータ間の共分散と、それぞれの標準偏差を用いて指標を計算します。ピアソンス

コアは「-1」から「+1」の値域を取ります。「+1」は両者が非常に似ていることを表し、「-1」はまったく異なることを表します。「0」は2つのデータ間に相関がないことを表します。

それでは、これらのスコアを計算してみましょう。

Python 3のタブを開いて、次のコードを入力し、パッケージをインポートしてください。

```python
import json
import numpy as np
```

まず、2人のユーザー間のユークリッドスコアを計算する関数を定義します。ユーザー名がデータセットに含まれていなければ、例外を起こします。

```python
# user1とuser2の間のユークリッドスコアを計算する
def euclidean_score(dataset, user1, user2):
    if user1 not in dataset:
        raise TypeError('Cannot find ' + user1 + ' in the dataset')
    if user2 not in dataset:
        raise TypeError('Cannot find ' + user2 + ' in the dataset')
```

続いて、2人に共通して挙げられている映画を抽出して、common_moviesに格納します。

```python
    common_movies = {}
    for item in dataset[user1]:
        if item in dataset[user2]:
            common_movies[item] = 1
```

共通する映画がない場合には、類似度を計算できないので0を返します。

```python
    if len(common_movies) == 0:
        return 0
```

次に、2人の共通する映画の評点の差の二乗のリストを求めます。0による除算を避けるために、二乗和の平方根に1を足してから逆数を計算してユークリッドスコアとします。

```python
    squared_diff = []

    for item in common_movies:
```

```
        squared_diff.append(np.square(dataset[user1][item] -
                                dataset[user2][item]))

    return 1 / (1 + np.sqrt(np.sum(squared_diff)))
```

次に、2人のユーザー間のピアソンスコアを計算する関数を定義しましょう。先と同様に、ユーザー名がデータセットに含まれていなければ、例外を起こすようにし、また、好みが共通する映画をcommon_moviesに格納します。

```
def pearson_score(dataset, user1, user2):
    if user1 not in dataset:
        raise TypeError('Cannot find ' + user1 + ' in the dataset')
    if user2 not in dataset:
        raise TypeError('Cannot find ' + user2 + ' in the dataset')

    common_movies = {}
    for item in dataset[user1]:
        if item in dataset[user2]:
            common_movies[item] = 1
```

あとで使うため、共通する映画の数をnum_ratingsに格納します。これが0なら類似度を算出できないので0を返します。

```
    num_ratings = len(common_movies)

    if num_ratings == 0:
        return 0
```

次に、共分散を求めます。まず、それぞれのユーザーに対して、共通の映画に付けた評点の総和を計算します。

```
    user1_sum = np.sum([dataset[user1][item] for item in common_movies])
    user2_sum = np.sum([dataset[user2][item] for item in common_movies])
```

次に、評点の二乗和を計算します。

```
    user1_squared_sum = np.sum([np.square(dataset[user1][item])
                                for item in common_movies])
    user2_squared_sum = np.sum([np.square(dataset[user2][item])
                                for item in common_movies])
```

次に、評点の積の和を計算します。

```
sum_of_products = np.sum([dataset[user1][item] * dataset[user2][item]
                for item in common_movies])
```

ピアソンスコアの計算に必要な各種パラメータを計算します。

```
Sxy = sum_of_products - (user1_sum * user2_sum / num_ratings)
Sxx = user1_squared_sum - np.square(user1_sum) / num_ratings
Syy = user2_squared_sum - np.square(user2_sum) / num_ratings
```

偏差がなければ、スコアは「0」とします。

```
if Sxx * Syy == 0:
    return 0
```

最後に、ピアソンスコアを返します。

```
return Sxy / np.sqrt(Sxx * Syy)
```

それでは、今作った関数を使って、類似度を計算してみます。

まず、ratings.jsonというファイルから評点を辞書に読み込みます。このファイルには、評者名、映画タイトルと評点が、次のようなJSON形式で格納されています。

```
{
    "David Smith":
    {
        "Vertigo": 4,
        "Scarface": 4.5,
        "Raging Bull": 3.0,
        "Goodfellas": 4.5,
        "The Apartment": 1.0
    },
    ...
```

```
ratings_file = 'ratings.json'

with open(ratings_file, 'r') as f:
    data = json.loads(f.read())
```

ここでは評者David SmithとBill Duffyの間のユークリッドスコアを計算します。

```
user1 = 'David Smith'
user2 = 'Bill Duffy'

print("Euclidean score:")
print(euclidean_score(data, user1, user2))

print("Pearson score:")
print(pearson_score(data, user1, user2))
```

コードを実行すると、次のように出力されるでしょう。

```
Euclidean score:
0.585786437627
Pearson score:
0.99099243041
```

実際のデータを見てみると、次のようにDavid SmithのほうにGoodfellasという映画の評価が高いほか、ほとんど評価が同じです。ピアソンスコアのほうが類似度をよく表していることがわかります。

```
    "David Smith":
    {
        "Vertigo": 4,
        "Scarface": 4.5,
        "Raging Bull": 3.0,
        "Goodfellas": 4.5,
        "The Apartment": 1.0
    },
...
    "Bill Duffy":
    {
        "Vertigo": 4.5,
        "Scarface": 5.0,
        "Goodfellas": 4.5,
        "The Apartment": 1.0
    },
```

ユーザー名を変えてほかの組み合わせを試してみてください。

本節以降のコードは、`movie_recommender.ipynb`に格納されています。

5.5　協調フィルタを用いた類似ユーザーの検索

協調フィルタ（collaborative filtering）とは、データセット内の事物の間にあるパターンを見つけて、新たな事物に関する意思決定を行う処理です。推薦エンジンの文脈では、データセット内に類似ユーザーを見つけるために協調フィルタを使います。

データセット内のユーザーの好みを集め、情報を協調させてユーザーをフィルタリングするので、協調フィルタと呼びます。

ここでの仮定は、ある特定の映画の集合に対する評点が2人の間で類似していれば、新たな未知の映画の選択も類似するだろう、というものです。共通映画の中からパターンを抽出することによって新しい映画についての予測をします。前節で、データセット内のユーザーどうしの類似度を計算する方法を学びました。このスコア付けの手法を応用して、データセット内の類似ユーザーを見つけます。協調フィルタは、膨大なデータセットがあるときによく使われます。ファイナンス、オンラインショッピング、マーケティング、消費者分析などに応用されています。

それでは、協調フィルタのプログラムを作ってみましょう。

前節に続けて、新しいセルに次のコードを入力します。まず、ユーザーuserを指定するとデータセット内からnum_users人の類似ユーザーを検索する関数を定義します。userがデータセット内に存在しなければ例外を起こします。

```
# 入力ユーザーに似たユーザーをデータセットから検索する
def find_similar_users(dataset, user, num_users):
    if user not in dataset:
        raise TypeError('Cannot find ' + user + ' in the dataset')
```

前節で定義したピアソンスコアを使って、入力したユーザーと、データセット内の他の全ユーザーとの間のピアソンスコアを計算します。

```
    scores = [(x, pearson_score(dataset, user, x))
            for x in dataset if x != user]
```

スコアを降順にソートします。

```
    scores.sort(key=lambda p: p[1], reverse=True)
```

引数に指定したnum_users数の上位ユーザーを取り出して、配列を返します。

```
    return scores[:num_users]
```

次に、この関数を使ってみます。

ユーザーをBill Duffyとし、類似した3人のユーザーを検索します。結果をスコアとともに表示します。

```
user = 'Bill Duffy'

print('Users similar to ' + user + ':\n')
similar_users = find_similar_users(data, user, 3)
print('User\t\t\tSimilarity score')
print('-'*41)
for item in similar_users:
    print(item[0], '\t\t', round(item[1], 2))
```

これを実行すると、次のように表示されるでしょう。

```
Users similar to Bill Duffy:

User            Similarity score
-----------------------------------------
David Smith     0.99
Samuel Miller   0.88
Adam Cohen      0.86
```

前節で見たように、David SmithとBill Duffyは評価が非常に似ていました。

同じセルの冒頭に戻って、ユーザーをClarissa Jacksonに変更して実行します。

```
user = 'Clarissa Jackson'
...
```

再びセルを実行すれば、次のように表示されるでしょう。

```
Users similar to Clarissa Jackson:

User            Similarity score
-----------------------------------------
Chris Duncan    1.0
Bill Duffy      0.83
Samuel Miller   0.73
```

実際のデータを見てみると、次のようにClarissa Jacksonの評価する一部の映画とChris Duncanの評価が似ていることがわかります。

```
"Clarissa Jackson":
{
    "Vertigo": 5.0,
    "Scarface": 4.5,
    "Raging Bull": 4.0,
    "Goodfellas": 2.5,
    "The Apartment": 1.0,
    "Roman Holiday": 1.5
},
...
"Chris Duncan":
{
    "The Apartment": 1.5,
    "Raging Bull": 4.5
}
```

5.6　映画推薦システム

　ここまで推薦システムに必要な基本的な概念を学び、構成要素が揃ったので、本節では映画推薦システムを組み立てましょう。あるユーザーに推薦する映画を検索するには、まずデータセットから類似ユーザーを検索し、次に類似ユーザーの好みから推薦する映画を検索します。

　新しいセルに次のコードを入力して、ユーザーinput_userを指定すると映画の推薦をする関数を定義します。まず、前節で定義したfind_similar_users()を呼び出して、input_userに近いユーザーを3人選びます。

```
# input_user の推薦をする
def get_recommendations(dataset, input_user):
    similar_users = find_similar_users(dataset, input_user, 3)
```

　スコアを記録する変数を定義します。overall_scoresには、ユーザー類似度をかけた評点の累計、similarity_scoresには、評点の累計が記録されていきます。

```
    overall_scores = {}
    similarity_scores = {}
```

類似ユーザーuserひとりずつについて、その評価した映画itemと評点iscoreを取り出します。ただし、ユーザーinput_userが評価したものは除きます。

```
for user,pscore in similar_users:
    for item,iscore in dataset[user].items():
        if item in dataset[input_user] and dataset[input_user][item] > 0:
            continue
```

overall_scoresと、similarity_scoresを計算します。

```
        overall_scores[item] = overall_scores.get(item, 0) + iscore * pscore
        similarity_scores[item] = similarity_scores.get(item, 0) + pscore
```

以上を繰り返したあと、推薦する映画がなければ、何も推薦できないというメッセージを返します。

```
if len(overall_scores) == 0:
    return ['No recommendations possible']
```

ユーザー類似度の累計で割って、評点の累計を正規化します。

```
movie_scores = [(item, score / similarity_scores[item])
                for item,score in overall_scores.items()]
```

スコアを降順にソートして返します。

```
movie_scores.sort(key=lambda p: p[1], reverse=True)
return movie_scores
```

それでは、ユーザーChris Duncanに対する映画の推薦リストを抽出してみましょう。

```
user = 'Chris Duncan'

print("Movie recommendations for " + user + ":")
movies = get_recommendations(data, user)
for i, movie in enumerate(movies):
    print(str(i+1) + '.', movie[0], ':', round(movie[1],2))
```

これを実行すると、次のように表示されるでしょう。

```
Movie recommendations for Chris Duncan:
```

1. Vertigo : 4.5
2. Scarface : 4.17
3. Goodfellas : 4.0
4. Roman Holiday : 1.25

　前節末に示したClarissa JacksonとChris Duncanの評価を見ると、Clarissa Jacksonが評価した映画からChris Duncanが評価していないものが選ばれていることがわかります。

　次に、ユーザーJulie Hammelへの推薦リストを検索します。セルの冒頭に戻って、userを変更します。

```
user = 'Julie Hammel'
...
```

　セルを再実行すると、次のように表示されるでしょう。

```
Movie recommendations for Julie Hammel:
1. The Apartment : 5.0
2. Vertigo : 3.0
3. Raging Bull : 1.0
```

6章
論理プログラミング

本章では次の事柄について学びます。

- 論理プログラミング
- 論理プログラミングの構成要素
- 論理プログラミングによる問題解法
- 論理プログラミング用パッケージのインストール
- 数式の推定
- 素数判定
- 家系図の解析
- 地理の解析
- パズルの解法

6.1 論理プログラミングとは？

　論理プログラミングは、プログラミングのパラダイム（プログラムの構成や方法についての考え方の枠組み）のひとつです。論理プログラミングがどのように構成され人工知能にどのように関係しているのかを説明する前に、プログラミングのパラダイムについて示します。

　パラダイムの考え方は、プログラミング言語の分類のために生まれたもので、プログラムがコードを通じて問題を解決する方法を示すものです。プログラミングのパラダイムの中には、結果を達成するのに使われる命令の関連付けや並べ方に主に関係するものがあります。ほかに、コードの構成方法に関係するパラダイムもあります。

　主要なプログラミングパラダイムを以下に示します。

命令型
　プログラムの状態を変更する文を用いるもので、副作用を許容します。

関数型
　計算を数学的な関数を評価することとみなし、状態の変化や変更可能なデータを許容しません。

宣言型
　「どのように実行するのか」ではなく「何を実行したいのか」を記述することによってプログラムを書く方法です。制御の流れを明示的に記述せずに、背後にある計算の論理を表現することになります。

オブジェクト指向
　各オブジェクトが自律するようにコードをまとめます。オブジェクトにはデータと、データの変更を規定するメソッドが格納されます。

手続き型
　コードを関数にまとめ、各関数はある特定の処理手順を担当します。

記号型
　プログラムが自分自身をデータとして扱って変更可能とする構文形式や文法を持ちます。

論理型
　事実と推論規則から構成される知識データベースの上で自動推論することによって計算を行います。

　論理プログラミングを理解するために、計算と推論の概念を理解しましょう。何かを計算するには、まず数式と計算規則が必要です。この計算規則が基本的にプログラムになるのです。

　23と12と49の和を計算することを例にして、数式と計算規則を使って出力を生成します（**図6-1**）。

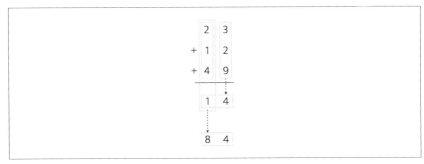

図6-1

計算手順は次のようになります。

$$23 + 12 + 49 \Rightarrow (2 + 1 + 4) \times 10 + (3 + 2 + 9)$$
$$\Rightarrow (2 + 1 + 4 + 1) \times 10 + 4$$
$$\Rightarrow 84$$

一方で、何かを推論するときには、まず、なんらかの推測が必要です。その次に、規則に基づいて証明を組み立てます。つまり、計算の過程は機械的であり、推論の過程はより創造的です。

論理プログラミングのパラダイムでプログラムを書くときには、問題領域に関する事実と推論規則に基づいた文の集合を設定し、この情報を用いて推論器が問題を解きます。

例えば、

- アリストテレスは人間である（事実）
- すべての人間は死ぬ（推論規則）

という文の集合から、

- アリストテレスは死ぬ

という命題が真であることを証明します。

他の例としては、

- アナキンはレイアの父である（事実）
- レイアはベンの母である（事実）
- 母の父は祖父である（推論規則）

から、

- ベンの祖父は誰ですか？

という質問に「アナキン」と答えます。

6.2　論理プログラミングの構成要素

　オブジェクト指向や命令型のパラダイムでは、変数の定義方法を常に指定してやる必要があります。一方、論理プログラミングでは、変数の挙動が少し異なります。インスタンス化していない変数を関数に渡すと、ユーザーが定義した事実に基づいて、インタプリタが変数をインスタンス化します。変数を対応づける方法としては強力なやり方です。変数を別の項目に対応づけることを、**単一化**（unification）と言います。ここが論理プログラミングの特徴が際立つところです[*1]。

　次に、論理プログラミングでは、関係性を定義します。関係性は、事実と推論規則という節の形で定義されます。

　事実は、処理中のプログラムとデータ上で真となる文のことです。構文はとても単純です。例えば「ドナルドはアランの息子です」は事実であり、「誰がアランの息子ですか？」は事実ではありません。論理プログラミングにおいては、必ず事実が必要であり、それに基づいてゴールを達成できるのです[*2]。

　推論規則は、事実の表現方法や問い合わせ方法に関するものです。問題領域において結論を導き出す上で従う制約条件です[*3]。例えば、チェスの思考エンジンを作っているとすれば、チェスボード上での駒の動かし方に関するすべての規則を指定する必要

---

*1 訳注：foo(1)という事実があり、foo(X)と未束縛の変数Xを渡すと、単一化によってX=1となります。

*2 訳注：例えば、『スター・ウォーズ』の家系で言えば、事実は次のようになります。
```
father("Anakin", "Luke")
father("Anakin", "Leia")
mother("Leia", "Ben")
```
そして、未束縛変数Cを使ってfather("Anakin", C)を問い合わせると、単一化によりCは"Leia"もしくは"Luke"になります。

*3 訳注：「祖父は、母の父、もしくは、父の父」という推論規則は、
```
grand_father(X, Y) = (father(X, Z) AND mother(Z, Y)) OR
                     father(X, Z) AND father(Z, Y))
```
となります。先の事実も使ってgrand_father(G, "Ben")を問い合わせると、Gは"Anakin"となります。

があります。つまり、すべての関係性が真である場合に限り、最終結論が有効であるといえるのです。

6.3 論理プログラミングを用いた問題解法

　論理プログラミングでは、事実と推論規則によって問題を解きます。プログラムにおいては、なんらかのゴールを設定してやる必要があります。プログラムやゴールに変数が現れない場合には、問題解決やゴール達成のための探索空間を構成する木構造を考えます。

　論理プログラミングにおいては、推論規則の扱い方が最も重要です。推論規則は、論理的な文として表現します。例えば、

　　$Kathy\ likes\ chocolate \Rightarrow Alexander\ loves\ Kathy$
　　キャシーはチョコレートが好き $\Rightarrow$ アレクサンダーはキャシーを愛している

という推論規則を考えてみましょう。

　これを「もしキャシーがチョコレートが好きならば、アレクサンダーはキャシーを愛している」ということを意味していると読むことができます。あるいは、「キャシーがチョコレートが好きである、ということは、アレクサンダーはキャシーを愛している、ということである」と読むこともできます。同様に次の推論規則を考えてみましょう。

　　$Crime\ movies,\ English \Rightarrow Martin\ Scorsese$
　　犯罪映画、英語 $\Rightarrow$ マーティン・スコセッシ

　これを「もし、英語の犯罪映画が好きなら、マーティン・スコセッシ監督の映画が好きだろう」と読むことができます。

　論理プログラミングで各種問題を解決するには、このような構成方法を全面的に採用します。それでは、Pythonにおける解法を説明していきます。

6.4　Pythonパッケージのインストール

　Pythonで論理プログラミングを始める前に、専用のパッケージをインストールしておきます。kanrenパッケージは、論理プログラミングを可能とするものです。問題に応じて、sympyと併用します。pipを用いてkanrenとsympyをインストールしてくだ

さい。

```
$ pip3 install kanren
$ pip3 install sympy
```

6.5 数式の照合

数式演算は常にお目にかかるものですが、数式を照合して未知の値を導き出す問題を、論理プログラミングはとても効率よく解くことができます。どのようにするのか以下に示します。

Jupyter Notebookで新たにPython 3のタブを開いて、次のコードを入力してください。

```
from kanren import run, var, fact
import kanren.assoccomm as la
```

足し算(add)と掛け算(mul)という2つの数式演算を定義します。

```
add = 'addition'
mul = 'multiplication'
```

足し算も掛け算も、交換法則(commutative)と結合法則(associative)を持つので、factを使ってそれを宣言します。

```
fact(la.commutative, mul)
fact(la.commutative, add)
fact(la.associative, mul)
fact(la.associative, add)
```

変数もいくつか定義します。

```
a, b, c = var('a'), var('b'), var('c')
```

これで準備が整いましたので、次の数式を例にして考えてみます。

$$expression\_orig = 3 \times (-2) + (1 + 2 \times 3) \times (-1)$$

この数式と、次のように変数で置き換えた3つの数式を照合します。

$$expression1 = (1 + 2 \times a) \times b + 3 \times c$$

$$expression2 = c \times 3 + b \times (2 \times a + 1)$$
$$expression3 = (((2 \times a) \times b) + b) + 3 \times c$$

じっくり見れば、3つの式は同じであることがわかります。ここでのゴールは、これら3つの数式と元の数式を照合し、変数の値を求めることです。

数式をaddとmulを用いて表現します。x + yを(add, x, y)、x × yを(mul, x, y)のように記述します。

```
expression_orig = (add, (mul, 3, -2), (mul, (add, 1, (mul, 2, 3)), -1))
expression1 = (add, (mul, (add, 1, (mul, 2, a)), b), (mul, 3, c))
expression2 = (add, (mul, c, 3), (mul, b, (add, (mul, 2, a), 1)))
expression3 = (add, (add, (mul, (mul, 2, a), b), b), (mul, 3, c))
```

数式どうしを照合します。kanrenではrunというメソッドを用います。このメソッドは次のような入力引数を取って数式を実行します。最初の引数は、取得する解の個数です。0を指定するとすべての解を取得します。2番目の引数は、変数の一覧です。最後の引数が照合する関数です。

```
print(run(0, (a, b, c), la.eq_assoccomm(expression1, expression_orig)))
print(run(0, (a, b, c), la.eq_assoccomm(expression2, expression_orig)))
print(run(0, (a, b, c), la.eq_assoccomm(expression3, expression_orig)))
```

以上のコードを実行すると、次のように表示されるでしょう。

```
((3, -1, -2),)
((3, -1, -2),)
()
```

最初の2行の3つの値は、それぞれ、変数a、b、cの値を表します。最初の2つの数式は元の数式と照合できましたが、3つ目の数式は照合に失敗しました。これは、数学的には同じ数式であっても、構造的に異なるためです[*1]。数式の構造を比較することによって、パターンが照合されるのです。

本節のコードは、expression_matcher.ipynbに格納されています。

[*1] 訳注：ここでは、分配法則をコード上で定義していないためです。

6.6 素数の判定

次に、論理プログラミングによって素数を判定してみましょう。
新たにPython 3タブを開いて、次のコードを入力してください。

```
import itertools as it
from kanren import isvar, membero, var, run, eq
from kanren.core import success, fail, condeseq
from sympy.ntheory.generate import prime, isprime
```

次に、引数が素数かどうかを判定する関数を定義します。引数が数値型であれば単純ですが、変数であれば逐次的な処理を行う必要があります。

背景知識を少し説明しておくと、conde()というメソッドはゴールを組み立てる働きをし、ANDとORの論理演算を用いることができます。conde((a,b,c),(d,e))は、(a AND b AND c) OR (d AND e)を表します。すなわち、引数どうしはOR条件、引数のタプルの要素はAND条件を表します。

一方、condeseq()はconde()と似ていますが、ゴールとしてイテレータを用いることができるものです。

isprime(i)はSciPyの関数でiが素数かどうかを判定します。prime(i)はi番目の素数を求める関数です。[eq(x,p) for p in map(prime, it.count(1))]は、素数pを2から順番に生成して、[eq(x,2)] OR [eq(x,3)] OR [eq(x,5)] OR ... という制約を記述することになります。

```
# xが素数かどうかを判定する
def check_prime(x):
    if isvar(x):
        return condeseq([eq(x, p)] for p in map(prime, it.count(1)))
    else:
        return success if isprime(x) else fail
```

変数xを宣言します。

```
x = var()
```

数の集合list_numsを定義し、どれが素数か判定します。メソッドmembero(x, list_nums)は、xがlist_numsの要素であることを表します。run()によって、list_numsの要素であり、かつ、check_prime(x)がsuccessとなるxをすべて見

つけ出して表示します。ゴールとして設定するときは、membero(x, list_nums)やcheck_prime(x)と書かず、(membero, x, list_nums)や(check_prime x)と書きます。

```
list_nums = (23, 4, 27, 17, 13, 10, 21, 29, 3, 32, 11, 19)
print('List of primes in the list:')
print(set(run(0, x, (membero, x, list_nums), (check_prime, x))))
```

これを実行すると、次のように表示され、list_numsのうち素数のものだけが選ばれています。

```
List of primes in the list:
{3, 11, 13, 17, 19, 23, 29}
```

次に、memberoの条件を外してみます。そのままだと、無限に出力されてしまうので、run()の第1引数に7を設定し、check_prime(x)を満たすxを7個求めます。

```
print('List of first 7 prime numbers:')
print(run(7, x, (check_prime, x)))
```

これを実行すると、次のように表示され、確かに7つの素数を計算しています。

```
List of first 7 prime numbers:
(2, 3, 5, 7, 11, 13, 17)
```

本節のコードは、prime.ipynbに格納されています。

6.7　家系図の解析

次に、論理プログラミングにより親しむために、面白い問題を解くことにしましょう。図6-2のような家系図を考えます。

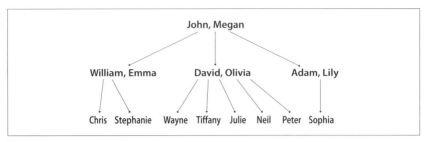

図 6-2

　JohnとMeganには、William、David、Adamという3人の息子がいます。William、David、Adamの妻は、それぞれ、Emma、Olivia、Lilyです。WilliamとEmmaには、ChrisとStephanieという2人の子供がいます。DavidとOliviaには、Wayne、Tiffany、Julie、Neil、Peterという5人の子供がいます。AdamとLilyには、一人っ子のSophiaがいます。以上の事実に基づいて、Wayneの祖父の名前やSophiaのおじの名前を答えるプログラムを作ってみます。祖父やおじの関係を明示的に記述しなくても、論理プログラミングによって推論できるのです。

　家系図は、次のような`relationships.json`というファイルに記載してあります。

```
{
    "father":
    [
        {"John": "William"},
        {"John": "David"},
        {"John": "Adam"},
        {"William": "Chris"},
        {"William": "Stephanie"},
        {"David": "Wayne"},
        {"David": "Tiffany"},
        {"David": "Julie"},
        {"David": "Neil"},
        {"David": "Peter"},
        {"Adam": "Sophia"}
    ],
    "mother":
    [
        {"Megan": "William"},
        {"Megan": "David"},
        {"Megan": "Adam"},
        {"Emma": "Stephanie"},
```

```
                {"Emma": "Chris"},
                {"Olivia": "Tiffany"},
                {"Olivia": "Julie"},
                {"Olivia": "Neil"},
                {"Olivia": "Peter"},
                {"Lily": "Sophia"}
        ]
}
```

単純なjsonファイルであり、父親と母親の関係だけが記載されています。夫婦や祖父母やおじの関係は一切記述されていないことに着目してください。

それでは、新たにPython 3のタブを開いて、次のように入力してください。

```
import json
from kanren import Relation, facts, run, conde, var, eq
```

まず、jsonファイルを読み込みます。

```
with open('relationships.json') as f:
    d = json.loads(f.read())
```

次に、fatherとmotherという関係を定義し、facts()を使って、jsonファイルの内容を事実として追加します。

```
father = Relation()
mother = Relation()

for item in d['father']:
    facts(father, (list(item.keys())[0], list(item.values())[0]))

for item in d['mother']:
    facts(mother, (list(item.keys())[0], list(item.values())[0]))
```

xがyの親であるかどうかを調べる関数parent(x, y)を定義します。xがyの親であるなら、xはyの父親、または、xはyの母親である、という論理を用います。前述のとおり、conde()の引数どうしはOR条件として扱われます。

```
def parent(x, y):
    return conde((father(x, y),), (mother(x, y),))
```

次に、xがyの祖父母かどうかを調べる関数grandparent(x, y)を定義します。x

がyの祖父母であるなら、xの子供はyの親である、という論理を用います。xの子供としてtempという変数を作り、parent(x, temp)かつparent(temp, y)と表現します。conde()の引数がタプルのときは、タプルの要素どうしAND条件になります。

```
def grandparent(x, y):
    temp = var()
    return conde((parent(x, temp), parent(temp, y)))
```

次に、xがyの兄弟姉妹であるか調べる関数sibling(x, y)を定義します。xとyが兄弟姉妹であるなら、xとyは同じ親を持つ、という論理を用います。先ほどと同様に親として変数tempを作り、AND条件で定義します。ただし、この論理でxの兄弟姉妹をリストアップすると、x本人も含まれてしまいます。したがって、リストからxを取り除く必要があります。この処理については後述します。

```
def sibling(x, y):
    temp = var()
    return conde((parent(temp, x), parent(temp, y)))
```

xがyのおじであるか調べる関数uncle(x, y)を定義します。xがyのおじであるなら、xの父親はyの祖父である、という論理を用いています[*1]。ただし、この論理では、yのおじをリストアップした中に、yの父親も含まれてしまうため、あとで削除する必要があります。

```
def uncle(x, y):
    temp = var()
    return conde((father(temp, x), grandparent(temp, y)))
```

これで質問に答える準備ができました。それでは、Johnの子供が誰か質問してみましょう。father('John', x)をゴールとして、これを満たすxを求めます。

```
x = var()
output = run(0, x, (father, 'John', x))
for item in output:
    print(item)
```

ここまでのコードを実行すると、次のように表示されるでしょう。

[*1] 訳注：xはyの親の兄弟である、という論理を使うこともできます。この場合は、return conde((sibling(temp, x), parent(temp, y)))となります。

```
William
David
Adam
```

Williamの母親は誰ですか？ ゴールmother(x, 'William')を満たすxを求めます。

```
output = run(0, x, (mother, x, 'William'))
for item in output:
    print(item)
```

これを実行すると、次のように表示されます。

```
Megan
```

Adamの親は誰？ ゴールparent(x, 'Adam')を満たすxを求めます。

```
output = run(0, x, parent(x, 'Adam'))
for item in output:
    print(item)
```

実行結果：
```
John
Megan
```

Wayneの祖父母は？ ゴールgrandparent(x, 'Wayne')を満たすxを求めます。

```
output = run(0, x, grandparent(x, 'Wayne'))
for item in output:
    print(item)
```

実行結果：
```
Megan
John
```

Meganの孫は？ ゴールgrandparent('Megan', x)を満たすxを求めます。先ほどとxの場所が異なります。grandparentというひとつの推論規則を使って、孫から祖父母を求めることも、祖父母から孫を求めることも、どちらにも使えるのが論理プログラミングの醍醐味です。

```
output = run(0, x, grandparent('Megan', x))
```

```
for item in output:
    print(item)
```

実行結果：

```
Chris
Sophia
Peter
Stephanie
Wayne
Neil
Julie
Tiffany
```

Davidの兄弟姉妹は？ ゴールはsibling(x, 'David')となります。ただし、結果にDavid本人が含まれているため、それを除去します。

```
name = 'David'
output = run(0, x, sibling(x, name))
# 本人を除去する
siblings = [x for x in output if x != name]
for item in siblings:
    print(item)
```

実行結果：

```
William
Adam
```

Tiffanyのおじは？ ゴールはuncle(x, 'Tiffany')ですが、結果にはTiffanyの父親も含まれているので、それを除去します。

```
name = 'Tiffany'
# 父親の名前を求める
name_father = run(0, x, father(x, name))[0]
output = run(0, x, uncle(x, name))
# 父親を除去する
output = [x for x in output if x != name_father]
for item in output:
    print(item)
```

実行結果：

```
William
Adam
```

最後に、すべての夫婦をリストアップします。それには、子供cについてfather(a, c) AND mother(b, c)というゴールを満たすaとbの組み合わせを求めます。

```
a, b, c = var(), var(), var()
output = run(0, (a, b), father(a, c), mother(b, c))
for item in output:
    print('Husband:', item[0], '<==> Wife:', item[1])
```

実行結果：

```
Husband: William <==> Wife: Emma
Husband: John <==> Wife: Megan
Husband: Adam <==> Wife: Lily
Husband: David <==> Wife: Olivia
```

以上の実行結果を前述の家系図と照らし合わせて確認してください。

本節のコードは、family.ipynbに格納されています。

6.8 地理の解析

次に、地理解析に論理プログラミングを応用してみましょう。アメリカの州の位置情報を指定し、事実と推論規則に基づいてさまざまな質問に答えます。アメリカの地図を図6-3に示します。

図6-3

ここでadjacent_states.txtとcoastal_states.txtという2つのファイルを用います。前者には各州について隣接する州の名前が記載されており、後者には海に面した州の名前が記載されています。これを用いれば「オクラホマ州とテキサス州の両方に隣接している州は？」とか「ニューメキシコ州とルイジアナ州の両方に隣接し、海に面した州は？」といった興味深い情報を得ることができます。

それでは、新規にPython 3のタブを開いて、次のコードを入力してください。

```
from kanren import run, fact, eq, Relation, var
```

海に面している関係と、隣接関係を定義します。

```
coastal = Relation()
adjacent = Relation()
```

ファイルからデータを読み込んで、海に面している関係を追加します。

```
file_coastal = 'coastal_states.txt'
with open(file_coastal, 'r') as f:
    line = f.read()
    coastal_states = line.split(',')

for state in coastal_states:
    fact(coastal, state)
```

次に隣接関係のデータを読み込んで、事実を追加します。

```
file_adjacent = 'adjacent_states.txt'
with open(file_adjacent, 'r') as f:
    adjlist = [line.strip().split(',') for line in f
                    if line and line[0].isalpha()]

for L in adjlist:
    head, tail = L[0], L[1:]
    for state in tail:
        fact(adjacent, head, state)
```

以上で事実を登録できたので、質問してみましょう。ネバダ州がルイジアナ州に隣接しているかどうか調べます。

```
x = var()
output = run(0, x, adjacent('Nevada', 'Louisiana'))
```

```
print('Yes' if len(output) else 'No')
```

これを実行すると、

```
No
```

のように表示されます。つまり隣接しません。地図で確かめてみてください。

次に、オレゴン州に隣接したすべての州を列挙します。

```
output = run(0, x, adjacent('Oregon', x))
for item in output:
    print(item)
```

実行結果：

```
Washington
California
Nevada
Idaho
```

ミシシッピ州に隣接し、海に面する州は？

```
output = run(0, x, adjacent('Mississippi', x), coastal(x))
for item in output:
    print(item)
```

実行結果：

```
Louisiana
Alabama
```

海に面した州に接する州を7つ求めます。

```
y = var()
output = run(7, x, coastal(y), adjacent(x, y))
for item in output:
    print(item)
```

実行結果：

```
Ohio
New Mexico
Arkansas
New Jersey
Massachusetts
```

```
Idaho
Vermont
```

アーカンソー州とケンタッキー州に接する州は？

```
output = run(0, x, adjacent('Arkansas', x), adjacent('Kentucky', x))
for item in output:
    print(item)
```

実行結果：

```
Missouri
Tennessee
```

地図と照らし合わせながら、ほかにもいろいろな質問をして正しく答えられるか確かめてみてください。

本節のコードは、`states.ipynb`に格納されています。

6.9 パズルの解法

　パズルを解くことも論理プログラミングの面白い応用のひとつです。パズルの条件を設定すると、プログラムが解を求めます。本節では、4人の断片的な情報を設定して、欠けた情報を問い合わせます。

　4人の名前は、Steve、Jack、Matthew、Alfredであり、それぞれ異なるペットを飼っており、異なる色の車を所有しており、異なる国に住んでいるとします。パズルの条件は次のとおりとします。

- Steveは青い車を持っている。
- 猫を飼っている人はカナダに住んでいる。
- Matthewはアメリカに住んでいる。
- 黒い車を持っている人はオーストラリアに住んでいる。
- Jackは猫を飼っている。
- Alfredはオーストラリアに住んでいる。
- 犬を飼っている人はフランスに住んでいる。
- ウサギを飼っている人は誰だ？

　ゴールはウサギを飼っている人の名前を求めることです。4人の状況と関係性を表に

表します。

名前	ペット	車の色	国
Steve	?	青	?
Matthew	?	?	アメリカ
Jack	猫	?	?
Alfred	?	?	オーストラリア
?	猫	?	カナダ
?	?	黒	オーストラリア
?	犬	?	フランス
誰?	ウサギ	?	?

それでは、新たにPython 3のタブを開いて、次のコードを入力してください。

```
from kanren import *
```

変数peopleを宣言します。

```
people = var()
```

lallを使って、すべての推論規則を定義します。最初の規則は、4人いる、ということを表します。eqを使ってpeopleは4つの変数である、という書き方をします。

```
rules = lall(
    # 4人いる
    (eq, (var(), var(), var(), var()), people),
```

次は「Steveは青い車を持っている」という規則です。memberoを使って、peopleの中には('Steve', var(), 'blue', var())が含まれることを記述します。ここでのvar()は任意の値にマッチする意味です。

```
    (membero, ('Steve', var(), 'blue', var()), people),
```

次は、「猫を飼っている人はカナダに住んでいる」です。

```
    (membero, (var(), 'cat', var(), 'Canada'), people),
```

「Matthewはアメリカに住んでいる」

```
    (membero, ('Matthew', var(), var(), 'USA'), people),
```

「黒い車を持っている人はオーストラリアに住んでいる」

```
    (membero, (var(), var(), 'black', 'Australia'), people),
```

「Jackは猫を飼っている」

```
    (membero, ('Jack', 'cat', var(), var()), people),
```

「Alfredはオーストラリアに住んでいる」

```
    (membero, ('Alfred', var(), var(), 'Australia'), people),
```

「犬を飼っている人はフランスに住んでいる」

```
    (membero, (var(), 'dog', var(), 'France'), people),
```

「ウサギを飼っている人は誰だ？」

```
    (membero, (var(), 'rabbit', var(), var()), people)
)
```

以上の制約条件を満たす解を求めましょう。

```
solutions = run(0, people, rules)
```

解を表示します。

```
output = [house for house in solutions[0] if 'rabbit' in house][0][0]
print(output + ' is the owner of the rabbit')
```

以上を実行すると、次のように表示されるでしょう。

```
    Matthew is the owner of the rabbit
```

答えはMatthewでした。

すべての組み合わせを表示しましょう。

```
print('Here are all the details:')
attribs = ['Name', 'Pet', 'Color', 'Country']
print('\n' + '\t\t'.join(attribs))
print('=' * 57)
for item in solutions[0]:
    print('\t\t'.join([str(x) for x in item]))
```

実行すると、次のような表が表示されます。

```
Here are all the details:

Name          Pet          Color         Country
========================================================
Steve         dog          blue          France
Jack          cat          ~_9           Canada
Matthew       rabbit       ~_11          USA
Alfred        ~_13         black         Australia
```

「~_数字」と表示されているのは未束縛変数であり、推論規則からは値を決めることができなかったものです。数字は実行のたびに代わります。情報が不完全ながらも、問題の答えを見つけ出すことができました。すべての項目を確定するには、推論規則の追加が必要です。いろいろいじって、答えがどのように変わるのか調べてみてください。

本節のコードは、puzzle.ipynbに格納されています。

7章
ヒューリスティック探索

本章では、解の空間を効率よく探索して正解を得るヒューリスティック探索を説明します。以下の項目について学びます。

- ヒューリスティック探索
- 情報あり探索 vs. 情報なし探索
- 制約充足問題
- 局所探索手法
- 焼きなまし法（シミュレーテッドアニーリング）
- 貪欲法を用いた文字列の構築
- 制約条件のある問題の解法
- 領域の色分け問題の解法
- 8パズルの解法
- 迷路の解法

7.1 ヒューリスティック探索とは？

探索とデータの組織化は、人工知能の重要な課題です。解の空間の中から正解を探索することが必要な問題はたくさんあります。解の可能性が多数あると、どれが正解なのかわかりません。効率よくデータを組織化すれば、解を高速かつ効率的に探索できます。

問題を解く上で選択肢が多すぎるため、正解を見つけるアルゴリズムが存在しないことがよくあります。さらに、すべての解の可能性をしらみつぶしに調べるのは、時間がかかりすぎて非現実的なこともあります。このような場合に、明らかに解でない

選択肢を除去することによって、探索範囲を狭めるのに役立つ経験則があります。このような経験則のことを、**ヒューリスティックス**（heuristic）と呼びます。また、ヒューリスティックスに従って探索を導く手法のことを、**ヒューリスティック探索**（heuristic search）と言います。

ヒューリスティックスは、処理を高速化するのに役立ちます。ヒューリスティックスによって選択肢を完全には除去できない場合でも、より良い解に早くたどり着けるように選択肢を並べ直すのに役立ちます。

7.1.1 情報あり探索と情報なし探索

計算機科学に詳しければ、**深さ優先探索**（depth first search：DFS）や**幅優先探索**（breadth first search：BFS）、**均一コスト探索**（uniform cost search：UFS）といった言葉を聞いたことがあるでしょう。これらはグラフ探索でよく使われる手法です。また、いずれも**情報なし探索**（uninformed search）の例であり、選択肢を減らすために事前の情報やルールを使いません。いずれも、もっともらしい選択肢をすべて調べて、最適なものを選びます。最終到達ノード（ゴール）を考慮に入れず、その処理の過程でゴールを見つけるのです。

一方、ヒューリスティック探索は**情報あり探索**（informed search）であり、選択肢を減らすために事前知識やルールを活用します。

グラフの問題で探索の方向を導くのに、ヒューリスティックスが使えます。例えば、グラフ上の各ノードからゴールまでの道筋のコストを推定してスコアとして返すヒューリスティックス関数を定義します。すると、ゴールにたどり着く正しい方向に探索を導くことができます。つまり、隣接するノードのうち、どれがゴールへの道なのかをアルゴリズムが識別できるようになるのです。

ただし、ヒューリスティック探索を用いれば、常に最適解を求められるわけではありません。なぜなら、すべての可能性を網羅して調べておらず、推測に基づいているからです。けれども、実用的な解として期待される良い解を、妥当な時間内に見つけられることは間違いありません。現実問題としては、高速で効率の良い解が欲しいものです。ヒューリスティック探索を用いれば、妥当な解に高速にたどり着くことができるのです。また、他の方法では解くことのできない問題や、解くのに途方もない時間がかかる問題に使われます。

7.2 制約充足問題

制約の下で解かなければならない問題はたくさんあります。制約とは問題を解く過程で違反してはならない条件のことです。このような問題のことを**制約充足問題**（constraint satisfaction problem：CSP）と言います。

CSPは基本的に数学的な問題であり、一定の制約条件を充足しなければならない変数の集合として定義されます。最終的な解に到達したときに、変数の状態はすべての制約を充足している必要があります。CSPでは、変数に関する一定数の制約の集合として、問題の内容を表現します。その変数の値を、制約充足手法によって求めるわけです。

CSPは多様な変数値の組み合わせの中から制約を充足するものを見つける問題なので、すべての場合をしらみつぶしに調べると組み合わせ爆発を起こします。CSPを妥当な時間内に解くには、ヒューリスティックスなどの探索手法を組み合わせる必要があります。ここでは、有限領域における問題を解く制約充足手法を用います。有限領域とは、有限数の要素から構成される領域です。有限領域を扱うので、探索手法を用いて解に到達できるわけです。

7.3 局所探索手法

局所探索とはCSPを解くための特別な方法です。すべての制約が充足されるまで、すなわち、ゴールに到着するまで、変数の値を繰り返し更新し続けます。アルゴリズムは、変数をひとつ選んで、その値を変えながら、ゴールに近づいていきます。解空間においては、更新された値は前回の値よりもゴールに近くなります。このような手法のことを、**局所探索**（local search）と呼びます。

局所探索アルゴリズムはヒューリスティック探索のひとつであり、毎回の値更新の品質を計算する関数を用います。例えば、更新によって充足違反となった制約の数を求めたり、更新によってゴールからの距離に与えた影響を調べます。これを値割当てコストと呼びます。局所探索の目的は、最小のコストとなる値の更新を探索することです。

山登り法（hill climbing）は、よく使われる局所探索法です。現在の状態とゴールとの間の差を求めるヒューリスティックス関数を用います。探索を開始すると、まず現在の状態が最終ゴールかどうかを調べ、もしそうなら終了します。そうでなければ、値を更新して新しい状態を生成し、それが現在の状態よりもゴールに近ければ、次の状態と

します。生成した状態がゴールに近くなければ無視し、ほかに可能性のあるすべての値の更新を調べます。周囲を見渡し、少しでも標高が上がる道筋を探して頂上に到着しようとすることに似ているので、山登り法と呼びます。

7.3.1 焼きなまし法

焼きなまし法（simulated annealing）とは、局所探索法のひとつで確率的探索手法でもあります。確率的探索手法は、製造業、ロボット工学や化学、薬学、経済学など、さまざまな分野でよく使われています。ロボットの設計を最適化したり、工場の自動制御の時間戦略を決定したり、交通量を計画するような場面でも使えます。多くの実世界の問題を解決するために、確率的なアルゴリズムが使われます。

焼きなまし法は、山登り法の派生形です。山登り法の大きな問題のひとつは、間違った頂上に登ってしまうことです。つまり、局所最大解で行き詰まってしまうことを意味します。したがって、山登りの決定をする前に、解空間全体を見渡すほうがよいです。そのため最初に解空間全体の様子を調べ、局所最大解で行き詰まらないようにします。

焼きなまし法では、山登り法の上下を逆転させ、最大化問題でなく最小化問題を解くというように問題を再定義します。山を登るのでなく、谷を下るわけです。山登り法と似ていますが異なる方法で解きます。探索を導くために目的関数というものを使います。目的関数がヒューリスティックスをもたらすのです。

焼きなまし法という名前は、冶金の方法にちなんで付けられました。すなわち、まず金属を熱したあとで、最適なエネルギー状態に達するまで冷まします。

冷ます速度のことを**焼きなまし計画**（annealing schedule）と言います。冷ます速度は最終結果に直接大きな影響を与えるので重要です。実世界の金属でも、熱したあとに冷たい水につけて急速に冷ませば、局所最小の状態にとどまります。

一方、金属を冷ます速度をゆっくりに制御すれば、全体最適な状態に達する可能性が増えます。小さな谷にとどまる確率が低くなります。ゆっくり冷ませば、最適状態が選ばれる機会が増えるのです。データ探索についても同様の処理を行います。

まず現在の状態を評価し、ゴールに達しているかどうかを調べます。もしそうなら処理はそこで終了です。そうでなければ、状態変数を最適にしていきます。焼きなまし計画を定義し、谷を下る速度を制御します。現在の状態と新しい状態の差を計算し、

新しい状態が良ければ、事前に定義した確率のもので現在の状態とします。確率的な挙動は、乱数発生器と閾値を用いて実現します。乱数が閾値を超えれば、状態を更新します。焼きなまし計画はノードの数に応じて更新します。以上の処理をゴールに到達するまで繰り返します。

7.4 貪欲法を用いた文字列の構築

貪欲探索（greedy search）とは、全体最適を見つけるために局所最適選択する探索手法です。しかし、多くの問題では貪欲探索をしても全体最適な解にたどり着けません。貪欲探索を用いる利点は、妥当な時間内に近似解を得られることです。近似解が全体最適解にかなり近いことを期待しています。

貪欲法の過程では、新しい情報に基づいて解を更新しません。例えば、経路探索で最適経路を調べるのに貪欲探索を用いると、最短ではあるが時間がかかる経路を示すことがあります。あるいは、当面は早い経路であっても、あとで交通渋滞に巻き込まれることもあります。貪欲法では、局所的に次のステップしか考慮せず、全体最適な最終解を考慮しないためです。

それでは、貪欲法を使ってどのように問題を解くのかを説明します。簡単な問題として、アルファベットを並べて文字列を作り直すことを考えます。アルゴリズムは解の空間を探索し、解にたどり着く道筋を作ります。つまり、1文字につき大文字・小文字・スペースの53種類のノードがあるというグラフ構造の中で、ゴールとする文字列と一致するようにノードをつなげるパスを探索するわけです。

本章ではSimpleAI（`simpleai`）というパッケージを使うことにします。このパッケージにはヒューリスティックスを使って問題を解決するのに役立つさまざまなルーチンが含まれています。

インストールするには、

```
$ pip3 install simpleai
```

とします。

それでは、Jupyter NotebookのPython 3タブを新たに開いて、次のコードを入力してください。

```
import simpleai.search as ss
```

問題を解くメソッドを備えたクラスを定義します。simpleaiで定義されているSearchProblemクラスを継承し、必要なメソッドをいくつかオーバーライドするだけで済みます。まずオーバーライドするメソッドはset_target()で、ゴールの文字列を設定するものです。

```
class CustomProblem(ss.SearchProblem):
    def set_target(self, target_string):
        self.target_string = target_string
```

次にオーバーライドするのはactions()というメソッドで、ゴールに向けて正しく進める働きをします。ここでは、現在の文字列の長さがゴールの文字列の長さより短ければ、選択可能なアルファベット（小文字、空白文字、大文字）のリストを返すように定義します。そうでなければ空のリストを返します。

```
    def actions(self, cur_state):
        if len(cur_state) < len(self.target_string):
            alphabets = 'abcdefghijklmnopqrstuvwxyz'
            return list(alphabets + ' ' + alphabets.upper())
        else:
            return []
```

メソッドresult()は、actionから新しい状態を作り出します。ここでは、現在の状態（＝文字列）にaction（1文字）を連結して新しい状態としています。

```
    def result(self, cur_state, action):
        return cur_state + action
```

is_goal()というメソッドは、ゴールに到着したかどうかを調べます。ここでは、現在の状態がゴールの文字列と一致したかどうかを調べます。

```
    def is_goal(self, cur_state):
        return cur_state == self.target_string
```

heuristic()というメソッドはヒューリスティックスを定義するもので、現在の状態とゴールとの距離を返します。ここでは、現在の文字列とゴールの文字列を比較し、一致しない文字数distと、長さの差diffを足した値を使います。

```
    def heuristic(self, cur_state):
        # 現在の文字列をゴール文字列と比較する
```

```
            dist = sum([1 if cur_state[i] != self.target_string[i] else 0
                    for i in range(len(cur_state))])

            # 文字列の長さの差を求める
            diff = len(self.target_string) - len(cur_state)

            return dist + diff
```

それでは、実行してみましょう。

CustomProblemオブジェクトを初期化します。

```
problem = CustomProblem()
```

ゴールの文字列と初期状態を設定します。

```
input_string = 'Artificial Intelligence'
initial_state = ''

problem.set_target(input_string)
problem.initial_state = initial_state
```

問題ソルバーを実行します。

```
output = ss.greedy(problem)
```

解に至る過程を表示します。

```
print('Target string:', input_string)
print('\nPath to the solution:')
for item in output.path():
    print(item)
```

以上を実行すると、次のように表示されるでしょう。

```
Target string: Artificial Intelligence

Path to the solution:
(None, '')
('A', 'A')
('r', 'Ar')
('t', 'Art')
('i', 'Arti')
('f', 'Artif')
```

```
('i', 'Artifi')
('c', 'Artific')
('i', 'Artifici')
('a', 'Artificia')
('l', 'Artificial')
(' ', 'Artificial ')
('I', 'Artificial I')
('n', 'Artificial In')
('t', 'Artificial Int')
('e', 'Artificial Inte')
('l', 'Artificial Intel')
('l', 'Artificial Intell')
('i', 'Artificial Intelli')
('g', 'Artificial Intellig')
('e', 'Artificial Intellige')
('n', 'Artificial Intelligen')
('c', 'Artificial Intelligenc')
('e', 'Artificial Intelligence')
```

各ステップのタプルの第1要素がそのステップのactionであり、第2要素がその結果の状態を表します。

次に、初期状態を空文字以外にしてみます。セルの先頭に戻ってパラメータを変更してください。

```
#input_string = 'Artificial Intelligence'
#initial_state = ''
input_string = 'Artificial Intelligence with Python'
initial_state = 'Artificial Inte'
```

セルを再実行すると、次のように表示されるでしょう。

Target string: Artificial Intelligence with Python

Path to the solution:
(None, 'Artificial Inte')
('l', 'Artificial Intel')
('l', 'Artificial Intell')
('i', 'Artificial Intelli')
('g', 'Artificial Intellig')
('e', 'Artificial Intellige')
('n', 'Artificial Intelligen')
('c', 'Artificial Intelligenc')

```
('e', 'Artificial Intelligence')
(' ', 'Artificial Intelligence ')
('w', 'Artificial Intelligence w')
('i', 'Artificial Intelligence wi')
('t', 'Artificial Intelligence wit')
('h', 'Artificial Intelligence with')
(' ', 'Artificial Intelligence with ')
('P', 'Artificial Intelligence with P')
('y', 'Artificial Intelligence with Py')
('t', 'Artificial Intelligence with Pyt')
('h', 'Artificial Intelligence with Pyth')
('o', 'Artificial Intelligence with Pytho')
('n', 'Artificial Intelligence with Python')
```

山登りにたとえれば、山の中腹からでもゴールに到達できる、ということです。

本節のコードは、`greedy_search.ipynb`に格納されています。

7.5 制約を用いた問題解法

制約充足問題（CSP）の構成について学んだので、論理パズルの問題に応用してみます。ここではJohn、Anna、Tom、Patriciaの4人がいて、それぞれ決まった値の集合からひとつを選んで保持しているとします。そして各人の持つ値の間には、次のような制約があるとします。

- John、Anna、Tomの3人は、異なる値を持つ
- Tomの持つ値は、Annaの値より大きい
- JohnとPatriciaの持つ値は、一方が偶数で、他方は奇数

これらを満たす値を見つけ出すことがゴールです。

新たにPython 3のタブを開き、まず4人の名前と、各人が選択できる値の集合を定義します。

```
variables = ('John', 'Anna', 'Tom', 'Patricia')

domains = {
    'John': [1, 2, 3],
    'Anna': [1, 3],
    'Tom': [2, 4],
    'Patricia': [2, 3, 4],
}
```

1つ目の制約条件「異なる値を持つ」を定義します。

```python
def constraint_unique(variables, values):
    # 値が単一かどうか確認する
    return len(values) == len(set(values))
```

この関数は、あとで(('John', 'Anna', 'Tom'), constraint_unique)のように使用します。この例では関数の引数valuesには、John、Anna、Tomの持つ値のリストが渡されます。set()によって値のリストから重複をなくしてもサイズが変わらなければ、元から値のリストには重複がない、すなわち、すべて異なる値である、ということを判定します。

2つめの値の大小関係の制約条件を定義します。

```python
def constraint_bigger(variables, values):
    return values[0] > values[1]
```

あとで(('Tom', 'Anna'), constraint_bigger)と使用され、values[0]がTomの持つ値、values[1]がAnnaの持つ値になります。

3つ目の制約条件は、2で割った余りが異なればよいので、次のように書けます。

```python
def constraint_odd_even(variables, values):
    return values[0] % 2 != values[1] % 2
```

あとで(('John', 'Patricia'), constraint_odd_even)と使用され、values[0]がJohnの持つ値、values[1]がPatriciaの持つ値となります。

定義した関数を用いて、制約条件を記述します。

```python
constraints = [
    (('John', 'Anna', 'Tom'), constraint_unique),
    (('Tom', 'Anna'), constraint_bigger),
    (('John', 'Patricia'), constraint_odd_even),
]
```

これで制約条件を記述できましたので、このCSPを解いてみましょう。まずCSP解法のクラスや関数、定数をインポートします。

```python
from simpleai.search import CspProblem, backtrack, \
    min_conflicts, MOST_CONSTRAINED_VARIABLE, \
    HIGHEST_DEGREE_VARIABLE, LEAST_CONSTRAINING_VALUE
```

次に、これまで定義した変数を使ってCspProblemオブジェクトを初期化します。

```
problem = CspProblem(variables, domains, constraints)
```

解を求めて表示します。

```
print('Normal:', backtrack(problem))
```

実行すると、次のように表示されるでしょう。

```
Normal: {'Anna': 3, 'John': 1, 'Patricia': 2, 'Tom': 4}
```

backtrack()のパラメータにはヒューリスティックスの種類を指定できます。variable_heuristicに、MOST_CONSTRAINED_VARIABLE（取りうる値の数が最小の変数を選んで更新する）を指定してみます。

```
print('Most constrained variable:',
      backtrack(problem, variable_heuristic=MOST_CONSTRAINED_VARIABLE))
```

これを実行すると、次のように表示されます。

```
Most constrained variable: {'Anna': 1, 'John': 3, 'Patricia': 2, 'Tom': 2}
```

次に、HIGHEST_DEGREE_VARIABLE（制約個数が最大の変数を選んで更新する）を指定して解を求めます。

```
print('Highest degree variable:',
      backtrack(problem, variable_heuristic=HIGHEST_DEGREE_VARIABLE))
```

実行すると、次の結果が得られます。

```
Highest degree variable: {'Anna': 3, 'John': 1, 'Patricia': 2, 'Tom': 4}
```

次に、値に関するヒューリスティックスパラメータvalue_heuristicとして、LEAST_CONSTRAINING_VALUE（矛盾の最も少ない値を選ぶ）を指定して解を求めます。

```
print('Least constraining value:',
      backtrack(problem, value_heuristic=LEAST_CONSTRAINING_VALUE))
```

実行結果：

```
Least constraining value: {'Anna': 3, 'John': 1, 'Patricia': 2, 'Tom': 4}
```

変数のヒューリスティックスにMOST_CONSTRAINED_VARIABLE、値のヒューリスティックスにLEAST_CONSTRAINING_VALUEをそれぞれ指定します。

```
print('Most constrained variable and least constraining value:',
      backtrack(problem, variable_heuristic=MOST_CONSTRAINED_VARIABLE,
                value_heuristic=LEAST_CONSTRAINING_VALUE))
```

実行結果：
```
Most constrained variable and least constraining value:
        {'Anna': 1, 'John': 3, 'Patricia': 2, 'Tom': 2}
```

変数のヒューリスティックスにHIGHEST_DEGREE_VARIABLE、値のヒューリスティックスにLEAST_CONSTRAINING_VALUEをそれぞれ指定します。

```
print('Highest degree and least constraining value:',
      backtrack(problem, variable_heuristic=HIGHEST_DEGREE_VARIABLE,
                value_heuristic=LEAST_CONSTRAINING_VALUE))
```

実行結果：
```
Highest degree and least constraining value:
        {'Anna': 3, 'John': 1, 'Patricia': 2, 'Tom': 4}
```

`min_conflicts()`を用いて、最小不一致のヒューリスティックスで解を求めます。

```
print('Minimum conflicts:', min_conflicts(problem))
```

実行結果：
```
Minimum conflicts: {'Anna': 1, 'John': 3, 'Patricia': 4, 'Tom': 2}
```

本節のコードは、`constrained_problem.ipynb`に格納されています。

7.6　4色問題の解法

CSPの解法フレームワークを用いて、4色問題を解いてみましょう。

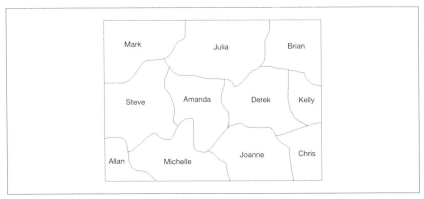

図7-1

図7-1のような領域に分かれた地図があります。ゴールは、隣接する領域の色が異なるように4色で塗分けることです。

新たにPython 3のタブを開いて、次のコードを入力してください。

```
from simpleai.search import CspProblem, backtrack
```

領域名を定義します。

```
names = ('Mark', 'Julia', 'Steve', 'Amanda', 'Brian',
         'Joanne', 'Derek', 'Allan', 'Michelle', 'Kelly', 'Chris')
```

それぞれの領域が取りうる4色の値を定義します。

```
colors = dict((name, ['red', 'green', 'blue', 'gray']) for name in names)
```

これで、

```
colors = {
    'Mark': ['red', 'green', 'blue', 'gray'],
    'Julia': ['red', 'green', 'blue', 'gray'],
    ...
}
```

と書くのと同じになります。

2つの領域の持つ値が異なるという制約を定義します。

```python
def constraint_func(names, values):
    return values[0] != values[1]
```

地図の近接関係を制約条件として記述します。面倒ですが、地図とにらめっこして隣接関係を記述します。

```python
constraints = [
    (('Mark', 'Julia'), constraint_func),
    (('Mark', 'Steve'), constraint_func),
    (('Julia', 'Steve'), constraint_func),
    (('Julia', 'Amanda'), constraint_func),
    (('Julia', 'Derek'), constraint_func),
    (('Julia', 'Brian'), constraint_func),
    (('Steve', 'Amanda'), constraint_func),
    (('Steve', 'Allan'), constraint_func),
    (('Steve', 'Michelle'), constraint_func),
    (('Amanda', 'Michelle'), constraint_func),
    (('Amanda', 'Joanne'), constraint_func),
    (('Amanda', 'Derek'), constraint_func),
    (('Brian', 'Derek'), constraint_func),
    (('Brian', 'Kelly'), constraint_func),
    (('Joanne', 'Michelle'), constraint_func),
    (('Joanne', 'Derek'), constraint_func),
    (('Joanne', 'Chris'), constraint_func),
    (('Derek', 'Kelly'), constraint_func),
    (('Derek', 'Chris'), constraint_func),
    (('Kelly', 'Chris'), constraint_func),
    (('Allan', 'Michelle'), constraint_func),
]
```

以上で制約を記述できましたので、解いてみましょう。CspProblemオブジェクトを初期化して、backtrack()を実行します。

```python
problem = CspProblem(names, colors, constraints)
output = backtrack(problem)
print('Color mapping:\n')
for k, v in output.items():
    print(k, '==>', v)
```

コードを実行すると、次のように表示されるでしょう。

```
Color mapping:
Mark ==> red
Julia ==> green
```

```
Steve   ==> blue
Amanda  ==> red
Brian   ==> red
Joanne  ==> green
Derek   ==> blue
Allan   ==> red
Michelle ==> gray
Kelly   ==> green
Chris   ==> red
```

この結果に基づいて地図を塗り分ければ、**図7-2**のようになります。隣どうしが異なる色になっていることが確認できます。

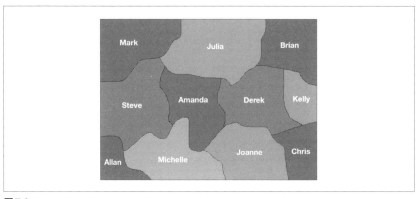

図7-2

本節のコードは、coloring.ipynbに格納されています。

7.7　8パズルの解法

8パズルは15パズル (https://ja.wikipedia.org/wiki/15パズル) の派生形です。1〜8の番号の付いた駒が3×3のグリッド上にランダムに並んでおり、隙間のグリッドに駒を動かすことによって、正しい順番に並べ直します。http://mypuzzle.org/slidingなどで試すことができます。

ここでは、**A*アルゴリズム**を使って問題を解くことにします。このアルゴリズムは、グラフ構造上に解を見つけるために使うもので、**ダイクストラ法** (dijkstra's algorithm) と**貪欲最良優先探索法** (greedy best-first search) を組み合わせたものです。A*では、次のステップをやみくもに探すのではなく、最適な選択肢を選びます。各ノードにおい

て、次に進めるすべてのノードを洗い出し、ゴールに到達するのに最小コストのノードを選びます。

各ノードにおけるコスト関数はどのように定義したらよいでしょうか。コストは、開始ノードから現在ノードまでにかかる第1のコストと、現在ノードからゴールまでにかかる第2のコストの2つのコストの和として定義されます。

この和をヒューリスティックスとして用います。おわかりのとおり第2のコストは推定であって完全ではありません。もし完全なら、A*アルゴリズムは素早く解に到達します。けれども、ふつうはそうならず、最適な解を見つけるのに時間がかかります。とはいうものの、A*は最適解を見つけるのにとても効率が良いので、よく用いられる手法のひとつです。

それでは、A*アルゴリズムを使って8パズルを解いてみましょう。以下はsimpleaiライブラリのサンプルを改変したものです。新たにPython 3のタブを開いて、次のコードを入力してください。

```
from simpleai.search import astar, SearchProblem
```

SearchProblemを継承して、8パズルを解くためのメソッドを含むクラスPuzzleSolverを定義します。

```
class PuzzleSolver(SearchProblem):
```

まずactinos()メソッドをオーバーライドします。現在の状態cur_stateは、1〜8の数字と空欄eを、-と改行で連結した文字列として表します。例えばゴールの状態は、

```
'1-2-3\n4-5-6\n7-8-e'
```

となります。cur_stateを調べて、eと入れ替えることができる数字を調べて、リストにします。

```
    def actions(self, cur_state):
        rows = string_to_list(cur_state)
        row_empty, col_empty = get_location(rows, 'e')

        actions = []
        if row_empty > 0:
            actions.append(rows[row_empty - 1][col_empty])
```

```
        if row_empty < 2:
            actions.append(rows[row_empty + 1][col_empty])
        if col_empty > 0:
            actions.append(rows[row_empty][col_empty - 1])
        if col_empty < 2:
            actions.append(rows[row_empty][col_empty + 1])

        return actions
```

　後述しますが、string_to_list()は盤の状態文字列を3×3のリストに変換する関数であり、get_location()は駒の場所を見つける関数です。これと入れ替えることのできる場所にある数字を、actionsに追加します。

　次に、result()メソッドをオーバーライドします。これは、状態stateをactionによって変化させたあとの状態、すなわち、移動する数字とeを入れ替えたあとの状態にして、状態文字列として返します。

```
    def result(self, state, action):
        rows = string_to_list(state)
        row_empty, col_empty = get_location(rows, 'e')
        row_new, col_new = get_location(rows, action)

        rows[row_empty][col_empty], rows[row_new][col_new] = \
            rows[row_new][col_new], rows[row_empty][col_empty]

        return list_to_string(rows)
```

ゴールに到達したかどうかを判別するメソッドis_goal()を定義します。

```
    def is_goal(self, state):
        return state == GOAL
```

heuristic()メソッドを定義します。ここでは、現在の状態とゴールの状態との距離をマンハッタン距離で計算します。すなわち、各駒の座標値の差の絶対値の和を求めます。

```
    def heuristic(self, state):
        rows = string_to_list(state)

        distance = 0

        for number in '12345678e':
```

```
            row_new, col_new = get_location(rows, number)
            row_new_goal, col_new_goal = goal_positions[number]

            distance += abs(row_new - row_new_goal) +\
                        abs(col_new - col_new_goal)

    return distance
```

上記で用いたリストから文字列に変換する関数を定義します。

```
def list_to_string(input_list):
    return '\n'.join(['-'.join(x) for x in input_list])
```

逆に、リストから文字列に変換する関数を定義します。

```
def string_to_list(input_string):
    return [x.split('-') for x in input_string.split('\n')]
```

input_elementに指定した数字の場所を返す関数get_location()を定義します。

```
def get_location(rows, input_element):
    for i, row in enumerate(rows):
        for j, item in enumerate(row):
            if item == input_element:
                return i, j
```

ゴールの状態と、初期状態を定義します。

```
# ゴールの状態
GOAL = '''\
1-2-3
4-5-6
7-8-e'''


# 初期状態
INITIAL = '''\
1-e-2
6-3-4
7-5-8'''
```

高速化のため、ゴール状態の数字の位置をgoal_positionsに記録しておきます。

```
goal_positions = {}
rows_goal = string_to_list(GOAL)
for number in '12345678e':
    goal_positions[number] = get_location(rows_goal, number)
```

以上で準備が整いました。初期状態を指定してA*ソルバーのオブジェクトastarを生成し、結果を取得して表示します。

```
# A*で解く
result = astar(PuzzleSolver(INITIAL))

# 結果を表示する
for (action, state in result.path():
    print()
    if action == None:
        print('Initial configuration')
    else:
        print('After moving', action, 'into the empty space')

    print(state)

print('Goal achieved!')
```

以上のコードを実行すると、次のように表示されるでしょう。

```
Initial configuration
1-e-2
6-3-4
7-5-8

After moving 2 into the empty space
1-2-e
6-3-4
7-5-8

After moving 4 into the empty space
1-2-4
6-3-e
7-5-8

…中略…

After moving 5 into the empty space
1-2-3
```

```
4-5-6
7-e-8

After moving 8 into the empty space
1-2-3
4-5-6
7-8-e
Goal achieved!
```

本節のコードは、`puzzle.ipynb`に格納されています。

7.8　迷路の解法

次に、A*アルゴリズムを使って迷路を解いてみましょう。次のような迷路を考えます。

```
##############################
#         #          #       #
# ####    ########   #       #
# o #   #            #       #
#   ###     #####  ######    #
#           #  ###    #      #
#      #    #  #   #  #   ###
#   #####   #     # # x      #
#            #      #   #
##############################
```

`#`は障害物、`o`はスタート地点、`x`はゴール地点を表します。目標は、スタートからゴールまでの最短経路を見つけることです。

以下のコードは、`simpleai`のサンプルを改変したものです。Python 3のタブを開いて、次のコードを入力してください。

```
import math
from simpleai.search import SearchProblem, astar
```

問題を解くのに必要なメソッドを定義するクラス`MazeSolver`を定義します。

```
class MazeSolver(SearchProblem):
```

初期化メソッドを定義し、スタート地点とゴール地点を調べます。

```python
def __init__(self, board):
    self.board = board
    self.goal = (0, 0)

    for y in range(len(self.board)):
        for x in range(len(self.board[y])):
            if self.board[y][x].lower() == "o":
                self.initial = (x, y)
            elif self.board[y][x].lower() == "x":
                self.goal = (x, y)

    super(MazeSolver, self).__init__(initial_state=self.initial)
```

actions()メソッドをオーバーライドします。各点で、隣接点に移動するコストを計算し、可能な移動方法を追加します。隣接点に障害物があるときは、その方向への移動は考慮しません。後述しますが、COSTSは移動方向とコストを定義した辞書です。

```python
def actions(self, state):
    actions = []
    for action in COSTS.keys():
        newx, newy = self.result(state, action)
        if self.board[newy][newx] != "#":
            actions.append(action)

    return actions
```

result()メソッドをオーバライドし、現在の状態(x, y)をactionによって更新して返します。

```python
def result(self, state, action):
    x, y = state

    if action.count("up"):
        y -= 1
    if action.count("down"):
        y += 1
    if action.count("left"):
        x -= 1
    if action.count("right"):
        x += 1

    new_state = (x, y)
    return new_state
```

is_goal() メソッドでゴールに到達したかを調べます。

```
def is_goal(self, state):
    return state == self.goal
```

cost() メソッドを定義して、隣接点に移動するコストを返します。コストは上下左右方向と、斜め方向とで異なります。辞書COSTSは後述します。

```
def cost(self, state, action, state2):
    return COSTS[action]
```

heuristic() メソッドを定義して、現在の状態とゴールとの間の距離をユークリッド距離で評価します。

```
def heuristic(self, state):
    x, y = state
    gx, gy = self.goal

    return math.sqrt((x - gx) ** 2 + (y - gy) ** 2)
```

以上でクラスの定義ができました。次に、迷路を定義します。

```
MAP = """
###############################
#         #           #   #
# ####    ########    #   #
# o  #    #           #   #
#   ###     #####  ######   #
#     #   ###  #            #
#     #       #  #   #    ###
#    #####    #  # # x   #
#         #       #   #
###############################
"""

print(MAP)
# 文字列からリストへ変換する
MAP = [list(x) for x in MAP.split("\n") if x]
```

移動コストを表す辞書COSTSを定義します。上下左右と、斜め方向で異なるコストとしています。

```
cost_regular = 1.0    # 上下左右
cost_diagonal = 1.7   # 斜め

COSTS = {
    "up": cost_regular,
    "down": cost_regular,
    "left": cost_regular,
    "right": cost_regular,
    "up left": cost_diagonal,
    "up right": cost_diagonal,
    "down left": cost_diagonal,
    "down right": cost_diagonal,
}
```

以上で準備が整ったので、A*で解いてみましょう。MazeSolverオブジェクトを生成して、結果を取得します。引数graph_searchをTrueにすると、状態の探索を繰り返さなくして効率化できます。

```
problem = MazeSolver(MAP)
result = astar(problem, graph_search=True)
```

経路を取り出して、迷路の中に表示します。

```
# 経路を取得
path = [x[1] for x in result.path()]

# 結果を表示
print()
for y in range(len(MAP)):
    for x in range(len(MAP[y])):
        if (x, y) == problem.initial:
            print('o', end='')
        elif (x, y) == problem.goal:
            print('x', end='')
        elif (x, y) in path:
            print('.', end='')
        else:
            print(MAP[y][x], end='')
    print()
```

コードを実行すると次のように表示されるでしょう。

```
###############################
#       #           #   #
# ####   ########   #   #
# o #    #          #   #
#  .###    #####  ######  #
#  . #   ### #  ....    #
#  . #     # ..# .#  #.  ###
#   .#####   .# .. #  # x  #
#    ........  #     #     #
###############################
```

本節のコードは、maze.ipynbに格納されています。

8章
遺伝的アルゴリズム

本章では、交叉や突然変異、適応度関数といった遺伝的アルゴリズムの基本的な構成要素を説明します。本章を通じて、次のような事柄を学びます。

- 進化的アルゴリズムと遺伝的アルゴリズム
- 遺伝的アルゴリズムの基本概念
- 定義済みパラメータを用いたビットパターン生成
- 進化過程の可視化
- 関数同定問題の解法
- 知的ロボット制御の構築

8.1　進化的アルゴリズムと遺伝的アルゴリズム

遺伝的アルゴリズムは進化的アルゴリズムの一種なので、遺伝的アルゴリズムを理解するために、まず進化的アルゴリズムについて説明します。**進化的アルゴリズム**（evolutionary algorithm）とは、問題を解くために進化の原理を応用したメタヒューリスティック（さまざまな問題に適用可能なヒューリスティック）な最適化アルゴリズムです。計算科学上の進化の概念は、自然界における進化の概念に似ています。

すべての進化的アルゴリズムの背景となる考え方は、個体群と自然淘汰です。ランダムに選択した個体の集合から始めて、最も強い個体を選択します。個体の強さは、事前に定義された**適応度関数**（fitness function）によって決まります。このようにして、**適者生存**（survival of the fittest）の方法を用いるのです。

選択された個体を用いて、組換えや突然変異を行い次の世代を作ります。組換えや突然変異についてはあとで説明します。ここでは、選択された個体を親として扱って

次の世代を作る機構だと考えてください。

　組換えや突然変異を行って次の個体集合を作ると、次の世代では古い世代と生存競争することになります。弱い個体を捨てて子孫に置き換えることによって、個体群全体の適合レベルを向上していきます。所望の全体適合レベルに到達するまで、この処理を繰り返します。

　遺伝的アルゴリズム (genetic algorithm) は、個体をビット列で表現し、問題を解くビット列を見つける進化的アルゴリズムです。**選択** (selection)、**交叉** (crossover)、**突然変異** (mutation) といった確率的操作を使って、ビット列を操作しながら次の世代を作ります。これを繰り返すことにより、より強い世代の個体群を生み出し、問題を解くわけです。

　適応度関数は、ビット列がどれくらい問題の解にふさわしいのかを表す適応度を評価します。適応度関数は**評価関数** (evaluation function) とも呼ばれます。遺伝的アルゴリズムは、自然界からインスパイアされた操作を行います。それが、生物学の用語に密接に関連した用語が用いられている理由です。

8.2　遺伝的アルゴリズムの基本概念

　遺伝的アルゴリズムを実装するためには、いくつかの重要な概念や用語を理解する必要があります。さまざまな問題を解決するために遺伝的アルゴリズムを用いる分野全体で、これらの概念が用いられます。

　遺伝的アルゴリズムの最も重要な性質は、ランダム性です。繰り返しにおいては、個体をランダムに選択する必要があります。つまり、非決定的な処理だ、ということです。したがって、同じアルゴリズムを複数回実行すると、異なる結果になることがあります。

　次に、個体群について説明します。**個体群** (population) とは、解の候補となる個体の集合のことです。遺伝的アルゴリズムでは、どの段階においても単一の最適解を維持するわけではありません。あくまで潜在的な解の集合を維持するのであって、そのうちのひとつが最適になるわけです。ただし、最適解以外の解も、解の探索において重要な働きをします。バリエーションのある解の個体群を扱うため、局所最適に陥りにくくなるのです。局所最適に陥ることは、他の最適化手法で直面する古典的な問題です。

　遺伝的アルゴリズムの個体群と確率的な性質がわかったので、次に遺伝子操作について説明します。次の世代の個体を作るには、現在の世代の最強の個体群から生み出す必要があります。ひとつの方法として、現在の世代の複数の個体にランダムな変更

を加える方法があります。この変更のことを**突然変異**（mutation）と呼びます。ただし、この変更によって既存の個体が良くなるのか悪くなるのかはわかりません。

次の考え方は、**組換え**（recombination）です。**交叉**（crossover）と呼ぶこともあります。これは、生物の進化過程における交配の役割に直接的に対応するものです。すなわち、現在の世代の個体を組み合わせて新しい個体を作ります。親の個体のいくつかの特徴を組み合わせて子孫を作るわけです。これによって、個体群の中で現在の世代の弱い個体を、次の世代の強い子孫で置き換えていきます。

交叉と突然変異を実施するためには、選択の基準が必要です。**選択**の概念は自然選択（自然淘汰）の理論からインスパイアされたものです。遺伝的アルゴリズムでは、次の世代を生み出す処理と選択の処理を繰り返していきます。選択の処理において強い個体が選ばれ、弱い個体を消していきます。適者生存の考え方に従うわけです。選択の処理は、個体の強さを計算する適応度関数を用いて行います。

8.3 定義済みパラメータを用いたビットパターン生成

それでは、遺伝的アルゴリズムの仕組みを学んだので、実際に問題を解くのに使ってみましょう。ここでは、DEAPというPythonパッケージを用います。DEAPの詳細は、http://deap.readthedocs.io/en/master を参照してください。次のように端末に入力してインストールしてください。

```
$ pip3 install deap
```

正しくインストールできたかどうか確認するために、次のように入力してPythonのシェルを起動してください。

```
$ python3
```

続いて、次のように入力してください。

```
>>> import deap
```

エラーメッセージが出なければ、インストールに成功です。端末を閉じてください。

本節では、「One Max問題」を解きます。One Max問題とは、1を最大個数含むビット列を生成する問題です。簡単な問題ですが、ライブラリに親しみ、遺伝的アルゴリズムを使った解法を実装する方法を理解するのに、非常に役立ちます。ここでは、事前に定義した数の1を含んだビット列を生成します。なお、構造やコードの一部はDEAP

ライブラリのサンプルを改変したものです。

Jupyter NotebookでPython 3のタブを開いて、次のコードを入力してください。

```
import random
from deap import base, creator, tools
```

冒頭の乱数のシード値設定は、再実行時に同じ現象を再現させるためのものです。

ここでは長さが75のビット列を生成し、そのうち45個を1にすることを目標とします。この目標に向けた適応度関数を定義します。

```
random.seed(7)
num_bits = 75

# 適応度関数
def eval_func(individual):
    target_sum = 45
    return (len(individual) - abs(sum(individual) - target_sum),)
```

この関数を見ると、1の数が45個のときに最大値を取ることがわかります。各個体の長さは75なので、1の数が45個のときには75を返します。

適応度関数は、タプルを返すことに注意してください。要素がひとつなので、末尾に , が付いています。

個体群と適応度関数を管理するために、createのメソッドを使って、2つのオブジェクトを定義します。

```
creator.create("FitnessMax", base.Fitness, weights=(1.0,))
creator.create("Individual", list, fitness=creator.FitnessMax)
```

1行目は適応度を最大化するFitnessMaxオブジェクトを定義します。Fitnessクラスは抽象クラスであり、定義するのにweights属性を必要とします。正の重みを使って適応度を最大化することを示します。

2行目は個体の生成をするための、Individualオブジェクトを定義します。fitness属性には上で定義したFitnessMaxを指定します。

次に、ツールボックスを生成します。ツールボックスは、DEAPの中で用いられるオブジェクトで、いくつかの関数と引数から構成されています。

```
toolbox = base.Toolbox()
```

このtoolboxにさまざまな関数を登録していきましょう。まず、0と1の整数をランダムに発生する乱数発生器を登録します。これによりビット列を生成します。

```
toolbox.register("attr_bool", random.randint, 0, 1)
```

次に、individual関数を登録します。initRepeatメソッドは、個体のクラス、コンテナを満たすために使う関数、関数呼び出しの繰り返し回数の、3つの引数を取ります。

```
toolbox.register("individual", tools.initRepeat, creator.Individual,
                 toolbox.attr_bool, num_bits)
```

次に、population関数を登録します。ここでは、個体のリストを個体群とします。

```
toolbox.register("population", tools.initRepeat, list, toolbox.individual)
```

先に定義した評価関数を、適応度関数として登録します。これで、個体が45個の1を持つようにします。

```
toolbox.register("evaluate", eval_func)
```

次に、遺伝子操作を定義します。cxTwoPointメソッドを用い、交叉の操作mateを登録します。

```
toolbox.register("mate", tools.cxTwoPoint)
```

mutFlipBitメソッドを用いて、突然変異の操作mutateを定義します。突然変異が起こる確率を、引数indpbで指定します。

```
toolbox.register("mutate", tools.mutFlipBit, indpb=0.05)
```

selTournamentを用いて選択操作selectを登録します。次の世代を繁殖させるために、引数tournsizeで指定した個体から最も優れた個体を選びます。

```
toolbox.register("select", tools.selTournament, tournsize=3)
```

これらは、基本的に前節までに説明してきた概念の実装になっています。ツールボックスを生成する関数は、DEAPでよく用いられるもので、本章の以下の例でも使います。したがって、ツールボックスの生成方法についてじっくり理解しておくことが重要です。

さて、ビット列の長さを指定してツールボックスを生成してみましょう。

toolboxオブジェクトのpopulation()メソッドを用いて、初期の個体群を作ります。ここでは500個の個体を生成します。この数字を変更して実験してみてください。

```
population = toolbox.population(n=500)
```

交叉と突然変異の確率を定義します。これらのパラメータも変更して、結果がどのように変わるのかを調べてみてください。

```
probab_crossing, probab_mutating = 0.5, 0.2
```

処理を終了するまで繰り返す世代数を定義します。世代数を増やせば、個体群の強さを向上させる自由度が高まります。

```
num_generations = 60
```

適応度関数を用いて、個体群の中のすべての個体を評価します。

```
print('\nStarting the evolution process')

fitnesses = list(map(toolbox.evaluate, population))
for ind, fit in zip(population, fitnesses):
    ind.fitness.values = fit

print('\nEvaluated', len(population), 'individuals')
```

世代を繰り返します。

```
for g in range(num_generations):
    print("\n===== Generation", g)
```

先ほどツールボックスに定義した選択操作を用いて、次の世代の個体を選択します。

```
    offspring = toolbox.select(population, len(population))
```

選択した個体のクローンを作ります。

```
    offspring = list(map(toolbox.clone, offspring))
```

先ほど定義した確率probab_crossingを用いて、次の世代の個体に交叉を起こします。処理のあとは、適応度の値をリセットします。

```python
for child1, child2 in zip(offspring[::2], offspring[1::2]):
    # 交叉
    if random.random() < probab_crossing:
        toolbox.mate(child1, child2)

        # 適応度をリセットする
        del child1.fitness.values
        del child2.fitness.values
```

先ほど定義した確率probab_mutatingを用いて、次の世代の個体に突然変異を起こします。やはり、処理のあとは適応度をリセットします。

```python
for mutant in offspring:
    # 突然変異
    if random.random() < probab_mutating:
        toolbox.mutate(mutant)
        del mutant.fitness.values
```

適応度がリセットされた個体について、適応度を評価します。

```python
invalid_ind = [ind for ind in offspring if not ind.fitness.valid]
fitnesses = map(toolbox.evaluate, invalid_ind)
for ind, fit in zip(invalid_ind, fitnesses):
    ind.fitness.values = fit

print('Evaluated', len(invalid_ind), 'individuals')
```

次の世代の個体で、個体群を置き換えます。

```python
population[:] = offspring
```

進捗がわかるように現在の世代の状態を表示します。

```python
# 適応度をまとめて表示する
fits = [ind.fitness.values[0] for ind in population]

length = len(population)
mean = sum(fits) / length
sum2 = sum(x*x for x in fits)
std = abs(sum2 / length - mean**2)**0.5

print('Min =', min(fits), ', Max =', max(fits))
print('Average =', round(mean, 2), ', Standard deviation =',
      round(std, 2))
```

世代交代の繰り返しを終えたら、最終出力をします。

```
print("\n==== End of evolution")
best_ind = tools.selBest(population, 1)[0]
print('\nBest individual:\n', best_ind)
print('\nNumber of ones:', sum(best_ind))
```

このコードを実行すると、次のように繰り返しの様子が表示されるでしょう。最初は次のように始まります。

```
Starting the evolution process
Evaluated 500 individuals

===== Generation 0
Evaluated 297 individuals
Min = 58.0 , Max = 75.0
Average = 70.43 , Standard deviation = 2.91

===== Generation 1
Evaluated 303 individuals
Min = 63.0 , Max = 75.0
Average = 72.44 , Standard deviation = 2.16

===== Generation 2
Evaluated 310 individuals
Min = 65.0 , Max = 75.0
Average = 73.31 , Standard deviation = 1.6

===== Generation 3
Evaluated 273 individuals
Min = 67.0 , Max = 75.0
Average = 73.76 , Standard deviation = 1.41
```

最後は次のようになり、進化が終わったことを示します。

```
===== Generation 57
Evaluated 306 individuals
Min = 68.0 , Max = 75.0
Average = 74.02 , Standard deviation = 1.27

===== Generation 58
Evaluated 276 individuals
Min = 69.0 , Max = 75.0
```

```
Average = 74.15 , Standard deviation = 1.18

===== Generation 59
Evaluated 288 individuals
Min = 69.0 , Max = 75.0
Average = 74.12 , Standard deviation = 1.24

==== End of evolution

Best individual:
  [1, 1, 0, 1, 1, 0, 1, 0, 1, 0, 0, 1, 0, 1, 0, 1, 1, 1, 1, 0, 1, 0, 0,
   1, 1, 1, 0, 1, 1, 1, 1, 1, 1, 1, 1, 1, 1, 1, 0, 0, 1, 0, 0, 1, 1, 0,
   0, 1, 1, 0, 1, 1, 0, 0, 0, 1, 0, 0, 1, 1, 1, 0, 1, 1, 1, 0, 1, 1, 0,
   0, 1, 0, 0, 0, 1]

Number of ones: 45
```

ご覧のように、進化の過程は0から始めて60世代で終わります。進化過程が終わると、最良の個体が選択されて表示されます。最良の個体には1が45個があり、適応度関数に設定した目標の値45に一致していることが確認できます。

本節のコードは、bit_counter.ipynbに格納されています。

8.4　進化の可視化

次に、進化の過程を可視化する方法を説明します。DEAPでは、**共分散行列適応進化戦略** (covariance matrix adaptation evolution strategy：CMA-ES) という方法を用いて進化を可視化します。連続領域において非線形の問題を解くのに使われる進化的アルゴリズムです。CMA-ES法は頑健であり、よく研究され、進化的アルゴリズムの最先端と考えられています。それでは、DEAPが提供するコードを掘り下げながら、その仕組みを調べてみましょう。次のコードはDEAPライブラリのサンプルプログラムを少しいじったものです。

新たにPython 3のタブを開いて、次のコードを入力してください。

```
%matplotlib inline
import numpy as np
import matplotlib.pyplot as plt
from deap import algorithms, base, benchmarks, cma, creator, tools
```

個体数は10、最大世代数は125とします。

```
np.random.seed(7)
num_individuals = 10
num_generations = 125
```

まず、CMA-ESアルゴリズムが用いる戦略を定義します。

```
strategy = cma.Strategy(centroid=[5.0]*num_individuals, sigma=5.0,
                        lambda_=20*num_individuals)
```

この戦略に基づいて、ツールボックスを生成します。

```
creator.create("FitnessMin", base.Fitness, weights=(-1.0,))
creator.create("Individual", list, fitness=creator.FitnessMin)
toolbox = base.Toolbox()
toolbox.register("evaluate", benchmarks.rastrigin)
```

generateとupdateメソッドを登録します。これは、戦略に基づいて個体群を生成し、個体群に基づいてこの戦略を更新していくという、生成更新パラダイムに関係します。

```
toolbox.register("generate", strategy.generate, creator.Individual)
toolbox.register("update", strategy.update)
```

HallOfFameオブジェクトを生成します。HallOfFameオブジェクトには、これまで存在した最良の個体が格納されます。このオブジェクトは常に良い順にソートされているので、このオブジェクトの先頭要素を見れば、進化過程の中で最良適応値を持つ個体を調べることができます。

```
hall_of_fame = tools.HallOfFame(1)
```

Statisticsメソッドを使って、統計を登録します。

```
stats = tools.Statistics(lambda x: x.fitness.values)
stats.register("avg", np.mean)
stats.register("std", np.std)
stats.register("min", np.min)
stats.register("max", np.max)
```

logbookを定義して、進化過程を記録します。これは、基本的に辞書の時系列リス

トとなっています。

```
logbook = tools.Logbook()
logbook.header = "gen", "evals", "std", "min", "avg", "max"
```

すべてのデータを保持するオブジェクトを定義します。

```
sigma = np.ndarray((num_generations, 1))
axis_ratio = np.ndarray((num_generations, 1))
diagD = np.ndarray((num_generations, num_individuals))
fbest = np.ndarray((num_generations,1))
best = np.ndarray((num_generations, num_individuals))
std = np.ndarray((num_generations, num_individuals))
```

世代を繰り返します。

```
for gen in range(num_generations):
    # 新しい個体群を生成
    population = toolbox.generate()
```

適応度関数を用いて、個体を評価します。

```
    # 個体を評価
    fitnesses = toolbox.map(toolbox.evaluate, population)
    for ind, fit in zip(population, fitnesses):
        ind.fitness.values = fit
```

個体群に基づいて戦略を更新します。

```
    toolbox.update(population)
```

現在の世代の個体群を用いて、HallOfFameオブジェクトと統計を更新します。

```
    hall_of_fame.update(population)
    record = stats.compile(population)
    logbook.record(evals=len(population), gen=gen, **record)

    print(logbook.stream)
```

グラフ用に、データを保存します。

```
    sigma[gen] = strategy.sigma
    axis_ratio[gen] = max(strategy.diagD)**2/min(strategy.diagD)**2
```

```
            diagD[gen, :num_individuals] = strategy.diagD**2
            fbest[gen] = hall_of_fame[0].fitness.values
            best[gen, :num_individuals] = hall_of_fame[0]
            std[gen, :num_individuals] = np.std(population, axis=0)
```

統計グラフのx軸を定義します。縦軸は対数スケールとします。

```
x = list(range(0, strategy.lambda_ * num_generations, strategy.lambda_))
avg, max_, min_ = logbook.select("avg", "max", "min")
plt.figure()
plt.semilogy(x, avg, "-b")
plt.semilogy(x, max_, "--b")
plt.semilogy(x, min_, "--b")
plt.semilogy(x, fbest, "-c")
plt.semilogy(x, sigma, "-g")
plt.semilogy(x, axis_ratio, "-r")
plt.grid(True)
plt.title("blue: f-values, green: sigma, red: axis ratio")
```

進化過程を描画します。

```
plt.figure()
plt.plot(x, best)
plt.grid(True)
plt.title("Object Variables")

plt.figure()
plt.semilogy(x, diagD)
plt.grid(True)
plt.title("Scaling (All Main Axes)")

plt.figure()
plt.semilogy(x, std)
plt.grid(True)
plt.title("Standard Deviations in All Coordinates")

plt.show()
```

以上のコードを実行すると、次のような4つのグラフが表示されるでしょう。
最初は、各種パラメータのグラフです（**図8-1**）。

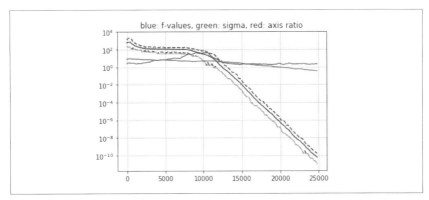

図8-1

2番目は、オブジェクト変数です（**図8-2**）。

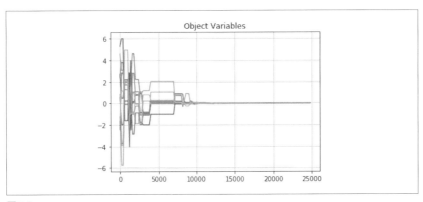

図8-2

3番目は、スケーリングです（**図8-3**）。

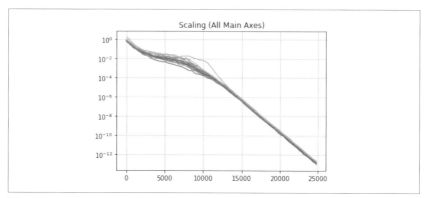

図8-3

4番目は、標準偏差です(**図8-4**)。

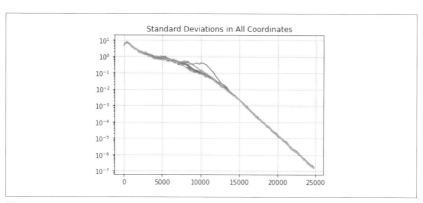

図8-4

進化過程が次のように表示されます。

```
gen     evals   std      min      avg      max
0       200     188.36   217.082  576.281  1199.71
1       200     250.543  196.583  659.389  1869.02
2       200     273.081  199.455  683.641  1770.65
3       200     215.326  111.298  503.933  1579.3
4       200     133.046  149.47   373.124  790.899
5       200     75.4405  131.117  274.092  585.433
6       200     61.2622  91.7121  232.624  426.666
7       200     49.8303  88.8185  201.117  373.543
8       200     39.9533  85.0531  178.645  326.209
```

9	200	31.3781	87.4824	159.211	261.132
10	200	31.3488	54.0743	144.561	274.877
11	200	30.8796	63.6032	136.791	240.739
12	200	24.1975	70.4913	125.691	190.684
13	200	21.2274	50.6409	122.293	177.483
14	200	25.4931	67.9873	124.132	199.296
15	200	26.9804	46.3411	119.295	205.331
16	200	24.8993	56.0033	115.614	176.702
17	200	21.9789	61.4999	113.417	170.156
18	200	21.2823	50.2455	112.419	190.677
19	200	22.5016	48.153	111.543	166.2
20	200	21.1602	32.1864	106.044	171.899
21	200	23.3864	52.8601	107.301	163.617
22	200	23.1008	51.1226	109.628	185.777
23	200	22.0836	51.3058	106.402	179.673
…中略…					
100	200	2.42371e-07	1.36725e-07	5.15987e-07	1.19228e-06
101	200	1.54049e-07	4.69571e-08	3.38713e-07	9.0053e-07
102	200	1.15277e-07	3.18943e-08	2.53913e-07	8.14231e-07
103	200	9.05727e-08	2.94641e-08	1.82214e-07	5.79947e-07
104	200	5.09824e-08	2.13545e-08	1.10195e-07	2.51502e-07
105	200	4.56307e-08	1.52451e-08	8.64983e-08	2.66064e-07
106	200	2.49424e-08	1.18998e-08	5.88332e-08	1.59796e-07
107	200	1.70462e-08	7.08934e-09	3.5188e-08	1.01745e-07
108	200	9.89045e-09	5.74676e-09	2.18801e-08	5.78322e-08
109	200	6.71803e-09	3.65401e-09	1.43638e-08	4.35225e-08
110	200	4.39307e-09	1.48775e-09	1.02335e-08	2.68797e-08
111	200	3.26246e-09	1.397e-09	6.92347e-09	1.97411e-08
112	200	2.21481e-09	1.04214e-09	5.14959e-09	1.31746e-08
113	200	1.96222e-09	6.24141e-10	4.12443e-09	1.01623e-08
114	200	1.15578e-09	4.03659e-10	2.45078e-09	7.9977e-09
115	200	8.63667e-10	1.62174e-10	1.80088e-09	5.95105e-09
116	200	5.00297e-10	3.11019e-10	1.19956e-09	2.91089e-09
117	200	3.43539e-10	1.41625e-10	6.81353e-10	1.63566e-09
118	200	2.22699e-10	1.47097e-10	5.08937e-10	1.26482e-09
119	200	1.62103e-10	6.08082e-11	3.51655e-10	9.74396e-10
120	200	9.20862e-11	4.12967e-11	2.05411e-10	6.0605e-10
121	200	6.52617e-11	4.28884e-11	1.57709e-10	4.09869e-10
122	200	4.71043e-11	2.37179e-11	1.09171e-10	2.92573e-10
123	200	3.70369e-11	2.05773e-11	8.07213e-11	2.10605e-10
124	200	2.71108e-11	1.01608e-11	5.75073e-11	1.58209e-10

グラフを見ると、進化過程につれて値が小さくなっていき、収束を示していることが

わかります。

本節のコードは、visualization.ipynbに格納されています。

8.5 関数同定問題の解法

遺伝的プログラミングを使って、関数同定問題を解いてみましょう。**遺伝的プログラミング**(genetic programming)とは、進化的アルゴリズムの一種であり、解がコンピュータプログラムの形式で得られるものです。基本的に、各世代の個体がコンピュータプログラムであり、その問題を解く能力が適応度に相当します。遺伝的アルゴリズムを用いて、世代交代によってプログラムが進化・変更されていきます。

重要な点は「遺伝的プログラミング＝遺伝的アルゴリズム」ではないということです。言ってみれば、遺伝的プログラミングは遺伝的アルゴリズムの一応用です。

次に、関数同定問題について説明します。関数同定問題とは、隠れた関数を推定するという古典的な回帰問題のひとつです。ここでは近似したい多項式として、次の関数を用います。

$$f(x) = 2x^3 - 3x^2 + 4x - 1$$

ここで説明するコードはDEAPライブラリが提供する関数同定問題のサンプルを改変したものです。Python 3のタブを開いて次のコードを入力してください。

```python
import operator
import math
import random
import numpy as np
from deap import algorithms, base, creator, tools, gp

random.seed(7)
```

まず、推定したい関数を定義します。

```python
def target_func(x):
    return 2 * x**3 - 3 * x**2 + 4 * x - 1
```

次に、適応度を計算するための評価関数を定義します。まず、入力される個体(数式)の計算を行うために、個体を関数に変換します。

```python
def eval_func(individual, points):
```

```
# 数式を関数形式に変換
func = toolbox.compile(expr=individual)
```

目的の関数と式の間の**平均二乗誤差**(mean squared error：MSE)を計算します。これを評価値とします。タプルを返す点に注意してください。

```
mse = ((func(x) - target_func(x))**2 for x in points)
return (math.fsum(mse) / len(points),)
```

ツールボックスを生成する前に、プリミティブの集合を定義する必要があります。プリミティブとは、基本的に進化の間に使われる演算子のことで、個体を構成する要素となります。ここではプリミティブとしてoperatorに定義されている基本的な算術関数を用いることにします。ただし、除算に関しては、ゼロによる除算エラーを回避するために、独自の演算子division_operatorを定義します。ここでは分母が0のときは1を返すようにします。

```
def division_operator(numerator, denominator):
    if denominator == 0:
        return 1
    return numerator / denominator

pset = gp.PrimitiveSet("MAIN", 1)
pset.addPrimitive(operator.add, 2)
pset.addPrimitive(operator.sub, 2)
pset.addPrimitive(operator.mul, 2)
pset.addPrimitive(division_operator, 2)
pset.addPrimitive(operator.neg, 1)
pset.addPrimitive(math.cos, 1)
pset.addPrimitive(math.sin, 1)
```

一時的定数を定義します。これは、固定の値を持たない特別な型です。式を表す木構造に一時的定数を端点として追加しておき、関数が実行されると、その結果が定数の端点として木構造に挿入されるのです。定数の端点は、-1、0、1のいずれかの値を取ることができます。これによってランダムなパラメータを持つ数式を表現できます。

```
pset.addEphemeralConstant("rand101", lambda: random.randint(-1,1))
```

デフォルトの引数名はARGxですが、これをxに置き換えておきましょう。必須ではありませんが、置き換えておくと便利です。

```
pset.renameArguments(ARG0='x')
```

適応度と個体の2つのオブジェクトを定義します。creatorオブジェクトを用います。

```
creator.create("FitnessMin", base.Fitness, weights=(-1.0,))
creator.create("Individual", gp.PrimitiveTree, fitness=creator.FitnessMin)
```

前節と同様に、toolboxを生成しregisterを呼び出して関数を登録します。

```
toolbox = base.Toolbox()

toolbox.register("expr", gp.genHalfAndHalf, pset=pset, min_=1, max_=2)
toolbox.register("individual", tools.initIterate, creator.Individual,
                 toolbox.expr)
toolbox.register("population", tools.initRepeat, list, toolbox.individual)
toolbox.register("compile", gp.compile, pset=pset)
toolbox.register("evaluate", eval_func,
                 points=[x/10. for x in range(-10,10)])
toolbox.register("select", tools.selTournament, tournsize=3)
toolbox.register("mate", gp.cxOnePoint)
toolbox.register("expr_mut", gp.genFull, min_=0, max_=2)
toolbox.register("mutate", gp.mutUniform, expr=toolbox.expr_mut, pset=pset)
toolbox.decorate("mate", gp.staticLimit(key=operator.attrgetter("height"),
                 max_value=17))
toolbox.decorate("mutate", gp.staticLimit(key=operator.attrgetter("height"),
                 max_value=17))
```

適応度は、points=[x/10. for x in range(-10,10)]、すなわち、$-1.0 \sim 0.9$ の間で評価されます。

それではメインの処理を記述します。

toolbox.population() メソッドを使って初期の交代群を定義します。ここでは450個の個体を用います。個数は自由に決めてよいので、この数をいじって実験してみてください。また、hall_of_fameオブジェクトも定義します。

```
population = toolbox.population(n=450)
hall_of_fame = tools.HallOfFame(1)
```

遺伝的アルゴリズムでは統計情報は有用なので、統計情報オブジェクトを定義します。

```
stats_fit = tools.Statistics(lambda x: x.fitness.values)
stats_size = tools.Statistics(len)
```

定義済みのオブジェクトを用いて統計情報を登録します。

```
mstats = tools.MultiStatistics(fitness=stats_fit, size=stats_size)
mstats.register("avg", np.mean)
mstats.register("std", np.std)
mstats.register("min", np.min)
mstats.register("max", np.max)
```

交叉確率と、突然変異、世代数を定義します。

```
probab_crossover = 0.4
probab_mutate = 0.2
num_generations = 60
```

上記のパラメータを用いて遺伝的アルゴリズムを実行します。

```
population, log = algorithms.eaSimple(population, toolbox,
        probab_crossover, probab_mutate, num_generations,
        stats=mstats, halloffame=hall_of_fame, verbose=True)
```

以上のコードを実行すると次のように表示されるでしょう。

gen	nevals	fitness				size			
		avg	max	min	std	avg	max	min	std
0	450	18.6918	47.1923	7.39087	6.27543	3.73556	7	2	1.62449
1	251	15.4572	41.3823	4.46965	4.54993	3.80222	12	1	1.81316
2	236	13.2545	37.7223	4.46965	4.06145	3.96889	12	1	1.98861
3	251	12.2299	60.828	4.46965	4.70055	4.19556	12	1	1.9971
4	235	11.001	47.1923	4.46965	4.48841	4.84222	13	1	2.17245
5	229	9.44483	31.478	4.46965	3.8796	5.56	19	1	2.43168
6	225	8.35975	22.0546	3.02133	3.40547	6.38889	15	1	2.40875
7	237	7.99309	31.1356	1.81133	4.08463	7.14667	16	1	2.57782
8	224	7.42611	359.418	1.17558	17.0167	8.33333	19	1	3.11127
9	237	5.70308	24.1921	1.17558	3.71991	9.64444	23	1	3.31365
10	254	5.27991	30.4315	1.13301	4.13556	10.5089	25	1	3.51898
…中略…									
36	209	1.10464		22.0546	0.0474957	2.71898	26.4867	46	1	5.23289
37	258	1.61958		86.0936	0.0382386	6.1839	27.2111	45	3	4.75557
38	257	2.03651		70.4768	0.0342642	5.15243	26.5311	49	1	6.22327

39	235	1.95531	185.328	0.0472693	9.32516	26.9711	48	1	6.00345
40	234	1.51403	28.5529	0.0472693	3.24513	26.6867	52	1	5.39811
41	230	1.4753	70.4768	0.0472693	5.4607	27.1	46	3	4.7433
42	233	12.3648	4880.09	0.0396503	229.754	26.88	53	1	5.18192
43	251	1.807	86.0936	0.0396503	5.85281	26.4889	50	1	5.43741
44	236	9.30096	3481.25	0.0277886	163.888	26.9622	55	1	6.27169
45	231	1.73196	86.7372	0.0342642	6.8119	27.4711	51	2	5.27807
46	227	1.86086	185.328	0.0342642	10.1143	28.0644	56	1	6.10812
47	216	12.5214	4923.66	0.0342642	231.837	29.1022	54	1	6.45898
48	232	14.3469	5830.89	0.0322462	274.536	29.8244	58	3	6.24093
49	242	2.56984	272.833	0.0322462	18.2752	29.9267	51	1	6.31446
50	227	2.80136	356.613	0.0322462	21.0416	29.7978	56	4	6.50275
51	243	1.75099	86.0936	0.0322462	5.70833	29.8089	56	1	6.62379
52	253	10.9184	3435.84	0.0227048	163.602	29.9911	55	1	6.66833
53	243	1.80265	48.0418	0.0227048	4.73856	29.88	55	1	7.33084
54	234	1.74487	86.0936	0.0227048	6.0249	30.6067	55	1	6.85782
55	220	1.58888	31.094	0.0132398	3.82809	30.5644	54	1	6.96669
56	234	1.46711	103.287	0.00766444	6.81157	30.6689	55	3	6.6806
57	250	17.0896	6544.17	0.00424267	308.689	31.1267	60	4	7.25837
58	231	1.66757	141.584	0.00144401	7.35306	32	52	1	7.23295
59	229	2.22325	265.224	0.00144401	13.388	33.5489	64	1	8.38351
60	248	2.60303	521.804	0.00144401	24.7018	35.2533	58	1	7.61506

最終的に得られた関数を表示します。

```
print(hall_of_fame[0])
```

実行結果：

```
add(add(sub(add(add(sin(x), division_operator(x, cos(x))),
add(x, x)), 1), x), neg(mul(x, sub(add(x, add(x, sub(cos(sub(0, x)),
sub(0, x)))), mul(x, x)))))
```

複雑な式が得られましたが、これが目的関数の近似になっているか、グラフ化して確かめてみます。

```
%matplotlib inline
import matplotlib.pyplot as plt
f = toolbox.compile(expr=hall_of_fame[0])
xs = [x/10.0 for x in range(-20, 21)]
ys = [f(x) for x in xs]
ts = [target_func(x) for x in xs]
plt.figure()
plt.plot(xs, ys)
```

```
plt.plot(xs, ts)
plt.grid(True)
plt.show()
```

適応度を評価する値域−1.0〜0.9の間では、両者のグラフが重なっていて、良い近似になっていることが確認できます（**図8-5**）。

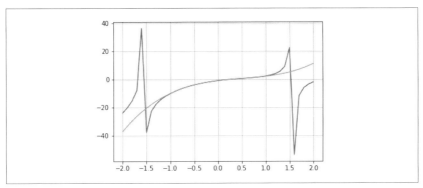

図8-5

本節のコードは、symbol_regression.ipynbに格納されています。

8.6　知的ロボット制御

遺伝的アルゴリズムを用いてロボット制御を構築してみましょう。次のような地図上に、ターゲット「#」がばらまかれているとします。「S」はロボットのスタート地点です。

```
S##.........................
..#.........................
...#####.........##########....
........#...............#....
........#...............#....
........#####......######....
............#......#.........
............#......#.........
............#......#.........
.....#######......#..........
.....#............#..........
.....#............###........
.....#.............#.........
......#............#.........
```

```
........#............#......
.........#.....#.....#......
........#............#......
.......#.............#......
......#..............#......
.....#....#.........#.......
.....#....#........#........
....#....#.........#........
....#....#........#.........
....#....#.......#..........
...##..#####...#........#...
.#............#.........#...
.#............#.........#...
.#......######..........#...
.#...#.............#........
......#............#........
..####........#.....#.......
..............#####.........
```

この地図には、124個のターゲットがあります。ロボット制御の目標は、自動的に地図を走破してすべてのターゲットを取得することです。遺伝的アルゴリズムによって、最小の移動回数で目標を達成する個体を見つけましょう。

本プログラムは DEAP ライブラリのサンプルコードを改変したものです。

新たに Python 3 のタブを開いて次のコードを入力してください。

```
import copy
import random
from functools import partial
import numpy as np
from deap import algorithms, base, creator, tools, gp

random.seed(7)
```

ロボットを制御するクラスを作ります。max_moves は最大移動回数、direction は移動方向名、direction_row と direction_col は移動方向ごとに座標値に加算される値を、それぞれ表します。

```
class RobotController(object):
    def __init__(self, max_moves):
        self.max_moves = max_moves
        self.direction = ["north", "east", "south", "west"]
```

```
        self.direction_row = [1, 0, -1, 0]
        self.direction_col = [0, 1, 0, -1]
```

リセットメソッドを定義します。row、colはロボットの座標、directionはロボットの向き、movesは現在移動回数、consumedは取得したターゲット数、matrix_excは個体ごとにターゲット取得の履歴を管理するための地図をコピーしたものです。routineには、以下のプリミティブの組み合わせによって記述された制御アルゴリズムが記録されています。

- 前進move_forward
- 左に向きを変えるturn_left
- 右に向きを変えるturn_right
- 前方にターゲットがあるか判断して2つのプリミティブの一方を実行するif_target_ahead
- 2つのプリミティブを実行するprog2
- 3つのプリミティブを実行するprog3

遺伝的アルゴリズムによってこの組み合わせをさまざまに進化させて、最適な制御アルゴリズムをで見つけるわけです。

```
    def _reset(self):
        self.row = self.row_start
        self.col = self.col_start
        self.direction = 1
        self.moves = 0
        self.consumed = 0
        self.matrix_exc = copy.deepcopy(self.matrix)
        self.routine = None
```

左に向きを変えるメソッドを定義します。

```
    def turn_left(self):
        if self.moves < self.max_moves:
            self.moves += 1
            self.direction = (self.direction - 1) % 4
```

右に向きを変えるメソッドも定義します。

```
    def turn_right(self):
```

```
        if self.moves < self.max_moves:
            self.moves += 1
            self.direction = (self.direction + 1) % 4
```

ロボットを前進させるメソッドを定義します。方向に対応するベクトルを足し合わせロボットを移動し、その座標にターゲット target があれば、passed に書き換えて、consumed を加算します。

```
    def move_forward(self):
        if self.moves < self.max_moves:
            self.moves += 1
            self.row = (self.row + self.direction_row[self.direction]) % \
                       self.matrix_row
            self.col = (self.col + self.direction_col[self.direction]) % \
                       self.matrix_col

            if self.matrix_exc[self.row][self.col] == "target":
                self.consumed += 1

            self.matrix_exc[self.row][self.col] = "passed"
```

前方にターゲットがあれば out1、なければ out2 を実行する関数を返すメソッド if_target_ahead() を定義します。前方にターゲットがあるか判別するメソッド sense_target() を条件式として、条件判別メソッド _conditional を呼び出すようにしています。関数を返すメソッドを定義するため、関数の部分定義パッケージの partial を用います。

```
    def _conditional(self, condition, out1, out2):
        if condition():
            out1()
        else:
            out2()

    def sense_target(self):
        ahead_row = (self.row + self.direction_row[self.direction]) % \
                    self.matrix_row
        ahead_col = (self.col + self.direction_col[self.direction]) % \
                    self.matrix_col
        return self.matrix_exc[ahead_row][ahead_col] == "target"

    def if_target_ahead(self, out1, out2):
        return partial(self._conditional, self.sense_target, out1, out2)
```

prog2は、out1、out2を順番に呼び出し、prog3は、out1、out2、out3を順番に呼び出す関数を返します。これらを実装するために、引数を順番に呼び出す関数_progn()と、partialを用います。

```python
def _progn(self, *args):
    for arg in args:
        arg()

def prog2(self, out1, out2):
    return partial(self._progn, out1, out2)

def prog3(self, out1, out2, out3):
    return partial(self._progn, out1, out2, out3)
```

最大移動回数に到達するまで引数routineを実行するメソッドrun()を定義します。

```python
def run(self,routine):
    self._reset()
    while self.moves < self.max_moves:
        routine()
```

読み込んだ地図の中を走査して各地点を探すメソッドtraverse_map()を定義します。#ならtarget、Sならスタート地点、.なら空のセルとします。

```python
def traverse_map(self, matrix):
    self.matrix = list()
    for i, line in enumerate(matrix):
        self.matrix.append(list())

        for j, col in enumerate(line):
            if col == "#":
                self.matrix[-1].append("target")

            elif col == ".":
                self.matrix[-1].append("empty")

            elif col == "S":
                self.matrix[-1].append("empty")
                self.row_start = self.row = i
                self.col_start = self.col = j
                self.direction = 1
```

```
            self.matrix_row = len(self.matrix)
            self.matrix_col = len(self.matrix[0])
```

初期化パラメータを用いて、ロボット制御オブジェクトを生成します。

```
# 最大移動回数
max_moves = 750

# ロボット制御オブジェクトを生成
robot = RobotController(max_moves)
```

ファイルから地図データを読み込みます。

```
with open('target_map.txt', 'r') as f:
    robot.traverse_map(f)
```

各個体を評価する関数を定義します。現在の制御アルゴリズムを実行して取得したターゲットの個数をタプルとして返します。

```
def eval_func(individual):
    # 個体をPythonコードに変換して実行する。
    routine = gp.compile(individual, pset)
    robot.run(routine)
    return (robot.consumed,)
```

ツールボックスを生成してプリミティブを定義します。

```
pset = gp.PrimitiveSet("MAIN", 0)
pset.addPrimitive(robot.if_target_ahead, 2)
pset.addPrimitive(robot.prog2, 2)
pset.addPrimitive(robot.prog3, 3)
pset.addTerminal(robot.move_forward)
pset.addTerminal(robot.turn_left)
pset.addTerminal(robot.turn_right)
```

適応度関数を用いて個体の型を定義します。

```
creator.create("FitnessMax", base.Fitness, weights=(1.0,))
creator.create("Individual", gp.PrimitiveTree, fitness=creator.FitnessMax)
```

toolboxを生成して、遺伝子操作関数を登録します。

```
toolbox = base.Toolbox()
```

```
# 属性を生成
toolbox.register("expr_init", gp.genFull, pset=pset, min_=1, max_=2)

# 構造を初期化
toolbox.register("individual", tools.initIterate, creator.Individual,
                 toolbox.expr_init)
toolbox.register("population", tools.initRepeat, list, toolbox.individual)

toolbox.register("evaluate", eval_func)
toolbox.register("select", tools.selTournament, tournsize=7)
toolbox.register("mate", gp.cxOnePoint)
toolbox.register("expr_mut", gp.genFull, min_=0, max_=2)
toolbox.register("mutate", gp.mutUniform, expr=toolbox.expr_mut, pset=pset)
```

個体数を400とし、hall_of_fameオブジェクトを生成します。

```
population = toolbox.population(n=400)
hall_of_fame = tools.HallOfFame(1)
```

統計情報を登録します。

```
stats = tools.Statistics(lambda x: x.fitness.values)
stats.register("avg", np.mean)
stats.register("std", np.std)
stats.register("min", np.min)
stats.register("max", np.max)
```

交叉確率や、突然変異確率、世代数を定義します。

```
probab_crossover = 0.4
probab_mutate = 0.3
num_generations = 50
```

以上の設定で、遺伝的アルゴリズムを実行します。

```
population, log = algorithms.eaSimple(population, toolbox, probab_crossover,
        probab_mutate, num_generations, stats,
        halloffame=hall_of_fame)
```

以上を実行すると、次のように表示されるでしょう。

```
gen     nevals  avg     std       min   max
0       400     1.4875  4.37491   0     62
```

```
1      231     4.285    7.56993  0     73
2      235    10.8925  14.8493   0     73
3      231    21.72    22.1239   0     73
4      238    29.9775  27.7861   0     76
...
45     225    89.115   23.4212   0     97
46     232    88.5425  24.187    0     97
47     245    87.7775  25.3909   0     97
48     231    87.78    26.3786   0     97
49     238    88.8525  24.5115   0     97
50     233    87.82    25.4164   1     97
```

世代が進むにつれて、ターゲットの取得数が増えていることがわかります。

進化によって得られた最も効率の良いロボット制御アルゴリズムを表示します。

```
print(hall_of_fame[0])
```

実行結果：

```
prog2(prog2(move_forward, if_target_ahead(prog2(move_forward,
if_target_ahead(move_forward, turn_left)), prog3(prog3(turn_left,
move_forward, move_forward), move_forward, move_forward))),
if_target_ahead(move_forward, turn_right))
```

これをPythonのコードで表せば、次のようになります。

```
    move_forward()
    if target_ahead():
        move_forward()
        if target_ahead():
            move_forward()
        else:
            turn_left()
    else:
        turn_left()
        move_forward()
        move_forward()
        move_forward()
        move_forward()
    if target_ahead():
        move_forward()
    else:
        turn_right()
```

遺伝的プログラミングによって、上記のロボット制御コードが得られたわけです。本節のコードは、robot.ipynbに格納されています。

9章
人工知能を使ったゲーム

本章では人工知能を使ったゲームの作り方を説明します。ゲームに勝つための戦略を効率よく立てる探索アルゴリズムの使い方を学び、それを使って、いくつかのゲームの知的な対戦相手（ボット）を作ります。

本章では次の事柄について学びます。

- 探索アルゴリズムのゲーム応用
- 組み合わせ探索
- ミニマックス法
- アルファ・ベータ法
- ネガマックス法
- コイン取りゲーム
- 三目並べ
- 『Connect Four』
- 『Hexapawn』

9.1　探索アルゴリズムのゲーム応用

ゲームの戦略を立てるためには、探索アルゴリズムが使われます。探索アルゴリズムを使って、多数の可能性の中から最良の次の1手を探すのです。考慮すべきパラメータは、スピード、正確さ、複雑さなどさまざまあります。探索アルゴリズムは、その時点で可能なすべての指し手を考慮し、その中から未来の一連の指し手を評価します。ゲームによって勝敗条件は異なりますが、探索アルゴリズムの目標は、最終的な勝敗条件に到達する（すなわちゲームに勝つ）ために資する最適な一連の指し手を見つける

ことです。

ただし、以上の説明は、対戦相手がいない場合における理想論にすぎません。現実のゲームでは、複数のプレイヤーが参加するので、これほど単純ではありません。2人対戦のゲームを考えてみます。プレイヤーが1手指すたびに、相手プレイヤーはゴール達成を妨げるような手を指してくるでしょう。したがって、探索アルゴリズムが現在の状態から最善手を見つけても、相手がそれを阻止するので、そのとおりに進めることはできません。つまり、探索アルゴリズムは、1手指すたびに常に局面を評価し直さなければならないのです。

そこで、コンピュータにゲームの状況を把握させる方法を検討します。ここでは、ゲームを探索木だと考えます。ゲーム木の各ノードは、未来の状態を表します。例えば、**三目並べ**(Tic-Tac-Toe)では、可能なすべての手を表すようにゲーム木を構築します。ゲームの開始点を意味する根から始めます。この根ノードには次の1手を表す子ノードがつながります。その子ノードには、対戦相手によるさらに次の1手を表す子ノードがつながります。葉ノードは、何手かあとのゲームの最終結果を表します。その最終結果まで読み切ったら、その中から最良のものを選び、そこに至るための次の1手を指します。ゲームは、引き分けか、一方のプレイヤーの勝ちになって終わります。探索アルゴリズムは、ゲーム木を調べてゲームの各段階で判断をするわけです。

9.2　組み合わせ探索

探索アルゴリズムは、ゲームに知能を与えるという問題を解決するように見えますが、欠点もあります。前述のアルゴリズムは、全数探索や、しらみつぶし探索と呼ばれる探索方法を採用しています。基本的にすべての探索空間を調べて、すべての可能性を評価します。つまり、最悪の場合は、最善手を見つけるのにすべての可能性を調べる必要があるわけです。

ゲームが複雑になると、しらみつぶし法は可能性の数が膨大になるので実用的ではありません。すぐに計算が追いつかなくなるのです。そこで組み合わせ探索の手法を用います。これは、ヒューリスティックスを用いたり、探索空間のサイズを減らすことによって、効率的に解空間を調べるようにする研究分野です。チェスや碁のようなゲームで特に有用です。組み合わせ探索は、枝刈りの戦略を用いることで効率的に動作します。枝刈りを使って明らかに悪い手を除外することにより、すべての可能性を調べる必要がなくなるのです。

9.3 ミニマックス法

　ミニマックス法は、ゲーム木から最善手を選ぶ戦略のひとつです。基本的に、自分の手番では自分の利益が最大化する手を選び、相手の手番では自分の利益を最小化する手を選んでくると考えます。現在の状態を根ノードとし、数手先までのゲーム木を作って、各葉ノードの状態を評価して得点をつけます。次に、葉ノードから根ノードまでさかのぼって手を選びます。このとき、兄弟ノードの得点から、自分の手番なら得点が最大となる手、相手の手番なら得点が最小となる手を選びます。選んだ手の得点を親ノードの得点とし、その親ノードの兄弟ノード間で同様に手を選びます。このように根ノードにさかのぼりながら手を選んでいき、根ノードに選ばれた手を次の1手とします。

　手の選択肢が2通りで、3手先まで読むとすると、**図9-1**に示すようなゲーム木となります。

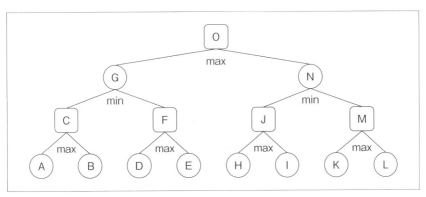

図9-1

　次の自分の手はGかNの2通りあり、自分がGの手を指したら、相手はCかFの手を指します。相手がCの手を指したら、自分はAかBの手を指します。

　AとBの得点を計算し、良いほうの手を選びます。選んだ手、すなわちAとBの最大値をCの得点とします。同様に、DとEの最大値をFとします。相手はCかFのうち得点が最小となるほうを選び、その得点をGとします。最後に、自分はGとNのうち得点の最大になるほうを選びます。

　このように、ゲーム木を深さ優先で探索するので、得点の評価の順序はA、B、C…の順となります。

具体的に得点の入った例を**図 9-2**に示します。太い線のG→C→Bが最善手として選択されたものです。

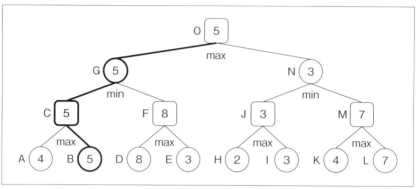

図 9-2

9.4 アルファ・ベータ法

　ミニマックス法には、ゲーム木の中の重要でない部分を調べてしまうという欠点があります。ゲーム木のうち、その部分木には解がないことがわかる指標が存在すれば、そこを調べる手間が省けます。

　結論に影響のない不要な部分木の探索を省略することを**枝刈り**（pruning）と言います。アルファ・ベータ法は、枝刈り手法のひとつです。

　アルファ・ベータ法の $α$、$β$ とは、判定に用いる2つの境界値のことです。この2つの値を用いて、解の可能性のある部分木を限定します。調べた部分木の結果を活用し、解の可能性のある部分木の得点の下限の最大値を $α$、上限の最小値を $β$ とします。

　前述のとおり、各ノードは評価した得点を持ちます。探索済みのノードの得点を $α$ または $β$ 値とし、兄弟ノードの得点を評価するときに、その子ノードの値が $α$ と $β$ の間に収まらなければ、その兄弟ノードの評価を打ち切ることができます。

　前節と同様に**図 9-3**を用いて説明します。

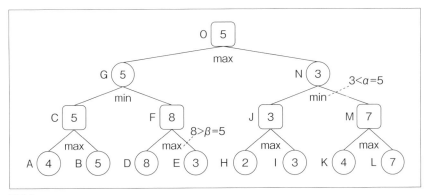

図9-3

　AとBの得点を評価した時点で、Cの得点は5になり、CとFの最小値となるGの値は5以下になることが確定します。この5をβとします。

　次にDの得点が8だとわかった時点で、Fは8以上になることが確定です。Cとの比較によりFは選択されません。したがって、Eの得点は不要となるので、探索を打ち切ることができます。すなわち、点線で示したパスをβカットで除外できます。

　次にGが5であることが確定なので、Oは5以上となります。この5をαとします。H、Iの得点を評価してJが3になると、Nは3以下であることが確定です。すると、Gとの比較によってNは選択されないので、K、L、Mの評価が不要となり、ここで探索を打ち切ることができます。すなわち、点線で示したパスをαカットで除外できます。

9.5　ネガマックス法

　ネガマックス法（negamax algorithm）は、ミニマックス法に似た戦略で、実際によく用いられるもののひとつです。2人対戦ゲームは、通常、ゼロサムゲームです。つまり、一方のプレイヤーの利益が他方のプレイヤーの損失と同じになります。ネガマックス法は、この性質を応用します。

　ネガマックス法では、相手の局面の評価値として、相手の局面の評価値の正負を反転したものを用います。自分の損失を最小化する手は、相手の利益を最小化する手です。これが双方のプレイヤーについて成り立つので、ひとつの評価方法で局面を評価できるわけです。ネガマックス法は、ミニマックス法に比べて簡単であることがメリットです。つまり、ミニマックス法では、あくまで自分の側から見た評価をするので、自

分の手番は自分の手を最大化するもの、相手の手番は自分の利益を最小化するものを選びます。一方、ネガマックス法では、自分の手番は同様に最大化するものを選びますが、相手の手番も相手の利益を最大化するものを反転して考えればよく、同じ評価ロジックを使うことができます。アルファ・ベータ法も同様に適用できます。

9.6　easyAIライブラリのインストール

本章では、easyAIというライブラリを使用します。これは人工知能フレームワークのひとつであり、2人対戦ゲームを作るのに必要なすべての機能性を提供しています。前節で説明したネガマックス法やアルファ・ベータ法などが実装されていて、簡単に使うことができます。詳細はhttp://zulko.github.io/easyAIを参照してください。

このライブラリをインストールするには、端末で次のコマンドを実行してください。

```
$ pip3 install easyai
```

9.7　コイン取りゲーム

コイン取りゲームは、コインの山から2人のプレイヤーが交互にコインを取っていき、最後に残ったコインを取った人が負けとするゲームです。石取りゲームと言われることもあります。一度に取れるコインの枚数には上限と下限があります。下記に示すコードは、easyAIライブラリに含まれるGame of Bonesを改変したものです。それでは、コンピュータとユーザーが対戦するゲームの作り方を説明します。

Jupyter Notebookを起動し、新たにPython 3のタブを開いて次のように入力してください。

```
from easyAI import TwoPlayersGame, id_solve, Human_Player, AI_Player
from easyAI.AI import TT
```

まず、2人対戦ゲームの各種操作を処理するためのクラス`LastCoinStanding`を定義します。easyAIライブラリが提供している`TwoPlayerGame`クラスを継承し、クラスを正しく機能させるための必須属性を設定します。まず、プレイヤーのリストを表す`players`変数を設定します。次に、`nplayer`は誰が先手かを決める属性です。プレイヤーの番号は1から始まります。ここでは1番のプレイヤーが先手です。以上が必須属性です。

```python
class LastCoinStanding(TwoPlayersGame):
    def __init__(self, players):
        self.players = players
        self.nplayer = 1
```

次に、このゲーム独自の属性を定義します。コインの枚数num_coinsを25としています。また、一度に取れる最大コイン数max_coinsは4としています。

```python
        self.num_coins = 25
        self.max_coins = 4
```

次に、possible_moves()メソッドをオーバーライドして、指しうる手を返すように定義します。この場合は、'1'〜'4'のリストを返すようにします。

```python
    def possible_moves(self):
        return [str(x) for x in range(1, self.max_coins + 1)]
```

make_move()メソッドは、実際に1手を指したときの状態変化を定義します。この場合は、move枚のコインを移動すると、その分のnum_coinsが減るようにします。

```python
    def make_move(self, move):
        self.num_coins -= int(move)
```

win()メソッドは、誰かがゲームに勝ったかどうかをチェックします。ここでは、相手がコインを取ったあと、コインの残りが0以下になったら勝ち、という判定をします。

```python
    def win(self):
        return self.num_coins <= 0
```

is_over()は、ゲーム終了判定をするためのメソッドです。ここでは誰かがゲームに勝利すれば終了とします。

```python
    def is_over(self):
        return self.win()
```

scoring()メソッドは、AIが得点を知るために必要なメソッドです。ここでは、win()メソッドで判定し、勝ったら100、それ以外なら0とします。

```python
    def scoring(self):
        return 100 if self.win() else 0
```

show()メソッドを定義して、現在の状態を表示します。

```
def show(self):
    print(self.num_coins, 'coins left in the pile')
```

ttentry()メソッドを定義して、現在の状態（コインの残り枚数）を返します。これは、後述の転置表を用いるのに必要です。

```
def ttentry(self):
    return self.num_coins
```

以上でクラスが定義できたので、**局面遷移表**（transposition table）を作ってゲームを開始します。局面遷移表は、ゲームの状態や指し手を記録しておき、同じ局面を重複して探索するのを省いて高速化する目的で使われます。次のように局面遷移表クラスTTのオブジェクトを生成してください。

```
tt = TT()
```

それでは、AIによってゲームを解きましょう。id_solve()関数は、**反復深化**（iterative deepening）によってゲームを解く関数です。全探索してどのユーザーが勝つのかを決定します。「完璧な手を指せば先手必勝ですか？」「ユーザーが完璧に対応したらコンピュータは必ず負けますか？」といった質問に答えるようなものです。

id_solve()メソッドは、探索の深さを変えながら、ネガマックス法を繰り返し用いることで、さまざまな指し手の選択肢を調べていきます。ゲームの初期状態から始め、得点を見て誰かが勝つか決まるまで、探索を深めていきます。メソッドの第2引数に、探索の深さをリストで指定します。ここでは、range(2,20)で、2から19までの深さを試します。引数ttには、前述の局面遷移表を指定します。

```
result, depth, move = id_solve(LastCoinStanding,
    range(2, 20), win_score=100, tt=tt)
print(result, depth, move)
```

コンピュータ対人間のゲームを開始します。LastCoinStandingクラスに、プレイヤーのリストを渡してオブジェクトを生成し、play()メソッドを呼び出します。プレイヤーのリストとして、次の手を指す人工知能AI_Playerオブジェクトと、人間がキーボードから入力するHuman_Playerオブジェクトを渡します。

```
game = LastCoinStanding([AI_Player(tt), Human_Player()])
game.play()
```

以上のコードを実行すると、まずコンピュータが4枚取ってから、ユーザーに入力を求めてきます。取りたいコイン枚数を入力すると、またコンピュータが適当な枚数を取ります。このようにして、対戦相手のコンピュータに最後のコインを取らせて勝つことが目標です。対戦の様子を次に示します。太字がユーザーが入力した枚数です。

```
d:2, a:0, m:1
d:3, a:0, m:1
d:4, a:0, m:1
d:5, a:0, m:1
d:6, a:0, m:1
d:7, a:0, m:1
d:8, a:0, m:1
d:9, a:0, m:1
d:10, a:100, m:4
1 10 4
25 coins left in the pile

Move #1: player 1 plays 4 :
21 coins left in the pile

Player 2 what do you play ? 1

Move #2: player 2 plays 1 :
20 coins left in the pile

Move #3: player 1 plays 4 :
16 coins left in the pile
```

このまま続けていくと、次のようにゲームが終わります。

```
Move #8: player 2 plays 2 :
4 coins left in the pile

Move #9: player 1 plays 3 :
1 coins left in the pile

Player 2 what do you play ? 1

Move #10: player 2 plays 1 :
```

```
0 coins left in the pile
```

ここではユーザーが最後のコインを取ったので、コンピュータが勝ちです。

本節のコードは、coins.ipynbに格納されています[*1]。

9.8 三目並べ

三目並べ (Tic-Tac-Toe) は、おそらく最も有名なゲームのひとつです。本節では、コンピュータと人間が対戦する三目並べゲームを作ります。以下に紹介するのは、easyAI ライブラリのサンプルを少し改変したものです。

新たに Python 3 のタブを開き、次のように入力してください。

```
from easyAI import TwoPlayersGame, AI_Player, Negamax
from easyAI.Player import Human_Player
```

ゲームに必要なメソッドを格納したクラスを定義します。前節と同様に、初期化時にプレイヤー players と、先手プレイヤー nplayer を定義します。

```
class GameController(TwoPlayersGame):
    def __init__(self, players):
        self.players = players
        self.nplayer = 1
```

次に、本ゲーム独自の変数として、3×3の盤面を表すリスト board を定義します。board のマスの番号は、

```
1 2 3
4 5 6
7 8 9
```

とします。board 要素の値は、0が空であり、1が先手、2が後手の駒があることを表します。最初はすべて0とします。

```
        self.board = [0] * 9
```

次に指せる手をすべて列挙するメソッド possible_moves() を定義します。空であ

---

*1 訳注：コイン取りゲームは、一度に取れる枚数をnとすると、総数が (n+1)m+1 なら後手必勝、そうでなければ先手必勝です。この例では、(4+1)m+1=25 となる自然数mがないので、先手必勝になります。つまり、どうやってもコンピュータが勝ちます。

るマスの番号のリストを返します。

```python
def possible_moves(self):
    return [a + 1 for a, b in enumerate(self.board) if b == 0]
```

1手を指したあとに盤面を更新するメソッドmake_move()を定義します。

```python
def make_move(self, move):
    self.board[int(move) - 1] = self.nplayer
```

負け判定をするメソッドloss_condition()を定義します。相手の番号nopponentが縦横斜めに揃っているかどうかを調べます。

```python
def loss_condition(self):
    possible_combinations = [[1,2,3], [4,5,6], [7,8,9], [1,4,7],
                             [2,5,8], [3,6,9], [1,5,9], [3,5,7]]
    return any([all([(self.board[i-1] == self.nopponent)
                    for i in combination])
                for combination in possible_combinations])
```

ゲームの終了判定をするメソッドis_over()を定義します。指せるマスがなくなって引き分けになるか、誰かが負けるかで判定します。

```python
def is_over(self):
    return (self.possible_moves() == []) or self.loss_condition()
```

現在の盤面を表示するメソッドshow()を定義します。

```python
def show(self):
    print('\n'+'\n'.join([' '.join([['.', 'O', 'X'][self.board[3*j + i]]
                                    for i in range(3)]) for j in range(3)]))
```

loss_condition()で負けを判定し、負けなら-100を返すようにscoring()を定義します。

```python
def scoring(self):
    return -100 if self.loss_condition() else 0
```

以上でクラスが定義できました。ここではAIアルゴリズムとしてネガマックス法を使います。探索の深さとして7を指定します。

```python
algorithm = Negamax(7)
```

ゲームを開始します。ここでは、人間を先手のプレイヤー1としています。順序を入れ替えれば、コンピュータが先手になります。AI_Playerオブジェクトには、ネガマックス法のオブジェクトを渡します。

```
game = GameController([Human_Player(), AI_Player(algorithm)])
game.play()
```

コードを実行すると、コンピュータとの対戦が始まります。1〜9の数字でマスの座標を指定します。実行の様子を次に示します。太字はユーザーの入力を表します。

```
. . .
. . .
. . .

Player 1 what do you play ? 5

Move #1: player 1 plays 5 :

. . .
. O .
. . .

Move #2: player 2 plays 1 :

X . .
. O .
. . .

Player 1 what do you play ? 9

Move #3: player 1 plays 9 :

X . .
. O .
. . O
```

対戦を進めていくと、次のようにゲームが終わるでしょう。

```
X O X
. O .
. X O
```

```
Player 1 what do you play ? 4

Move #7: player 1 plays 4 :

X O X
O O .
. X O

Move #8: player 2 plays 6 :

X O X
O O X
. X O

Player 1 what do you play ? 7

Move #9: player 1 plays 7 :

X O X
O O X
O X O
```

ご覧のように、引き分けに終わります[*1]。

本節のコードは、tic_tac_toe.ipynbに格納されています。

9.9 『Connect Four』

　Milton Bradley社の販売する『Connect Four ™』は、2人で遊ぶ人気のあるゲームです。4目並べやFour Upといった名前でも知られています。このゲームでは、6行×7列のグリッドを用います。プレイヤーは交互にグリッドの中に円盤を垂直に落としていき、どこかに4個の並びを作ったほうが勝ちとするものです。以下は、easyAIライブラリの『Connect Four』を改変したものです。今回は、2つのボットを作って、コンピュータどうしの対戦とします。異なるアルゴリズムを使ってどちらが勝つのか調べてみましょう。

　新規にPython 3タブを開き、次のように入力してください。

```
import numpy as np
from easyAI import TwoPlayersGame, Human_Player, AI_Player, Negamax, SSS
```

[*1] 訳注：三目並べは、両者が最善手を指す限り引き分けになるゲームです。

前節と同様に、対戦に必要なメソッドを格納するクラスGameControllerを定義し、初期化メソッドで、必須属性のplayersとnplayerを設定します。

```
class GameController(TwoPlayersGame):
    def __init__(self, players):
        self.players = players
        self.nplayer = 1
```

6行7列のゲーム盤を、NumPyの行列で定義します。

```
        self.board = np.zeros((6,7), dtype=np.int)
```

なお、次のように盤面の行番号は下から0、列番号は左から0の順に並んでいるとします。

```
    0 1 2 3 4 5 6
  5 . . . . . . .
  4 . . . . . . .
  3 . . . . . . .
  2 . . . . . . .
  1 . . . . . . .
  0 . . . . . . .
```

次に、4個の並びを調べるための開始点と方向のリストを、pos_dirに定義します。開始点を[y,x]、調べる方向を[dy,dx]として、[[y,x], [dy,dx]]のリストになっています。後述のloss_condition()の中で使います。

```
        self.pos_dir = np.array(
            [[[i, 0], [0, 1]] for i in range(6)] +    #右方向
            [[[0, i], [1, 0]] for i in range(7)] +    #上方向
            [[[i, 0], [1, 1]] for i in range(1, 3)] + #右上方向
            [[[0, i], [1, 1]] for i in range(4)] +    #右上方向
            [[[i, 6], [1, -1]] for i in range(1, 3)] + #右下方向
            [[[0, i], [1, -1]] for i in range(3, 7)]) #右下方向
```

可能な手を列挙して返すメソッドpossible_moves()を定義します。各列のmin()を取ると空マスのある列は0が返ってくるので、その列番号のリストを求めています。

```
    def possible_moves(self):
        return [i for i in range(7) if (self.board[:, i].min() == 0)]
```

手を指したあとに盤面を変化させるメソッドmake_move()を定義します。self.

board[:, column] != 0は、column列を調べ、0ならFalse、それ以外ならTrue
とする配列を作ります。np.argmin()で最初にFalseとなる配列のインデックスを求
めます。そこが最も上の空マスの位置であり、円盤が落ちる場所です。

```python
def make_move(self, column):
    line = np.argmin(self.board[:, column] != 0)
    self.board[line, column] = self.nplayer
```

現在の状態を表示するメソッドshow()を定義します。

```python
def show(self):
    print('\n0 1 2 3 4 5 6')
    print(13 * '-')
    for j in range(5,-1,-1):
        print(' '.join(['.OX'[self.board[j][i]]
                        for i in range(7)]))
```

負け判定をするメソッドloss_condition()を定義します。前述のpos_dirに定
義された開始点と方向に従って、相手の駒nopponentの連続する数streakをカウン
トし、4になったらTrueを返します。

```python
def loss_condition(self):
    for pos, direction in self.pos_dir:
        streak = 0
        while (0 <= pos[0] <= 5) and (0 <= pos[1] <= 6):
            if self.board[pos[0], pos[1]] == self.nopponent:
                streak += 1
                if streak == 4:
                    return True
            else:
                streak = 0
            pos = pos + direction
    return False
```

ゲーム終了判定メソッドis_over()を定義します。board.min() > 0なら空マス
がなくなったので引き分け、もしくは、loss_condition()がTrueなら相手が勝っ
たので終了とします。

```python
def is_over(self):
    return (self.board.min() > 0) or self.loss_condition()
```

AIのために得点を返すメソッドscoring()を定義します。

```
def scoring(self):
    return -100 if self.loss_condition() else 0
```

以上でクラスの定義ができました。今回は、2つのアルゴリズムを対戦させます。先手はご存知ネガマックス法で、後手は**SSS***というアルゴリズムを使います。SSS*は、最良優先で探索木をたどることによって状態空間を探索するアルゴリズムです。どちらも、何手先まで読むかを表す探索の深さを引数として取ります。今回は、5を渡して両者を生成します。

```
algo_neg = Negamax(5)
algo_sss = SSS(5)
```

ゲームを生成して実行します。

```
game = GameController([AI_Player(algo_neg), AI_Player(algo_sss)])
game.play()
```

結果を表示します。

```
if game.loss_condition():
    print('\nPlayer', game.nopponent, 'wins. ')
else:
    print("\nIt's a draw.")
```

コードを実行すると、次のように表示されるでしょう。コンピュータどうしの対戦なので、ユーザーは入力せずに、ただ見るだけです。ネガマックス法が先手、SSS*法が後手です。

```
0 1 2 3 4 5 6
-------------
. . . . . . .
. . . . . . .
. . . . . . .
. . . . . . .
. . . . . . .
. . . . . . .

Move #1: player 1 plays 0 :
```

```
0 1 2 3 4 5 6
-------------
. . . . . . .
. . . . . . .
. . . . . . .
. . . . . . .
. . . . . . .
O . . . . . .
```

......

下の方までスクロールすると、決着がわかります。

```
O O O X O O .
```

Move #35: player 1 plays 6 :

```
0 1 2 3 4 5 6
-------------
X X O O X . .
O O X X O . .
X X O O X X .
O O X X O O .
X X O X X X .
O O O X O O O
```

Move #36: player 2 plays 6 :

```
0 1 2 3 4 5 6
-------------
X X O O X . .
O O X X O . .
X X O O X X .
O O X X O O .
X X O X X X X
O O O X O O O
```

Player 2 wins.

ご覧のように、後手のSSS*が勝ちました[*1]。

次のようにpossible_moves()の戻り値をランダムに並べ換えるようにすると、上記の例のように常に左端からではなく、ほかの場所に円盤を落とすようになり、対戦のバリエーションが広がります。

```
def possible_moves(self):
    return np.random.permutation([i for i in range(7)
        if (self.board[:, i].min() == 0)])
```

本節のコードは、connect_four.ipynbに格納されています。

9.10 『Hexapawn』

『Hexapawn』(ヘキサポーン)は、3×3のチェス盤で行う2人対戦ゲームです。3つずつのポーンを両端に置き、先に相手側の端に到達するか、相手の駒を動けなくしたほうが勝ちです。ポーンの動きは通常のチェスのルールとほぼ同じです。すなわち、前方のマスが空いていれば1マス進むことができます。また、斜め前方に敵の駒がいれば、そこに進んでその駒を取ることができます。ポーンは後ろに進むことはできません。通常のチェスのルールでは、初手は2マス前方に進めますが、『Hexapawn』では1マスだけとします。

本節のコードは、easyAIライブラリのサンプルを改変したものです。同じアルゴリズムで2つのボットを作って対戦させてみましょう。

新たにPython 3のタブを開いて、次のコードを入力してください。

```
from easyAI import TwoPlayersGame, AI_Player, Human_Player, Negamax
```

チェス盤のマスの座標は、次のようにabcと123の数字で表されるものとします。

```
  a b c
3 . . .
2 . . .
1 . . .
```

駒の座標を、表記'a2'からタプル(1,0)へ変換する関数を定義します。

[*1] 訳注:『Connect Four』は先手が真ん中の列(3番の列)から始めて最善手を指せば先手必勝であることがわかっています。また、先手が両端の2列ずつ(0、1、5、6番の列)から始めると後手が必勝、それ以外(2、4番の列)から始めると引き分けになります。

```python
def to_tuple(s):
    return (3 - int(s[1]), 'abc'.index(s[0]))
```

逆に、座標をタプルから表記に変換する関数も定義します。movesには移動前と移動後の座標がタプルで渡されるものとします。

```python
def to_string(moves):
    pre, post = moves
    return 'abc'[pre[1]] + str(3 - pre[0]) + ' ' + \
           'abc'[post[1]] + str(3 - post[0])
```

前節と同様に、ゲームに必要なメソッドを含むクラスを定義し、必須属性players、nplayerを初期化します。

```python
class GameController(TwoPlayersGame):
    def __init__(self, players):
        self.players = players
        self.nplayer = 1
```

各プレイヤーについて、進む方向directionと、ゴールの行goal_line、ポーンの座標pawnsを設定します。

```python
        players[0].direction = 1
        players[0].goal_line = 2
        players[0].pawns = [(0, 0), (0, 1), (0, 2)]
        players[1].direction = -1
        players[1].goal_line = 0
        players[1].pawns = [(2, 0), (2, 1), (2, 2)]
```

可能な指し手を列挙するメソッドpossible_moves()を定義します。前方に敵がいないか、斜め前方に敵がいる場合を見つけ、現在座標と移動後の座標表記のリストを返します。

```python
    def possible_moves(self):
        moves = []
        opponent_pawns = self.opponent.pawns
        d = self.player.direction

        for i, j in self.player.pawns:
            if (i + d, j) not in opponent_pawns:  # 前方に敵なし
                moves.append(((i, j), (i + d, j)))
            if (i + d, j + 1) in opponent_pawns:  # 斜め前に敵あり
```

```
                moves.append(((i, j), (i + d, j + 1)))
            if (i + d, j - 1) in opponent_pawns:  # 斜め前に敵あり
                moves.append(((i, j), (i + d, j - 1)))

    return list(map(to_string, [(pre, post) for pre, post in moves]))
```

手を指したあとにポーンの座標を更新するメソッド make_move() を定義します。movesにはポーンの移動前と移動後の座標表記を' 'で連結したものが渡されるので、これを分解してポーンの座標を置き換えます。また、敵のポーンの座標に重なる場合は、それを取ることを意味するので、敵のポーンから削除します。

```
    def make_move(self, moves):
        pre, post = tuple(map(to_tuple, moves.split(' ')))
        ind = self.player.pawns.index(pre)
        self.player.pawns[ind] = post

        if post in self.opponent.pawns:
            self.opponent.pawns.remove(post)
```

負け判定をします。相手のポーンのいずれかが goal_line に到達していたら負けとします。もしくは、自分のポーンが動けないときも負けです。

```
    def loss_condition(self):
        return any([i == self.opponent.goal_line
                    for i, _ in self.opponent.pawns]) \
            or self.possible_moves() == []
```

ゲーム終了判定をします。loss_condition() を使ってどちらかが負ければ終了とします。

```
    def is_over(self):
        return self.loss_condition()
```

現在の盤面を表示します。

```
    def grid(self, pos):
        if pos in self.players[0].pawns:
            return '1'
        elif pos in self.players[1].pawns:
            return '2'
        else:
            return '.'
```

```
    def show(self):
        print('  a b c')
        for i in range(3):
            print(3 - i,
                  ' '.join([self.grid((i,j)) for j in range(3)]))
```

得点を返すメソッドを定義します。

```
    def scoring(self):
        return -100 if self.loss_condition() else 0
```

これでクラスを定義できました。ネガマックス法を使い、12手先まで読むようにします。

```
algorithm = Negamax(12)
```

2つの AI_Player オブジェクトを作って対戦を開始します。

```
game = GameController([AI_Player(algorithm), AI_Player(algorithm)])
game.play()
print('Player', game.nopponent, 'wins after', game.nmove, 'turns')
```

これを実行すると、2つのAIプレイヤーの間で対戦が始まり、次のように表示されるでしょう。

```
  a b c
3 1 1 1
2 . . .
1 2 2 2

Move #1: player 1 plays a3 a2 :
  a b c
3 . 1 1
2 1 . .
1 2 2 2

Move #2: player 2 plays b1 a2 :
  a b c
3 . 1 1
2 2 . .
1 2 . 2
```

```
Move #3: player 1 plays b3 a2 :
  a b c
3 . . 1
2 1 . .
1 2 . 2

Move #4: player 2 plays c1 c2 :
  a b c
3 . . 1
2 1 . 2
1 2 . .
Player 2 wins after 5 turns
```

ご覧のように、先手が駒を動かせなくなったので、後手が勝ちました。

本節のコードは、hexapawn.ipynbに格納されています[*1]。

---

*1 訳注:『Hexapawn』は、最善手をとると後手必勝であることがわかっています。

10章
自然言語処理

本章では、自然言語処理に関する次の事柄について学びます。

- 関連パッケージのインストール
- テキストデータのトークン化
- ステミングによる単語の基本形変換
- レンマ化による単語の基本形変換
- テキストデータのチャンク分割
- BoWモデルを用いた文書の単語行列抽出
- カテゴリ推定器
- 名前からの性別判定
- 感情分析器
- LDAを用いたトピックモデル

10.1　自然言語処理の概説とパッケージのインストール

　近年のシステムにおいて、**自然言語処理**（natural language processing：NLP）が重要な働きをするようになってきました。検索エンジン、会話インタフェース、文書処理など、幅広く応用されています。コンピュータは構造化されたデータを扱うのは得意ですが、自由形式文を扱うのは苦手です。NLPの目標は、コンピュータが自由形式文を理解できるようにし、言語を理解するのに役立つアルゴリズムを開発することです。

　自由形式文を処理する上で最も困難なのは、バリエーションが非常に多いことです。文を理解する上で、文脈がとても重要な働きをします。一方、人間は何年もかけて訓

練されているので、このようなことが得意です。過去の経験を使うことによって、文脈を理解し他人が何を話しているのかがわかるのです。

この問題を解決するために、NLPの研究者は機械学習の方法を使ってさまざまな応用を開発してきました。そのような応用には、大規模なテキストのコーパス（集積）と、テキストのカテゴリ分けや、感情分析、トピックのモデル化などを実行する訓練アルゴリズムが必要です。このようなアルゴリズムは、入力テキストデータからパターンを抽出し、そこからインサイトを導き出すように訓練されます。

本章では、テキストを解析しNLPを応用する上でのさまざまな背景知識を説明します。知識を身につければ、テキストデータから意味のある情報を抽出できます。

本章では、**Natural Language Toolkit**（NLTK）というPythonパッケージを使います。まず、次のコマンドを入力してインストールしてください。

```
$ pip3 install nltk
```

NLTKの詳しい情報はhttp://www.nltk.orgを参照してください。

NLTKが提供するデータセットを使うには、事前にダウンロードしておく必要があります。端末を開いてPythonを起動してください。

```
$ python3
```

Pythonシェルに、次のように入力してください。

```
>>> import nltk
>>> nltk.download()
```

すると、NLTK Downloaderが起動します（**図10-1**）。ダウンロードするデータをここで選べます。[all]を選んで[Download]ボタンを押してください。完了するまで時間がかかります。

図 10-1

また、gensim というパッケージも使います。これはさまざまな応用が可能な、ロバストな意味論的モデル化をするライブラリです。次のコマンドを入力してインストールしてください。

pipの場合：
```
$ pip3 install gensim
```

Anacondaの場合：
```
$ conda install gensim
```

gensim の詳細については、https://radimrehurek.com/gensim を参照してください。

10.2　テキストデータのトークン化

テキストデータを扱う際には、単語や文などの小さな単位に分割して解析するようにします。分割された断片のことを**トークン**（token）と言い、分割処理のことを**トークン**

化（tokenization）と言います。テキストをトークンに分割する方法は、目的により異なります。それでは、NLTKを用いたトークン化を説明します。

Jupyter Notebookで新たにPython 3のタブを開き、次のコードを入力してパッケージをインポートしてください。

```python
from nltk.tokenize import sent_tokenize, word_tokenize, WordPunctTokenizer
```

トークン化する入力テキストを用意します。

```python
input_text = "Do you know how tokenization works? \
            It's actually quite interesting! \
            Let's analyze a couple of sentences and figure it out."
```

`sent_tokenize()`を用いて、入力テキストを文のトークンに分割します。

```python
print("Sentence tokenizer:")
print(sent_tokenize(input_text))
```

ここまでのコードを実行すると、次のように表示され、文に分割されていることがわかります。

```
Sentence tokenizer:
['Do you know how tokenization works?', "It's actually quite interesting!",
 "Let's analyze a couple of sentences and figure it out."]
```

次に、`word_tokenize()`を用いて単語のトークンに分割します。次のように入力してください。

```python
print("Word tokenizer:")
print(word_tokenize(input_text))
```

実行すると、次のように表示されるでしょう。単語に分割されていることがわかります。

```
Word tokenizer:
['Do', 'you', 'know', 'how', 'tokenization', 'works', '?', 'It', "'s",
 'actually', 'quite', 'interesting', '!', 'Let', "'s", 'analyze', 'a',
 'couple', 'of', 'sentences', 'and', 'figure', 'it', 'out', '.']
```

今度は、単語句読点トークン化（WordPunctTokenizer）を使って単語トークンに分割します。次のように入力してください。

```
print("Word punct tokenizer:")
print(WordPunctTokenizer().tokenize(input_text))
```

実行すると、次のように表示されるでしょう。

```
Word punct tokenizer:
['Do', 'you', 'know', 'how', 'tokenization', 'works', '?', 'It', '"', 's',
 'actually', 'quite', 'interesting', '!', 'Let', '"', 's', 'analyze', 'a',
 'couple', 'of', 'sentences', 'and', 'figure', 'it', 'out', '.']
```

先ほどのword_tokenize()と比べて、句読点や記号の扱いが異なります。「It's」は、word_tokenize()では「It」と「's」に分割されましたが、WordPunctTokenizerでは「It」と「'」と「s」に分割されます。

本節のコードは、tokenizer.ipynbに格納されています。

10.3　ステミングによる単語の基本形変換

自然言語解析は、バリエーションとの戦いです。同じ単語が異なる活用形になっていても、コンピュータは同じ基本形であることを理解できなければなりません。例えば「sing」という単語は、「sings」「sang」「sung」「singing」「singer」など、さまざまな活用形で現れます。人間なら、これらの単語を見れば同じ意味であることがわかり、基本形を識別して文脈を導き出すことができます。

そこで、テキストを解析する際には、単語の基本形を抽出しておくのが便利です。そうすることによって、入力テキストを解析するのに有用な統計値を得ることができます。**ステミング**（stemming）は、単語のさまざまな形式をひとつの共通形式に集約する処理です。基本的にヒューリスティックを用いて単語の末尾を切り取り基本形を抽出します。NLTKを用いてその方法を説明します。

新たにPython 3タブを開いて、次のコードを入力してください。

```
from nltk.stem.porter import PorterStemmer
from nltk.stem.lancaster import LancasterStemmer
from nltk.stem.snowball import SnowballStemmer
```

入力する単語を用意します。

```
input_words = ['writing', 'calves', 'be', 'branded', 'horse', 'randomize',
        'possibly', 'provision', 'hospital', 'kept', 'scratchy', 'code']
```

PorterStemmer、LancasterStemmer、SnowballStemmerという、3種類のステミング処理器を生成します。

```
porter = PorterStemmer()
lancaster = LancasterStemmer()
snowball = SnowballStemmer('english')
```

結果を表形式で表示します。まず、ステミング手法の名前で表見出しを出力します。

```
stemmer_names = ['INPUT WORD', 'PORTER', 'LANCASTER', 'SNOWBALL']
fmt = '{:>16}' * len(stemmer_names)
print(fmt.format(*stemmer_names))
print('=' * 68)
```

単語をひとつずつ各ステミング処理に渡します。

```
for word in input_words:
    output = [word, porter.stem(word), lancaster.stem(word),
              snowball.stem(word)]
    print(fmt.format(*output))
```

これを実行すると、次のように表示されるでしょう。

```
      INPUT WORD          PORTER       LANCASTER        SNOWBALL
====================================================================
         writing           write            writ           write
          calves            calv            calv            calv
              be              be              be              be
         branded           brand           brand           brand
           horse            hors            hors            hors
       randomize          random          random          random
        possibly         possibl            poss         possibl
       provision          provis          provid          provis
        hospital          hospit          hospit          hospit
            kept            kept            kept            kept
         scratchy        scratchi        scratchy        scratchi
            code            code             cod            code
```

3つのステミングについて少し説明します。いずれも基本的に同じ目標を達成しようとするものですが、基本形に変換するときの厳密さに違いがあります。

Porterは厳密さが最も低く、Lancasterが最も厳密です。上記の結果をよく見ると、違いがわかるでしょう。「possibly」や「provision」のような単語の結果が異なります。

Lancasterは単語を多く削るため、少しわかりにくくなっています。ただし、処理速度は高速です。速度と厳密さがちょうどよいバランスのSnowballを用いるのがコツです。

本節のコードは、stemmer.ipynbに格納されています。

10.4 レンマ化による単語の基本形変換

基本形に集約する別の方法として、**レンマ化**（lemmatization）というのもあります。前節のステミングでは、基本形が意味をなさないことがありました。例えば、3種類のステミングとも、「calves」の語幹を「calv」という存在しない単語に変換してしまいました。それに対し、レンマ化は、より構造的な方法でこの問題を解決します。

レンマ化の処理は、語彙辞書と形態素解析を用います。まず、「ing」や「ed」といった屈折語尾を除去します。こうして得られた基本形を、見出し語（レンマ）と言います。また、「calves」という単語をレンマ化すると、「calf」という結果が得られるでしょう。その単語が名詞なのか動詞なのかによって、出力が異なります。NLTKを用いて実験してみましょう。

新たにPython 3のタブを開いて、次のコードを入力してください。

```
from nltk.stem import WordNetLemmatizer
```

結果を比較するために、入力する単語は前節と同じものを使います。

```
input_words = ['writing', 'calves', 'be', 'branded', 'horse', 'randomize',
        'possibly', 'provision', 'hospital', 'kept', 'scratchy', 'code']
```

レンマ化オブジェクトを生成します。

```
lemmatizer = WordNetLemmatizer()
```

表見出しを表示します。

```
lemmatizer_names = ['INPUT WORD', 'NOUN LEMMATIZER', 'VERB LEMMATIZER']
fmt = '{:>24}' * len(lemmatizer_names)
print(fmt.format(*lemmatizer_names))
print('=' * 75)
```

単語をひとつずつ取り出して、名詞と動詞のレンマ化を実行します。lemmatize()の引数posを'n'にすると名詞、'v'にすると動詞を指定します。

```
for word in input_words:
    output = [word, lemmatizer.lemmatize(word, pos='n'),
              lemmatizer.lemmatize(word, pos='v')]
    print(fmt.format(*output))
```

これを実行すると、次のように表示されるでしょう。

```
     INPUT WORD       NOUN LEMMATIZER       VERB LEMMATIZER
======================================================================
        writing               writing                 write
         calves                  calf                 calve
             be                    be                    be
        branded               branded                 brand
          horse                 horse                 horse
      randomize             randomize             randomize
       possibly              possibly              possibly
      provision             provision             provision
       hospital              hospital              hospital
           kept                  kept                  keep
       scratchy              scratchy              scratchy
           code                  code                  code
```

「writing」や「calves」の結果を見ると、名詞と動詞のレンマ化の違いがわかります。さらに前節のステミングの結果と比べても違いがあることがわかります。ステミングの結果は意味をなさないことがありましたが、レンマ化の出力はすべて意味のある単語になっています。

本節のコードは、lemmatizer.ipynbに格納されています。

10.5　テキストデータのチャンク分割

大規模なテキストデータを詳しく解析するとき、断片に分割する必要がよくあります。この処理のことを**チャンク化** (chunking) と言います。テキストをチャンクに分割する条件は、取り組む問題によって異なります。同じくテキストを断片に分割するトークン化とも異なります。チャンク化の際は、制約条件に関係なく、チャンクが意味のあるものとしなければなりません。本節では、入力テキストを多数の断片に分割する方法を説明します。

新たにPython 3のタブを開いて、次のコードを入力してください。

入力テキストをチャンクに分割する関数を定義します。第1引数は入力テキストで、

10.5 テキストデータのチャンク分割

第2引数はチャンクあたりの単語数です。入力テキストをスペースで分割し、N個の単語ごとにまとめてリストにしています。

```
def chunker(input_data, N):
    input_words = input_data.split(' ')
    output = []
    while len(input_words) > N:
        output.append(' '.join(input_words[:N]))
        input_words = input_words[N:]
    output.append(' '.join(input_words))
    return output
```

これを chunker.ipynb という名前で保存し、[File]→[Close and Halt]で閉じます。新たに Python 3 のタブを開き、次のコードを入力してください。

まず、上で定義した chunker.ipynb を実行します。次に、Brown コーパスから 12,000 単語を取り出して入力テキストとします。この数は自由に変えてもかまいません。

```
%run chunker.ipynb
from nltk.corpus import brown

input_data = ' '.join(brown.words()[:12000])
```

チャンクあたりの単語数を定義します。

```
chunk_size = 700
```

入力テキストをチャンクに分割し、各チャンクの先頭50文字を表示します。

```
chunks = chunker(input_data, chunk_size)
print('Number of text chunks =', len(chunks), '\n')
for i, chunk in enumerate(chunks):
    print('Chunk', i+1, '==>', chunk[:50])
```

これを実行すると、次のように各チャンクの先頭50文字を表示します。

```
Number of text chunks = 18

Chunk 1 ==> The Fulton County Grand Jury said Friday an invest
Chunk 2 ==> '' . ( 2 ) Fulton legislators `` work with city of
Chunk 3 ==> . Construction bonds Meanwhile , it was learned th
Chunk 4 ==> , anonymous midnight phone calls and veiled threat
Chunk 5 ==> Harris , Bexar , Tarrant and El Paso would be $451
```

```
Chunk 6  ==> set it for public hearing on Feb. 22 . The proposa
Chunk 7  ==> College . He has served as a border patrolman and
Chunk 8  ==> of his staff were doing on the address involved co
Chunk 9  ==> plan alone would boost the base to $5,000 a year a
Chunk 10 ==> nursing homes In the area of `` community health s
Chunk 11 ==> of its Angola policy prove harsh , there has been
Chunk 12 ==> system which will prevent Laos from being used as
Chunk 13 ==> reform in recipient nations . In Laos , the admini
Chunk 14 ==> . He is not interested in being named a full-time
Chunk 15 ==> said , `` to obtain the views of the general publi
Chunk 16 ==> '' . Mr. Reama , far from really being retired , i
Chunk 17 ==> making enforcement of minor offenses more effectiv
Chunk 18 ==> to tell the people where he stands on the tax issu
```

本節のコードは、`text_chunker.ipynb`に格納されています。

10.6　BoWモデルを用いた文書の単語行列抽出

　機械学習では、データを分析して意味のある情報を抽出するために、数値データを必要とします。テキスト解析に機械学習を適用するには、テキストを数値的な形式に変換しなければなりません。文書を何百万の単語から構成されると考え、テキストを数値的なベクトル表現に変換します。

　そこで **BoW モデル**（bag-of-words model）を採用します。このモデルでは、文書の全単語から語彙を抽出して、その出現頻度から単語文書行列を構築します。これにより、各文書を単語の集合として扱うことができるわけです。文法的な詳細や単語の出現順序は切り捨て、単語の頻度だけを残します。

　単語文書行列とは、列を単語、行を文書とした行列で、各文書における単語の出現頻度を表したものです。これを用いると、ひとつの文書を、いくつかの単語の重みつき結合で表現できます。閾値を設定して、より意味のある単語だけを選別することも可能です。このように、文書に出現する単語の頻度分布を求めることで、文書を特徴ベクトルとして扱うことができるのです。特徴ベクトルはテキスト分類などに用います。

　例として次の3文を考えます。

- **文1**　The children are playing in the hall
- **文2**　The hall has a lot of space
- **文3**　Lots of children like playing in an open space

これら3文には、次の14個のユニークな単語が出現しています。

- the
- children
- are
- playing
- in
- hall
- has
- a
- lot
- of
- space
- like
- an
- open

それぞれの文について14個の単語の出現頻度を数えて頻度分布を求めます。すると、14次元の特徴ベクトルとすることができます。

- **文1** [2, 1, 1, 1, 1, 1, 0, 0, 0, 0, 0, 0, 0, 0]
- **文2** [1, 0, 0, 0, 0, 1, 1, 1, 1, 1, 1, 0, 0, 0]
- **文3** [0, 1, 0, 1, 1, 0, 0, 0, 1, 1, 1, 1, 1, 1]

このように特徴ベクトルを抽出できれば、機械学習アルゴリズムを用いて分析できるようになります。

それではBoWモデルの作り方を説明します。新たにPython 3タブを開いて、次のコードを入力してください。

```
%run chunker.ipynb
from sklearn.feature_extraction.text import CountVectorizer
from nltk.corpus import brown
```

brown.words()を用いてBrownコーパスからデータを入力します。ここでは先頭5,400単語を読み込むことにします。この数は自由に変更してかまいません。

```
input_data = ' '.join(brown.words()[:5400])
```

チャンクあたりの単語数を定義します。

```
chunk_size = 800
```

テキストをチャンクに分割します。

```
text_chunks = chunker(input_data, chunk_size)
```

単語数を数えて単語文書行列を抽出します。そのために、CountVectorizerオブジェクトに2つのパラメータを渡して生成します。min_dfとmax_dfは、単語が現れる文書の数や割合の最大値と最小値を指定します。特定の文書にしか現れない頻度の小さい単語や、ほとんどの文書に現れるありふれた単語は、クラスタリング用の特徴にならないので除外するほうが便利なことがあります。この例のように整数で文書数を指定してもよいし、0～1.0の浮動小数点数で文書の割合を指定することもできます。fit_transform()は文書群を与えて単語文書行列を返すメソッドです。

```
count_vectorizer = CountVectorizer(min_df=7, max_df=20)
document_term_matrix = count_vectorizer.fit_transform(text_chunks)
```

語彙を抽出して表示します。ここで語彙とは前の段階で抽出された重複のない単語のリストのことです。get_feature_names()というメソッドで取り出すことができます。

```
vocabulary = count_vectorizer.get_feature_names()
print("Vocabulary:\n", vocabulary)
```

ここまでを実行すると、次のように表示されるでしょう。

```
Vocabulary:
 ['and' 'are' 'be' 'by' 'county' 'for' 'in' 'is' 'it' 'of' 'on' 'one' 'said'
  'state' 'that' 'the' 'to' 'two' 'was' 'which' 'with']
```

単語文書行列を表示します。document_term_matrixを.toarray()によって配列に変換し、1行ずつ取り出します。

```
print("Document term matrix:")
fmt = '{:>8} '
for v in vocabulary:
    fmt += '{{:>{}}} '.format(len(v))
print(fmt.format('Document', *vocabulary))
for i, item in enumerate(document_term_matrix.toarray()):
    print(fmt.format('Chunk-' + str(i+1), *item.data))
```

以上を実行すると、次のように表示されるでしょう。

```
Document term matrix:
Document and are be by county for in is it of on one said state ...
 Chunk-1  23   2   6  3      6   7 15  2  8 31  4   1  12        3 ...
 Chunk-2   9   2   8  4      2  13 11  7  6 20  3   3   5        7 ...
 Chunk-3   9   1   7  4      7   4 15  3  8 20  5   1   7        2 ...
 Chunk-4  11   1   7  5      3  10 11  4  9 30 10   2   7        6 ...
 Chunk-5   9   2   6 14      1   7 13  5  3 29  6   2   4        3 ...
 Chunk-6  17   2   2  3      2   6 14  5  1 35  5   1   3        4 ...
 Chunk-7  10   1   1  6      2   4 17  2  2 26  2   1   7        1 ...
```

単語文書行列の全単語と各チャンクでの出現頻度が表示されているのがわかります。本節のコードは、bag_of_words.ipynbに格納されています。

10.7 カテゴリ推定器

　カテゴリ推定は、与えられたテキストがどのカテゴリに属するのかを推定することです。テキスト文書を分類してカテゴリ分けするときによく用います。検索エンジンでは、検索結果を関連度順に並べるために、この手法をよく使います。例えば、与えられた文が、スポーツ、政治、科学のどの分野に属するのかを推定することを考えます。そのために、データのコーパスを作ってアルゴリズムを学習します。学習したアルゴリズムは、未知のデータについても推定できます。

　このような推定器を作るために、**tf-idf**という**統計量**を用います。文書の集合においては、各単語の重要度を把握する必要があります。tf-idfは、文書集合の中で、ある単語がある文書に対して持つ重要度を示唆するものです。

　tf-idfの前半の**tf**とは、**単語頻度**（term frequency）のことで、ある文書における各単語の出現頻度です。文書が異なれば、単語の出現数も異なるので、単語の頻度分布も異なります。公平に比較するために、頻度分布を正規化します。そこで、単語の出現数を、その文書の全単語数で割ったものを単語頻度とします。

tf-idfの後半の**idf**とは、**逆文書頻度**（inverse document frequency）です。この指標は、文書集合の中で、ある単語がこの文書にとってどれだけユニークなのかを表します。単語の頻度で文書の特徴を表すと、すべての単語の重要度は等しいという仮定を置くことになります。しかし、「and」や「the」といった一般的な単語は出現頻度が高いので、頻度だけに頼るわけにはいきません。そこで、一般的な単語の重要度を減らし、稀な単語の重要度を高めることで、バランスをとります。こうすることで、各文書にユニークな単語を識別でき、識別力の高い特徴ベクトルを構築するのに役立ちます。

この統計値を計算するには、ある単語を含む文書数を求め、文書数で割ります。つまり、この比率は、ある単語を含む文書の割合です。逆文書頻度はこの比率の逆数であり、いろいろな文書に頻出する単語ほど重要度が低くなるという効果があります。

単語頻度と逆文書頻度を組み合わせ、文書をカテゴライズする特徴ベクトルを作ります。それでは、カテゴリ推定器を作ってみましょう。

新たにPython 3のタブを開いて、次のコードを入力してください。

```
from sklearn.datasets import fetch_20newsgroups
from sklearn.naive_bayes import MultinomialNB
from sklearn.feature_extraction.text import TfidfTransformer
from sklearn.feature_extraction.text import CountVectorizer
```

訓練用に用いるカテゴリを定義します。ここでは5つのカテゴリを用います。辞書のキーは、`scikit-learn`データセットにおける名前です。

```
category_map = {'talk.politics.misc': 'Politics',
                'rec.autos': 'Autos', 'rec.sport.hockey': 'Hockey',
                'sci.electronics': 'Electronics', 'sci.med': 'Medicine'}
```

`fetch_20newsgroups()`を用いて、訓練用データセットを取得します。

```
training_data = fetch_20newsgroups(subset='train',
    categories=category_map.keys(), shuffle=True, random_state=5)
```

`CountVectorizer`オブジェクトを用いて単語数を数えます。

```
count_vectorizer = CountVectorizer()
train_tc = count_vectorizer.fit_transform(training_data.data)
print("Dimensions of training data:", train_tc.shape)
```

ここまでを実行すると、次のように表示されるでしょう。初めて実行するときには、

データセットをダウンロードするため、少々時間がかかります。

```
Downloading 20news dataset. This may take a few minutes.
Downloading dataset from https://ndownloader.figshare.com/files/5975967 (14 MB)

Dimensions of training data: (2844, 40321)
```

tf-idf変換器を作成し、データを用いて訓練します。

```
tfidf = TfidfTransformer()
train_tfidf = tfidf.fit_transform(train_tc)
```

これで訓練データを特徴ベクトル化できたので、多項ベイズ分類器を訓練します。MultinomialNBオブジェクトを生成し、訓練データ train_tfidf と、ラベル training_data.target を用いて訓練します。

```
classifier = MultinomialNB().fit(train_tfidf, training_data.target)
```

これで分類器の準備ができました。それでは検証用の入力文を定義して検証してみましょう。

```
input_data = [
    'You need to be careful with cars when you are driving on slippery roads',
    'A lot of devices can be operated wirelessly',
    'Players need to be careful when they are close to goal posts',
    'Political debates help us understand the perspectives of both sides'
]
```

訓練用データと同様に、CountVectorizerで単語数を数えます。

```
input_tc = count_vectorizer.transform(input_data)
```

さらに、tf-idf変換器を使って特徴ベクトルに変換します。

```
input_tfidf = tfidf.transform(input_tc)
```

これで分類器に入力できるようになりました。カテゴリを推定してみましょう。

```
predictions = classifier.predict(input_tfidf)
```

出力されたカテゴリを、入力データとともに表示します。

```
for sent, category in zip(input_data, predictions):
    print('Input:', sent, '\nPredicted category:',
            category_map[training_data.target_names[category]])
```

これを実行すると、次のように表示されるでしょう。

>　Input: You need to be careful with cars when you are driving on slippery roads
>　　　すべりやすい道路で運転するときには車に注意する必要があります
>　Predicted category: Autos 　　自動車
>　Input: A lot of devices can be operated wirelessly
>　　　多くのデバイスが無線で操作可能です
>　Predicted category: Electronics エレクトロニクス
>　Input: Players need to be careful when they are close to goal posts
>　　　ゴールポストに近いときには、プレイヤーは注意する必要があります
>　Predicted category: Hockey 　　ホッケー
>　Input: Political debates help us understand the perspectives of both sides
>　　　政治的な討論は、両面の見方を理解するのに役立ちます
>　Predicted category: Politics 　　政治

推定されたカテゴリが正しいことが直感的にわかります。

本節のコードは、`category_predictor.ipynb`に格納されています。

10.8　名前からの性別判定

　名前からの性別判定は興味深い問題です。ここでは、特徴ベクトルを作るのにヒューリスティックを用いて分類器を訓練します。採用するヒューリスティックは、名前の末尾 N 文字を用いるというものです。例えば、「ia」で終わる名前は「Amelia」や「Genelia」のように女性っぽく感じ、「rk」で終わる名前は「Mark」や「Clark」のように男性っぽいと感じられます。正確に何文字使うのかわからないので、これをパラメータとして変動させながら、最も良い値を見つけることにしましょう。

　新たにPython 3のタブを開いて、次のコードを入力してください。

```
import random

from nltk import NaiveBayesClassifier
from nltk.classify import accuracy as nltk_accuracy
from nltk.corpus import names
```

　入力した単語から末尾の N 文字を抽出する関数を定義します。

```
def extract_features(word, N=2):
    last_n_letters = word[-N:]
    return {'feature': last_n_letters.lower()}
```

NLTKから、男性と女性の名前がラベル付けされた訓練データを取り出します。

```
male_list = [(name, 'male') for name in names.words('male.txt')]
female_list = [(name, 'female') for name in names.words('female.txt')]
data = (male_list + female_list)
```

データのうち訓練に用いる割合を80%として、訓練データの数を求めます。

```
num_train = int(0.8 * len(data))
```

乱数発生器のシード値を指定し、データをシャッフルします。

```
random.seed(5)
random.shuffle(data)
```

名前の末尾 N 文字を特徴ベクトルとして性別判定をします。このパラメータ N を変えながら、判定性能の変化を調べます。ここでは、N は1から5までの値とします。

```
for i in range(1, 6):
    print('\nNumber of end letters:', i)
    features = [(extract_features(n, i), gender) for (n, gender) in data]
```

データを訓練用と検証用に分けます。

```
    train_data, test_data = features[:num_train], features[num_train:]
```

単純ベイズ分類器NaiveBayesClassifierを生成し、訓練します。

```
    classifier = NaiveBayesClassifier.train(train_data)
```

NLTKの組み込み関数nltk_accurary()に検証用データを送って、正解率を評価します。

```
    accuracy = round(100 * nltk_accuracy(classifier, test_data), 2)
    print('Accuracy = ' + str(accuracy) + '%')
```

さらに、テスト用の名前を使って性別を推定してみます。

```
    input_names = ['Alexander', 'Danielle', 'David', 'Cheryl']
    for name in input_names:
        print(name, '==>', classifier.classify(extract_features(name, i)))
```

これを実行すると、次のように表示されます。

```
Number of end letters: 1
Accuracy = 74.7%
Alexander ==> male
Danielle ==> female
David ==> male
Cheryl ==> male

Number of end letters: 2
Accuracy = 78.79%
Alexander ==> male
Danielle ==> female
David ==> male
Cheryl ==> female

Number of end letters: 3
Accuracy = 77.22%
Alexander ==> male
Danielle ==> female
David ==> male
Cheryl ==> female

Number of end letters: 4
Accuracy = 69.98%
Alexander ==> male
Danielle ==> female
David ==> male
Cheryl ==> female

Number of end letters: 5
Accuracy = 64.63%
Alexander ==> male
Danielle ==> female
David ==> male
Cheryl ==> female
```

ご覧のように、2文字が最も正確であり、それより長くなると正解率が落ちていきます。

本節のコードは、gender_identifier.ipynbに格納されています。

10.9 感情分析器

感情分析は、与えられたテキストから感情を判定する処理です。例えば、映画のレビューがポジティブなのかネガティブなのかを判定するのに使われます。

解こうとしている問題に応じてカテゴリを追加することもできます。この手法は、ある商品やブランド、話題について人々がどのように感じるのかを判定するために、主に使われます。マーケティングのキャンペーンや、意見集約、ソーシャルメディア上の存在価値、ECサイトにおける商品レビューなどが実用例です。

それでは、映画のレビューを例にして感情分析の方法を説明します。

ここでは分類器として単純ベイズ分類器を用います。まずテキストからユニークな単語をすべて抽出します。NLTKの分類器にかけるには、単語を辞書の形式に変換する必要があります。データは訓練用と検証用のデータセットに分割し、レビューをポジティブ（好意的）かネガティブ（否定的）に分類できるように、単純ベイズ分類器を訓練します。さらに、レビューのポジティブ性とネガティブ性を特徴づける上位の単語を表示します。この情報を見ると、さまざまな反応を記述するのにどんな単語が使われているのかがわかって興味深いです。

それでは、新たにPython 3のタブを開いて、次のコードを入力してください。

```
from nltk.corpus import movie_reviews
from nltk.classify import NaiveBayesClassifier
from nltk.classify.util import accuracy as nltk_accuracy
```

特徴量として、入力された単語から辞書オブジェクトを生成して返す関数を定義します。

```
def extract_features(words):
    return dict([(word, True) for word in words])
```

NLTKの映画レビューコーパスmovie_reviewsから、ポジティブなものとネガティブなもののIDを抽出します。

```
fileids_pos = movie_reviews.fileids('pos')
fileids_neg = movie_reviews.fileids('neg')
```

それぞれから、レビューに含まれる単語を抽出し、特徴量化します。

```
features_pos = [(extract_features(movie_reviews.words(fileids=[f])),
                'Positive') for f in fileids_pos]
features_neg = [(extract_features(movie_reviews.words(fileids=[f])),
                'Negative') for f in fileids_neg]
```

データセットを訓練用と検証用に分けます。ここでは80%を訓練に用いることにし、ポジティブとネガティブのそれぞれの訓練データ件数を求めます。

```
threshold = 0.8
num_pos = int(threshold * len(features_pos))
num_neg = int(threshold * len(features_neg))
```

特徴量を訓練用と検証用に分割し、それぞれのデータ件数を表示します。

```
features_train = features_pos[:num_pos] + features_neg[:num_neg]
features_test = features_pos[num_pos:] + features_neg[num_neg:]
print('Number of training datapoints:', len(features_train))
print('Number of test datapoints:', len(features_test))
```

ここまでを実行すると、次のように表示されるでしょう。

```
Number of training datapoints: 1600
Number of test datapoints: 400
```

レビューを分類するために、単純ベイズ分類器NaiveBayesClassifierを用います。訓練用データを用いて分類器を訓練し、NLTKの組み込み関数nltk_accuracy()に検証用データを渡して正解率を計算します。

```
classifier = NaiveBayesClassifier.train(features_train)
print('Accuracy of the classifier:',
      nltk_accuracy(classifier, features_test))
```

これを実行すると次のように表示され、73.5%の正解率で学習できたことがわかります。

```
Accuracy of the classifier: 0.735
```

上位 $N(=15)$ 件の有益な単語を表示します。

```
N = 15
print('Top ' + str(N) + ' most informative words:')
```

```
for i, item in enumerate(classifier.most_informative_features()[:N]):
    print(str(i+1) + '. ' + item[0])
```

これを実行すると、次のように表示されます。outstanding（傑出した）といった印象を表す単語が上位にきていることがわかります。

```
Top 15 most informative words:
1. outstanding
2. insulting
3. vulnerable
4. ludicrous
5. uninvolving
6. astounding
7. avoids
8. fascination
9. symbol
10. affecting
11. animators
12. seagal
13. darker
14. anna
15. idiotic
```

それでは、いくつかサンプルのレビュー文を入力して確かめてみましょう。レビューを定義します。

```
input_reviews = [
    'The costumes in this movie were great',
    'I think the story was terrible and the characters were very weak',
    'People say that the director of the movie is amazing',
    'This is such an idiotic movie. I will not recommend it to anyone.'
]
```

分類器にレビュー文を順番に入力して感情分析してみます。

```
print("Movie review predictions:")
for review in input_reviews:
    print("\nReview:", review)
```

レビュー文を特徴量化し、ポジティブとネガティブに分類される確率を求め、確率の大きいほうを選びます。

```
features = extract_features(review.split())
probabilities = classifier.prob_classify(features)
predicted_sentiment = probabilities.max()
```

判定結果と確率を小数点以下第2位まで表示します。

```
print("Predicted sentiment:", predicted_sentiment)
print("Probability:", round(probabilities.prob(predicted_sentiment), 2))
```

以上のコードを実行すると、次のように表示されるでしょう。

```
Movie review predictions:

Review: The costumes in this movie were great
        この映画の衣装は素晴らしかった
Predicted sentiment: Positive
Probability: 0.59

Review: I think the story was terrible and the characters were very weak
        ストーリーがひどく、キャラクターがとても弱かったと思う
Predicted sentiment: Negative
Probability: 0.8

Review: People say that the director of the movie is amazing
        監督がすごいとみんなが言っている
Predicted sentiment: Positive
Probability: 0.6

Review: This is such an idiotic movie. I will not recommend it to anyone.
        なんともバカげた映画だ。誰にも勧められない。
Predicted sentiment: Negative
Probability: 0.87
```

判定結果が正しいことが直感的にわかります。

本節のコードは、`sentiment_analyzer.ipynb`に格納されています。

10.10　LDAを使ったトピックモデル

　トピックモデルとは、テキストデータの中からトピックに対応するパターンを識別する方法です。テキストに複数のトピックが含まれていれば、トピックモデルによって主題に分けて識別できます。ある文書集合の中にある、潜在的な主題構造を見いだすた

めに用います。

　トピックモデルは、文書を最適な方法で体系化して分析するのに役立ちます。トピックモデルのアルゴリズムにおいて特筆すべきなのは、ラベル付きのデータが不要であることです。データだけがあればパターンを見つけることのできる教師なし学習に似ています。インターネット上の膨大なテキストを要約するのに、ほかの方法に代えがたいほど、トピックモデルは有用なのです。

　LDA（latent dirichlet allocation：潜在的ディリクレ配分法）は、トピックモデルのひとつであり、テキストは複数のトピックの組み合わせであるという直感に基づく方法です。例えば「財務分析においてデータの可視化は重要な方法である」という文は、「データ」「可視化」「財務」といった複数のトピックが組み合わさっています。この組み合わせを用いると、膨大な文書の中でこのテキストを見つけるのに役立ちます。この考え方に基づいてモデル化した統計的なモデルがLDAです。このモデルにおいては、文書はトピックに基づくランダムな過程で生成されると仮定します。基本的に、**トピック**（topic）とは、一定の語彙の分布であるとします。

　それではPythonにおいてトピックモデルを使ってみましょう。

　本節では本章の最初の節でインストールしたgensimというパッケージを用います。それでは、新たにPython 3のタブを開いて、次のコードを入力してください。

```
from nltk.tokenize import RegexpTokenizer
from nltk.corpus import stopwords
from nltk.stem.snowball import SnowballStemmer
from gensim import models, corpora
```

　ファイルから入力データを読み込む関数load_data()を定義します。line.strip()によって行末の改行文字を削除します。

```
def load_data(input_file):
    data = []
    with open(input_file, 'r') as f:
        for line in f.readlines():
            data.append(line.strip())
    return data
```

　入力テキストを処理する関数process()を定義します。まず、RegexpTokenizerでトークン化します。単語はすべて小文字に正規化しておきます。

```
def process(input_text):
    tokenizer = RegexpTokenizer(r'\w+')
    tokens = tokenizer.tokenize(input_text.lower())
```

次に、トークンからtheやtoといった情報のないストップワードを除去します。

```
    stop_words = stopwords.words('english')
    tokens = [x for x in tokens if not x in stop_words]
```

SnowballStemmerでステミングして返します。

```
    stemmer = SnowballStemmer('english')
    tokens_stemmed = [stemmer.stem(x) for x in tokens]
    return tokens_stemmed
```

それでは、data.txtからデータを読み込んで分析してみましょう。

data.txtの内容は次のとおりです。数学と歴史の2つのトピックがあります。

> The Roman empire expanded very rapidly and it was the biggest empire in the world for a long time.
> ローマ帝国は急速に拡大し、長期間、世界最大の帝国であった。
> An algebraic structure is a set with one or more finitary operations defined on it that satisfies a list of axioms.
> 代数的構造とは、一連の公理を満たすように定義された1つ以上の有限演算の集合である。
> Renaissance started as a cultural movement in Italy in the Late Medieval period and later spread to the rest of Europe.
> ルネッサンスは中世後期にイタリアの文化活動として始まり、のちにヨーロッパのほかの地域に拡大した。
> The line of demarcation between prehistoric and historical times is crossed when people cease to live only in the present.
> 有史以前と以後との間の境界線は、人々が現在のみに生きることをやめるときに引かれている。
> Mathematicians seek out patterns and use them to formulate new conjectures.
> 数学者たちは、パターンを見つけ出し、新たな推測を定式化するのに用いる。
> A notational symbol that represents a number is called a numeral in mathematics.
> 数学において、数を表現する表記符号を数字という。
> The process of extracting the underlying essence of a mathematical concept is called abstraction.
> 数学的な概念の背後にある本質を抽出する処理を、抽象化という。
> Historically, people have frequently waged wars against each other in order to expand their empires.
> 歴史的には、人々は自分の帝国を拡大するために、しばしば戦争を行った。
> Ancient history indicates that various outside influences have helped

formulate the culture and traditions of Eastern Europe.
古代史によれば、東ヨーロッパの文化と伝統を形成するのに、さまざまな外部の影響が一役買った。
Mappings between sets which preserve structures are of special interest in
many fields of mathematics.
数学の多くの分野において、構造を保持した集合間の写像は特に興味深いものである。

前述の関数を用いて、data.txtを読み込んでトークン化します。

```
data = load_data('data.txt')
tokens = [process(x) for x in data]
```

次に、トークン化した文に基づいて辞書を作成し、単語文書行列を作ります。

```
dict_tokens = corpora.Dictionary(tokens)
doc_term_mat = [dict_tokens.doc2bow(token) for token in tokens]
```

LDAでは、トピック数を決めておく必要があります。ここでは歴史と数学の2つのトピックがあることがわかっているので、num_topicsを2としてLDAモデルを生成します。

```
num_topics = 2
ldamodel = models.ldamodel.LdaModel(doc_term_mat,
            num_topics=num_topics, id2word=dict_tokens, passes=25)
```

それでは、各トピックの上位5つの寄与単語を表示してみましょう。

```
num_words = 5
print('Top ' + str(num_words) + ' contributing words to each topic:')
for n,values in ldamodel.show_topics(num_topics=num_topics,
                                     num_words=num_words, formatted=False):
    print('\nTopic', n)
    for word,weight in values:
        print(word, '==>', str(round(float(weight) * 100, 2)) + '%')
```

以上のコードを実行すると、次のように表示されるでしょう。なお、LDAは内部で乱数が用いられているため、実行するたびに結果が若干変わります。

```
Top 5 contributing words to each topic:

Topic 0
"mathemat" ==> 3.7%
"europ" ==> 2.7%
"cultur" ==> 2.7%
```

```
"formul" ==> 2.7%
"call"   ==> 2.7%

Topic 1
"empir"  ==> 4.6%
"time"   ==> 3.3%
"histor" ==> 3.3%
"peopl"  ==> 3.3%
"expand" ==> 3.3%
```

結果を見ると、数学（mathemat、formul等）と歴史（empir、hitor等）の2つのトピックにうまく分割されていることがわかります。

本節のコードは、`topic_modeler.ipynb`に格納されています。

11章
連続データの確率的推論

本章では、連続データに関する次の事柄について学びます。

- Pandasを用いた時系列データ処理
- 時系列データのスライス法
- 時系列データの演算
- 時系列データから統計量を取得
- 隠れマルコフモデルを用いたデータ生成
- CRFを用いた文字の系列の識別
- 株式市場分析

11.1　連続データとは？

　機械学習では、画像やテキスト、映像、センサーの計測値といった、多くの種類のデータを扱います。データの種類が異なれば、そのモデル化手法も異なります。連続データは、順序が重要であるデータを表します。連続データの中で代表的なのが時系列データです。時系列データは、基本的に、センサーやマイク、株式市場などのデータ元から取得された、タイムスタンプ付きの値です。時系列データは、データ分析を効率化するためにモデル化する必要のある重要な性質を数多く備えています。

　時系列データにおける測定値は、一定の時間間隔で取得された規定のパラメータに対応します。このような測定値を時間軸上に配置するので、測定値の順序は非常に重要になるのです。この順序関係を使ってデータからパターンを抽出します。

　本章では、時系列データや一般的な順序データを記述するモデルの作り方を学びます。これらのモデルは、時系列変数の挙動を理解し、過去の挙動に基づいて未来を予

測するのに使います。

時系列データ解析は財務分析や、センサーデータの分析、音声認識、経済学、天気予報、製造業など広い分野で使われています。本章では、時系列データを扱うさまざまなシナリオにおいて問題解決法を説明します。

時系列データを処理するのに、Pandasというモジュールを使います。また、必要に応じてhmmlearnやpystructといった便利なパッケージも使います。あらかじめ以下のようにインストールしておいてください。

パッケージをインストールするには、端末から次のコマンドを実行します。

```
$ pip3 install pandas
$ pip3 install hmmlearn
$ pip3 install pystruct
$ pip3 install cvxopt
```

Anacondaの場合、pandasは最初からインストールされています。cvxoptはcondaコマンドでインストールできます。

```
$ conda install pandas cvxopt
```

Windows版のAnacondaでhmmlearnをインストールするときには、Visual C++がないというエラーになることがあります。その場合は、Visual Studio 2017 コミュニティー版をインストールしてください。

11.2　Pandasによる時系列データ処理

それでは、Pandasを使った時系列データの扱い方を説明します。本節では、数字の並びを時系列データに変換し可視化します。Pandasには、データにタイムスタンプを追加して編成し、効率よく扱う機能があります。

それではJupyter Notebookで新たにPython 3タブを開いて、次のコードを入力してください。

```
import numpy as np
import pandas as pd
```

例として扱う時系列データファイルdata_2D.txtは、次のようなCSV形式をしています。最初の列が年、次の列が月、それ以降がデータです。

```
1900,1,97.91,73.28
```

```
1900,2,86.8,63.82
1900,3,3.56,51.84
...
2016,11,79.14,56.2
2016,12,64.75,38.39
```

この入力ファイルからデータを読み込む関数を定義します。パラメータ index には、データの列番号を指定します。

```
def read_data(input_file, i):
```

まず年と月をPandasの日付形式に変換する内部関数を定義します。

```
    def to_date(x, y):
        return str(int(x)) + '-' + str(int(y))
```

入力ファイルからデータを読み込んだら、最初の行を使って開始日を取得し、関数 to_date() で変換します。

```
    input_data = np.loadtxt(input_file, delimiter=',')
    start = to_date(input_data[0, 0], input_data[0, 1])
```

Pandasの date_range() で指定する期間の終了点はデータ区間に含まれないので、入力データの最終行の次の月を求めます。

```
    if input_data[-1, 1] == 12:
        year = input_data[-1, 0] + 1
        month = 1
    else:
        year = input_data[-1, 0]
        month = input_data[-1, 1] + 1
    end = to_date(year, month)
```

Pandasの date_range() を使って、開始月と終了月を指定し、月の粒度として freq='M' を指定して、インデックスを生成します。

```
    date_indices = pd.date_range(start, end, freq='M')
```

このインデックスを指定してPandasのデータ系列 Series を生成すると、タイムスタンプを付与した時系列データになります。

```
    output = pd.Series(input_data[:, i], index=date_indices)
    return output
```

これでデータを読み込む関数read_data()を定義できたので、read_data.ipynbという名前で保存します。[File]→[Close and Halt]で終了してタブを閉じてください。

次に、データを読み込んでグラフ表示してみます。新たにPython 3のタブを開いて、次のコードを入力してください。

```
%matplotlib inline
import matplotlib.pyplot as plt
%run read_data.ipynb
```

ファイル名と、読み込むデータの列番号を定義します。列番号は0から始まるので、3列目の番号は2となることに注意してください。

```
input_file = 'data_2D.txt'
indices = [2, 3]
```

列を順番に読み込んでグラフに表示します。

```
for index in indices:
    timeseries = read_data(input_file, index)

    plt.figure()
    timeseries.plot()
    plt.title('Dimension ' + str(index - 1))

plt.show()
```

これを実行すると、**図11-1**と**図11-2**のような2つのグラフが表示されるでしょう。

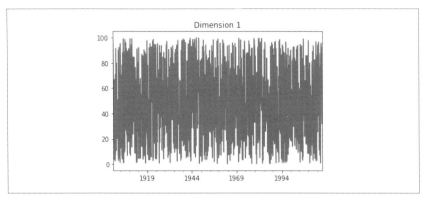

図11-1

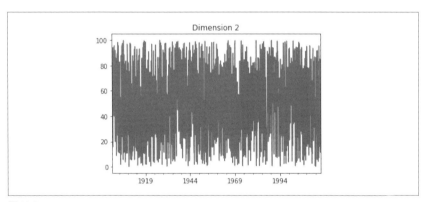

図11-2

本節のコードは、timeseries.ipynbに格納されています。

11.3 時系列データのスライス

　時系列の読み込み方がわかったので、次にこれをスライスしてみましょう。スライスとは、データから必要な部分区間を取り出す処理のことで、時系列データを扱うときにとても便利です。インデックスとして、タイムスタンプを使ってデータをスライスしてみます。

　新たにPython 3のタブを開いて、次のコードを入力してください。

```
%matplotlib inline
import matplotlib.pyplot as plt
%run read_data.ipynb
```

入力ファイルからデータの3列目を読み込みます。列番号は0から始まるのでindexは2になります。

```
index = 2
data = read_data('data_2D.txt', index)
```

区間を開始年'2003'と終了年'2011'で指定すると、2003年1月から2011年12月までのデータを表示します。

```
start = '2003'
end = '2011'
plt.figure()
data[start:end].plot()
plt.title('Input data from ' + start + ' to ' + end)
plt.show()
```

これを実行すると、**図11-3**のグラフが表示されるでしょう。

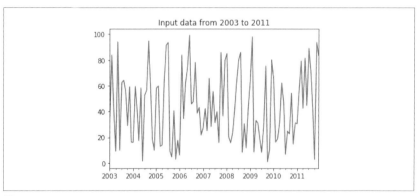

図11-3

次に、区間を開始年月'1998-2'と終了年月'2006-7'で指定すると、1998年2月から2006年7月までのグラフを表示します。

```
start = '1998-2'
end = '2006-7'
```

```
plt.figure()
data[start:end].plot()
plt.title('Input data from ' + start + ' to ' + end)
plt.show()
```

これを実行すると、**図11-4**のグラフが表示されます。

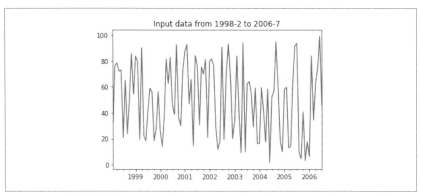

図11-4

なお、d[from:to]は、整数で指定するとd[to]は区間に含まれませんが、文字列で指定するとd[to]も含まれる点にご注意ください。

```
// 整数でスライスを指定：
d = pd.Series([0,1,2])
print(d[0:2])
```

実行結果：

```
0    0
1    1
dtype: int64
```

```
// 文字列でスライスを指定：
d = pd.Series([0,1,2], index=['foo','bar','zot'])
print(d['foo':'zot'])
```

実行結果：

```
foo    0
bar    1
zot    2
dtype: int64
```

本節のコードは、slicer.ipynbに格納されています。

11.4　時系列データの演算

　Pandasを使うと、時系列データのフィルタリングや加算などの演算を効率よく実行できます。条件を指定すれば、Pandasはデータをフィルタリングして部分集合を返します。2つの時系列変数を足し合わせることもできます。これにより、車輪の再発明をすることなく、素早くさまざまなアプリケーションを作ることができるのです。

　それでは、新たにPython 3のタブを開いて次のコードを入力してください。

```
%matplotlib inline
import matplotlib.pyplot as plt
import pandas as pd
%run read_data.ipynb
```

　入力ファイルから第3、4列を読み込みます。

```
input_file = 'data_2D.txt'
x1 = read_data(input_file, 2)
x2 = read_data(input_file, 3)
```

　2次元の名前を指定して、PandasのDataFrameオブジェクトを生成します。

```
data = pd.DataFrame({'dim1': x1, 'dim2': x2})
```

　開始年と終了年を指定して、データを表示してみます。

```
start = '1968'
end = '1975'
data[start:end].plot(style=['-', '--'])
plt.title('Data overlapped on top of each other')
plt.show()
```

　ここまでを実行すると、**図11-5**のような2つの系列の折れ線グラフが表示されるでしょう。

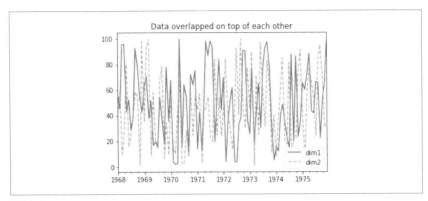

図11-5

それでは、条件を設定したデータをフィルタリングしてみましょう。ここでは、第1系列dim1は45未満、第2系列dim2は30を超える値を抽出することにします。

```
data[(data['dim1'] < 45) & (data['dim2'] > 30)][start:end].plot(
    style=['-', '--'])
plt.title('dim1 < 45 and dim2 > 30')
plt.show()
```

実行すると、**図11-6**のようにデータの一部が抽出されていることがわかります。

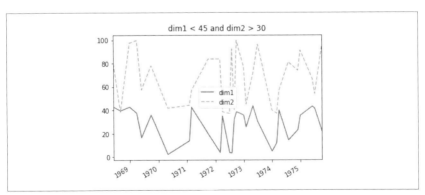

図11-6

2つの時系列を足し合わせることもできます。

```
sum = data[start:end]['dim1'] + data[start:end]['dim2']
sum.plot()
```

```
plt.title('Summation (dim1 + dim2)')
plt.show()
```

これを実行すると、2つの値の和の折れ線グラフが描画されます(**図11-7**)。

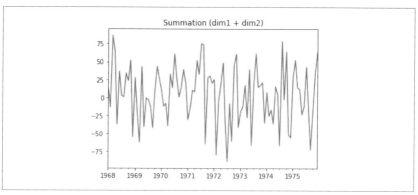

図11-7

本節のコードは、operator.ipynbに格納されています。

11.5　時系列データからの統計量抽出

　時系列データから意味のあるインサイトを抽出するためには、統計量を抽出する必要があります。統計量には、平均、分散、相関、最大値などがあります。これらの統計量は、事前に決めたデータの部分区間(ウィンドウ)をずらしながら計算することがあります。例えばウィンドウをずらしながら平均を求めたものは、移動平均と言います。統計量を時系列で可視化すると、興味深いパターンが見えてくることがあります。それでは、時系列データから統計量を抽出してみましょう。

　新たにPython 3のタブを開いて、次のコードを入力してください。

```
%matplotlib inline
import matplotlib.pyplot as plt
import pandas as pd
%run read_data.ipynb
```

　前節と同様に入力ファイルから第3、4列を読み込み、2次元のDataFrameを生成します。

```
input_file = 'data_2D.txt'
x1 = read_data(input_file, 2)
x2 = read_data(input_file, 3)
data = pd.DataFrame({'dim1': x1, 'dim2': x2})
```

max()とmin()を用いて、それぞれの系列の最大値と最小値を求めます。

```
print('Maximum values for each dimension:')
print(data.max())
print('\nMinimum values for each dimension:')
print(data.min())
```

これを実行すると、次のように表示されるでしょう。

```
Maximum values for each dimension:
dim1    99.98
dim2    99.97
dtype: float64

Minimum values for each dimension:
dim1    0.18
dim2    0.16
dtype: float64
```

次に、全体の平均と、行方向の平均を求めて先頭12行分を表示します。mean(axis=1)のaxis=1は、行方向、すなわち同じ日付のdim1列とdim2列の平均を求めることを指定します。

```
print('Overall mean:')
print(data.mean())
print('\nRow-wise mean:')
print(data.mean(axis=1)[:12])
```

これを実行すると、次のように表示されます。

```
Overall mean:
dim1    49.030541
dim2    50.983291
dtype: float64

Row-wise mean:
1900-01-31    85.595
1900-02-28    75.310
```

```
1900-03-31    27.700
1900-04-30    44.675
1900-05-31    31.295
1900-06-30    44.160
1900-07-31    67.415
1900-08-31    56.160
1900-09-30    51.495
1900-10-31    61.260
1900-11-30    30.925
1900-12-31    30.785
Freq: M, dtype: float64
```

次に、ウィンドウサイズを24とした移動平均を求めて表示しましょう。移動平均を求めるには、rolling()を用います。rolling(window=24).mean()とすると、data[0:24].mean()、data[1:25].mean()、data[2:26].mean()のように、24個分の平均をひとつずつずらしながら計算していきます。

```
start = '1968'
end = '1975'
data[start:end].plot(style=['-','--'])
plt.title('Original')
plt.show()
data[start:end].rolling(window=24).mean().plot(style=['-','--'])
plt.title('Rolling mean')
plt.show()
```

これを実行すると、**図11-8**のように表示されるでしょう。移動平均のほうはグラフが滑らかになり、大まかな増減の様子がわかります。また、デフォルトではウィンドウの最後のインデックスが平均値のインデックスとして用いられるので、データ24個分遅れます。rolling(center=True)を指定すれば、ウィンドウの中央のインデックスを用いるようになります。

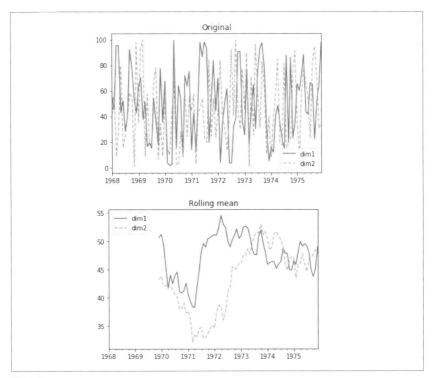

図11-8

次に、corr()を使って相関係数を求めてみましょう。

```
print('Correlation coefficients:')
print(data.corr())
```

これを実行すると次のように表示され、全体区間でのデータ系列1と系列2の相関係数が0.00627と、ほぼ無相関であることがわかります。

```
Correlation coefficients:
          dim1     dim2
dim1   1.00000  0.00627
dim2   0.00627  1.00000
```

次にウィンドウサイズを60として、スライドさせながら相関係数を求めます。

```
data['dim1'].rolling(window=60).corr(other=data['dim2']).plot()
plt.title('Rolling correlation')
```

```
plt.show()
```

これを実行すると**図11-9**のような折れ線グラフが表示されます。

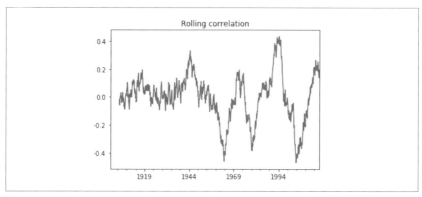

図11-9

相関係数は1.0であれば完全な相関がある（線形の対応がある）ことを表します。一方、0.0なら無相関である（独立である）ことを表します。全体を見ると無相関でしたが、移動相関係数を見ると弱い相関のある時期が存在することがわかります。

本節のコードは、`stats_extractor.ipynb`に格納されています。

11.6　隠れマルコフモデルを用いたデータ生成

隠れマルコフモデル（hidden markov model：HMM）は、強力な連続データ解析手法です。隠れ状態を持つマルコフ過程として系をモデル化します。

HMMを理解するために、ロンドンとバルセロナとニューヨークの3つの都市を回るセールスマンの例を考えてみましょう。セールスマンの仕事の関与とスケジュールを鑑みると、都市Xから都市Yに移動する確率$P(X \to Y)$は、次のようになります。

$P(ロンドン \to ロンドン) = 0.10$

$P(ロンドン \to バルセロナ) = 0.70$

$P(ロンドン \to ニューヨーク) = 0.20$

$P(バルセロナ \to バルセロナ) = 0.15$

$P(バルセロナ \to ロンドン) = 0.75$

$P(バルセロナ \to ニューヨーク) = 0.10$

$P(\text{ニューヨーク} \to \text{ニューヨーク}) = 0.05$

$P(\text{ニューヨーク} \to \text{ロンドン}) = 0.60$

$P(\text{ニューヨーク} \to \text{バルセロナ}) = 0.35$

以上の情報を、遷移表として表してみます。

	ロンドン	バルセロナ	ニューヨーク
ロンドン	0.10	0.70	0.20
バルセロナ	0.75	0.15	0.10
ニューヨーク	0.60	0.35	0.05

これで情報は整いましたので、問題文を立てることにします。セールスマンは、火曜日にロンドンを出発し、金曜日まで毎日移動します。金曜日にバルセロナにいる確率はいくつになりますか？ 上記の遷移表が役に立ちます。

出張スケジュールを考えるのに、マルコフ連鎖でモデル化しない手はありません。特定の日に特定の都市にいる確率を推定することが目的です。遷移行列を T とし、現在都市にいる確率を $X(i)$ とすると、

$$X(i+1) = X(i)T$$

のように、次の日に都市にいる確率を求めることができます。次の状態確率が直前の状態だけに依存するモデルを**マルコフモデル**と言います。

この例では、金曜日は火曜日の3日後なので、次のように $X(3)$ を求めることができます。

$$X(1) = X(0)T$$
$$X(2) = X(1)T$$
$$X(3) = X(2)T$$

すなわち、

$$X(3) = X(0)T^3$$

初期値 $X(0)$ を次のように表します。

$$X(0) = [1.0\ 0.0\ 0.0]$$

3日後の状態を求めるには、この初期値を用いて、行列の三乗を計算します。

```
import numpy as np

T = np.array([[0.10, 0.70, 0.20], [0.75, 0.15, 0.10], [0.60, 0.35, 0.05]])
X = np.array([1.0, 0.0, 0.0])
x = X.dot(T).dot(T).dot(T)
print(x)
```

これを実行すると、次のように表示されるでしょう。

```
[ 0.30925  0.53025  0.1605 ]
```

すなわち、3日後に各都市にいる確率は次のようになります。

$P(ロンドン) = 0.31$

$P(バルセロナ) = 0.53$

$P(ニューヨーク) = 0.16$

ご覧のように、バルセロナにいる確率が最も高いことがわかります。バルセロナはニューヨークよりもロンドンに近いので、地理上の感覚にも一致します。

以上はマルコフモデルの話です。隠れマルコフモデルは、このようなマルコフ過程に従う状態が背後にあると仮定し、その各状態からさらに確率的に生じる現象を観測して、背後にあるマルコフモデルを推定する手法です。

隠れマルコフモデルは、音声認識などの分野でよく用いられます。人間が言葉を音声として発話するとき、言葉⇒文字列⇒音素の遷移⇒音声信号のように変換されるものとします。音素の遷移をマルコフモデルに従うとし、その音素に対応して確率的に特定の音声信号が生じると仮定して、音声発話をモデル化します。音声認識は、このモデルを逆にたどり、音声信号を観測して、背後にある音素の遷移を推定します。音素の遷移からどんな言葉が発話されたのかがわかります。このように隠れマルコフモデルを用いることによって、音声認識を実現できます。

また、過去の現象から状態遷移を推定して、未来の状態を推定することもできます。次の例では、いくつの状態が仮定される波形から、未来の状態を推定します。

新たにPython 3のタブを開いて、次のコードを入力してください。

時系列データdata_1D.txtを読み込んで、3列目のデータを取り出します。

```
import numpy as np
%matplotlib inline
```

```
import matplotlib.pyplot as plt

data = np.loadtxt('data_1D.txt', delimiter=',')
X = np.column_stack([data[:, 2]])
```

これを表示してみます。

```
plt.plot(np.arange(X.shape[0]), X[:,0], c='black')
plt.title('Training data')
plt.show()
```

実行結果を**図11-10**に示します。

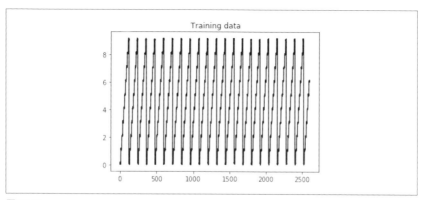

図11-10

データを見ると、0、1、2、...、9の10個の状態が想定されます。そこで、10個の状態と対角共分散を用いるガウシアンHMM (GausiannHMM) オブジェクトを生成します。

```
from hmmlearn.hmm import GaussianHMM

num_components = 10
hmm = GaussianHMM(n_components=num_components,
                  covariance_type='diag', n_iter=1000)
```

HMMを訓練します。

```
print('Training the Hidden Markov Model...')
hmm.fit(X)
```

HMMの各状態の平均と分散を表示します。

```python
print('Means and variances:')
for i in range(hmm.n_components):
    print('\nHidden state', i+1)
    print('Mean =', round(hmm.means_[i][0], 2))
    print('Variance =', round(np.diag(hmm.covars_[i])[0], 2))
```

ここまでを実行すると、次のように表示されるでしょう。内部で乱数を用いているため、実行により状態の順番が異なることがあります。

```
Means and variances:

Hidden state 1
Mean = 9.1
Variance = 0.0

Hidden state 2
Mean = 2.1
Variance = 0.0

Hidden state 3
Mean = 7.09
Variance = 0.0

…中略…

Hidden state 9
Mean = 6.1
Variance = 0.0

Hidden state 10
Mean = 3.1
Variance = 0.0
```

各状態の分散(Variance)が0なので、平均値(Mean)の精度が良いことがわかります。次に、学習したモデルを用いて、1,200個の標本値を生成して表示してみましょう。

```
num_samples = 1200
generated_data, _ = hmm.sample(num_samples)
plt.plot(np.arange(num_samples), generated_data[:, 0], c='black')
plt.title('Generated data')
plt.show()
```

これを実行すると、**図11-11**のように元の時系列データに似た結果になったことがわ

かります。生成には乱数を用いているので、実行のたびに生成結果が変わることがあります。

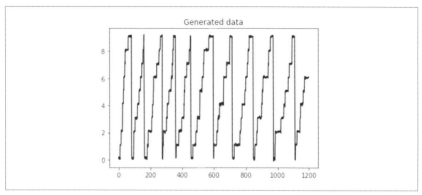

図11-11

本節のコードは、hmm.ipynbに格納されています。

11.7　CRFを用いたアルファベット列の識別

条件付き確率場（conditional random field：CRF）は、構造化されたデータを分析するのによく使われる確率的モデルです。連続データを分割してラベル付けするのに使います。CRFの特筆すべき点は、識別モデルであることです。一方、HMMは生成的モデルでした。

ラベルの付いた系列データについて、条件付き確率分布を定義できます。この考え方でCRFモデルを構築します。一方、HMMでは観測された系列とラベルに対して結合分布を定義する必要がありました。

CRFの主な利点は、本来的に条件付きである、ということです。つまり、観測された出力が互いに独立であるとは仮定しません。一方、HMMでは、ある時点の出力は直前の出力にのみ依存し、その他の出力とは統計的に独立であると仮定します。HMMでは、推論処理を頑健にするためにこの仮定が必要なのですが、常にこの仮定が成り立つとは限りません。実世界のデータは、時間的な依存関係でいっぱいだからです。

自然言語処理や音声認識、バイオテクノロジーなど、さまざまな応用分野において、CRFはHMMよりも優れています。本節では、CRFを使ってアルファベット列を分析する方法を説明します。アルファベット列として、pystructパッケージに含まれている

サンプルデータを用います。このデータはOCR（光学的文字認識）の特徴ベクトルと正解ラベルが格納されたものです。

それでは、新たにPython 3のタブを開いて、次のコードを入力してください。

```python
import string
import numpy as np
from pystruct.datasets import load_letters
from pystruct.models import ChainCRF
from pystruct.learners import FrankWolfeSSVM
```

まず、CRFモデルを構築するすべての機能を扱うクラスCRFModelを定義します。ここでは、FrankWolfeSSVMによる連鎖CRFモデルを使います。

CRFの学習では、入力パラメータとしてCパラメータを渡します。Cパラメータは、分類ミスに対してどれくらいペナルティーを与えるかを制御します。Cの値を大きくすると、訓練中の分類ミスに大きなペナルティーを与えますが、過剰適合（過学習）しやすくなります。逆にCの値を小さくすると、モデルの汎化性能が上がります。

```python
class CRFModel(object):
    def __init__(self, c_val=1.0):
        self.clf = FrankWolfeSSVM(model=ChainCRF(),
                                  C=c_val, max_iter=50)
```

訓練用データを読み込むメソッドを定義します。Xは特徴ベクトル、yは正解ラベル、foldsは10個のフォルダ分けを表しています。

```python
    def load_data(self):
        alphabets = load_letters()
        X = np.array(alphabets['data'])
        y = np.array(alphabets['labels'])
        folds = alphabets['folds']
        return X, y, folds
```

CRFモデルを訓練するメソッドを定義します。

```python
    def train(self, X_train, y_train):
        self.clf.fit(X_train, y_train)
```

CRFモデルの正解率を評価するメソッドを定義します。

```python
    def evaluate(self, X_test, y_test):
```

```
        return self.clf.score(X_test, y_test)
```

学習したCRFモデルを使い、未知の値を入力して推論するメソッドを定義します。

```
    def classify(self, input_data):
        return self.clf.predict(input_data)[0]
```

以上でクラスが定義できました。次に、インデックスのリストから部分文字列を抽出する関数を定義します。

```
def convert_to_letters(indices):
    # 全アルファベットのnumpy配列を作る
    alphabets = np.array(list(string.ascii_lowercase))

    # 入力インデックスに対応した文字を抽出する
    output = np.take(alphabets, indices)
    output = ''.join(output)

    return output
```

それでは以上のクラスと関数を用いて処理していきましょう。

CRFModelオブジェクトを生成します。Cパラメータとして1.0を指定します。

```
crf = CRFModel(1.0)
```

入力データを読み込んで、訓練用と検証用に分けます。

訓練用はフォルダ番号が1のデータ、検証用はフォルダ番号が1以外のデータを用います。

```
X, y, folds = crf.load_data()
X_train, X_test = X[folds == 1], X[folds != 1]
y_train, y_test = y[folds == 1], y[folds != 1]
```

CRFモデルを訓練し、正解率を評価して表示します。

```
print('Training the CRF model...')
crf.train(X_train, y_train)

score = crf.evaluate(X_test, y_test)
print('Accuracy score =', str(round(score*100, 2)) + '%')
```

ここまでを実行すると、次のように表示されます。内部で乱数を用いているため、実

行するたびに正解率の値は異なります。

```
Training the CRF model...
Accuracy score = 77.97%
```

次に、検証用データを用いて推論し表示します。

```
indices = range(3000, len(y_test), 200)
for index in indices:
    print("\nOriginal =", convert_to_letters(y_test[index]))
    predicted = crf.classify([X_test[index]])
    print("Predicted =", convert_to_letters(predicted))
```

以上のコードを実行すると、次のように表示されるでしょう。Originalが正解で、Predictedが特徴ベクトルからCRFで推論した結果です。

```
Original  = rojections
Predicted = rojectiong

Original  = uff
Predicted = ufr

Original  = kiing
Predicted = kiing

Original  = ecompress
Predicted = ecomertig

Original  = uzz
Predicted = vex

Original  = poiling
Predicted = aniting

Original  = uizzically
Predicted = uzzzically

Original  = omparatively
Predicted = omparatively

Original  = abulously
Predicted = abuloualy
```

```
Original  = ormalization
Predicted = ormalisation

Original  = ake
Predicted = aka

Original  = afeteria
Predicted = ateteria

Original  = obble
Predicted = obble

Original  = hadow
Predicted = habow

Original  = ndustrialized
Predicted = ndusqrialyled

Original  = ympathetically
Predicted = ympnshetically
```

本節のコードは、crf.ipynbに格納されています。

11.8　株式市場分析

本節では、隠れマルコフモデルを用いて株式市場を分析します。データにタイムスタンプが付けられている事例です。このデータは、さまざまな会社の株価を何年間も集めたものです。隠れマルコフモデルは時系列データを解析し、背後にある構造を抽出する生成的モデルです。このモデルを用いて株価の変化を分析して、出力を生成してみます。

それでは、新たにPython 3のタブを開いて、次のコードを入力してください。

```
import datetime
import numpy as np
import matplotlib.pyplot as plt
from hmmlearn.hmm import GaussianHMM
import pandas as pd
import pandas_datareader.data as pdd
```

QUANDL_API_KEYには、「4章 教師なし学習を用いたパターン検出」で説明した

QuandlのAPI KEYを設定します。

また、1970年9月4日から2016年5月17日までの過去の株価を読み込みます。この期間を変えてもかまいません。

```
QUANDL_API_KEY = 'xxxxxxxxxxxxxxxxxxxx'

start = datetime.date(1970, 9, 4)
end = datetime.date(2016, 5, 17)
stock_quotes = pdd.DataReader('WIKI/INTC', 'quandl', start, end,
                              access_key=QUANDL_API_KEY)
```

その日の終値closing_quotesと出来高volumesを抽出します。

```
closing_quotes = np.array(stock_quotes['Close'])
volumes = np.array(stock_quotes['Volume'])[1:]
```

前日終値との差を求め、最終日の終値に対する差の割合(%)を求めます。

```
diff_percentages = 100.0 * np.diff(closing_quotes) / closing_quotes[:-1]
```

2つのデータ列を重ねて、訓練用データとします。

```
training_data = np.column_stack([diff_percentages, volumes])
```

7つの状態と対角共分散を持つガウシアンHMMを生成して訓練します。

```
hmm = GaussianHMM(n_components=7, covariance_type='diag', n_iter=1000)
hmm.fit(training_data)
```

訓練したHMMモデルを使って300サンプル生成します。サンプルの数は任意です。

```
num_samples = 300
samples, _ = hmm.sample(num_samples)
```

差の割合について生成した値をグラフ表示します。

```
plt.figure()
plt.title('Difference percentages')
plt.plot(np.arange(num_samples), samples[:, 0], c='black')
plt.show()
```

ここまでを実行すると、**図11-12**のように表示されるでしょう。なお、乱数を使って

いるため実行のたびに結果が異なります。

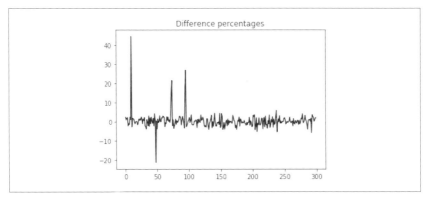

図11-12

次に、出来高について生成した値もグラフ表示します。

```
plt.figure()
plt.title('Volume of shares')
plt.plot(np.arange(num_samples), samples[:, 1], c='black')
plt.ylim(ymin=0)
plt.show()
```

これを実行すると**図11-13**のグラフが表示されます。

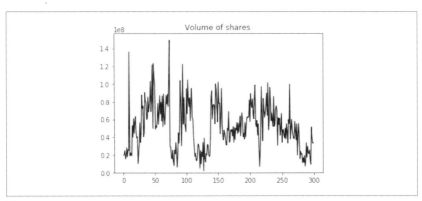

図11-13

本節のコードは、`stock_market.ipynb`に格納されています。

12章
音声認識

本章では、音声認識について学びます。まず、音声信号の扱い方と、さまざまな音声信号の可視化方法を説明します。音声信号の処理方法を活用して、音声認識システムを作ります。

本章では次の事柄について学びます。

- 音声信号の扱い方
- 音声信号の可視化
- 音声信号の周波数領域への変換
- 音声信号の生成
- 音色の合成
- 音声特徴量の抽出
- 発話の認識

12.1　音声信号の扱い方

　音声認識は、人間の発話を理解する処理です。マイクで音声信号を拾い、そこから言葉を認識します。音声認識は、スマートフォンの操作、音声の書き起こし、生体認証、セキュリティなど、人間と機械のインタラクションにおいて幅広く利用されています。

　音声信号を解析する前に、その性質を理解しておくことが重要です。音声信号はさまざまな信号が複雑に組み合わさっています。その複雑さには、感情やアクセント、言語、ノイズなどの、音声に関するさまざまな側面が絡んでいます。

　そのため、音声信号を解析する法則を頑健に定義するのは困難です。人間なら、音声がどんなに多様でも、難なく理解できます。しかし、同じことを機械にやらせるには、

人間のまねをするように助けてあげる必要があります。

　研究者は、発話理解、話者識別、感情認識、アクセント識別など、音声に関するさまざまな側面と応用について取り組んでいます。音声認識は、人間とコンピュータのインタラクションの分野で重要な一歩を表しています。人間とやりとりのできる知的なロボットは、自然言語で会話できなければなりません。これが近年多くの研究者が音声認識に注目する理由なのです。それでは、音声信号の扱い方から始めて、音声認識システムを作っていきましょう。

12.2　音声信号の可視化

　まず音声信号の可視化方法を説明します。ここでは音声信号をファイルから読み込んで処理する方法を学びます。可視化は音声信号の構造を理解するのに役立ちます。

　マイクを使って音声ファイルを録音するとき、実際の音声信号をサンプリングしてデジタル化したものを記録しています。実際の音声信号は連続的な波形なので、そのままでは保存できません。ある一定の周波数で信号をサンプリングし、離散的な数値の形式に変換する必要があります。

　音声信号は44,100Hz（ヘルツ）でサンプリングされることが多いです。つまり、1秒間の音声信号が44,100分割され、各時点での値が出力ファイルに記録されるのです。1/44,000秒ごとに音声信号の値を記録しているともいえます。このとき、音声信号のサンプリング周波数は44,100Hzであると言います。サンプリング周波数を高くすると、音声信号は人間が聞くときのように連続的になります。

　それでは、音声信号を可視化してみます。新たにPython 3のタブを開いて、次のコードを入力してください。

```
import numpy as np
import matplotlib.pyplot as plt
from scipy.io import wavfile
%matplotlib inline
```

　音声ファイルはwavfile.read()関数を使って読み込みます。この関数は、サンプリング周波数と音声信号データを返します。

```
sampling_freq, signal = wavfile.read('random_sound.wav')
```

　信号データはNumPyの配列型です。サイズやデータ型、長さを表示します。

```
print('Signal shape:', signal.shape)
print('Datatype:', signal.dtype)
print('Signal duration:', round(signal.shape[0] / float(sampling_freq), 2),
      'seconds')
```

ここまでを実行してみます。

```
Signal shape: (132300,)
Datatype: int16
Signal duration: 3.0 seconds
```

16ビットの値で全部で132,300サンプルあり、44,100Hzでは3秒の長さになることがわかります。

次にグラフ表示してみます。まず、値域の最大値の2^{15}で割って、信号を$-1.0 \sim 1.0$に正規化します。

```
signal = signal / (2 ** 15)
```

グラフ描画用に先頭の size=50 個の値を取り出します。

```
size = 50
signal = signal[:size]
```

グラフ描画用にミリ秒単位の時間軸を作成します。NumPyのlinspace(a, b, c)は、aからbまでの区間をc等分にしたリストを生成します。

```
time_axis = np.linspace(0, 1000 * size / sampling_freq, size)
```

音声信号をグラフ表示します。

```
plt.plot(time_axis, signal, color='black')
plt.xlabel('Time (milliseconds)')
plt.ylabel('Amplitude')
plt.title('Input audio signal')
plt.show()
```

これを実行すると、**図12-1**のように、先頭50サンプルのグラフが表示されます。

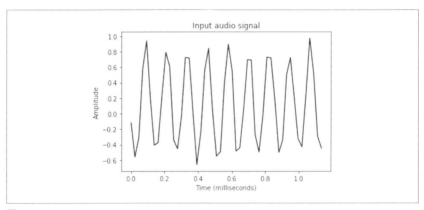

図12-1

本節のコードは、audio_plotter.ipynbに格納されています。

12.3　音声信号の周波数領域変換

　音声信号を解析し有用な情報を抽出するには、背後にある周波数要素を理解する必要があります。音声信号は、さまざまな周波数と位相と振幅を持つ正弦波が混合して構成されています。

　周波数要素を詳細に解析すれば、いろいろな特徴を識別できます。どんな音声信号でも、周波数スペクトルの分布として特徴づけることができます。時間領域の信号を周波数領域に変換するためには、**フーリエ変換**（fourier transform）などの数学的な道具を使います。フーリエ変換について素早く復習するには、http://www.thefouriertransform.comを参照してください。

　それでは、音声信号を時間領域から周波数領域に変換する方法を説明します。

　新たにPython 3のタブを開いて、次のコードを入力してください。前節と同様に、wavfile.read()関数を用いて音声ファイルを読み込み、最大値域で正規化します。

```
import numpy as np
import matplotlib.pyplot as plt
from scipy.io import wavfile
%matplotlib inline

sampling_freq, signal = wavfile.read('spoken_word.wav')
signal = signal / (2 ** 15)
```

信号の長さ len_signal と半分の長さ len_half を求めます。

```
len_signal = len(signal)
len_half = (len_signal + 1) // 2
```

NumPyの関数 fft() を使ってフーリエ変換します。

```
freq_signal = np.fft.fft(signal)
```

周波数領域の信号は複素数の配列なので np.abs() を用いて振幅を求めます。

```
freq_signal = np.abs(freq_signal[0:len_half]) / len_half
```

信号パワーを dB 単位に変換します。

```
signal_power = 20 * np.log10(freq_signal)
```

グラフのX軸を kHz 単位の尺度で構成します。値域はサンプリング周波数の半分までとなります。

```
x_axis = np.linspace(0, sampling_freq / 2 / 1000.0, len(signal_power))
```

グラフを描画します。

```
plt.figure()
plt.plot(x_axis, signal_power, color='black')
plt.xlabel('Frequency (kHz)')
plt.ylabel('Signal power (dB)')
plt.show()
```

これを実行すると、**図12-2**のようなグラフが表示されるでしょう。周波数スペクトラムとして信号パワーが表示されていることがわかります。

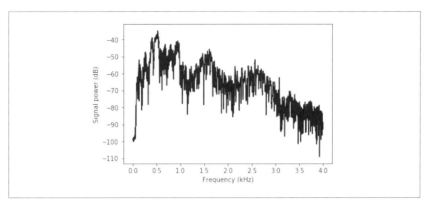

図12-2

周波数は対数目盛にすると見やすくなります。plot.xscale('log')のように指定するとX軸が対数目盛になります。

```
plt.figure()
plt.xscale('log')
plt.plot(x_axis, signal_power, color='black')
plt.xlabel('Frequency (kHz)')
plt.ylabel('Signal power (dB)')
plt.show()
```

これを実行すると、**図12-3**のようなグラフが表示されるでしょう。

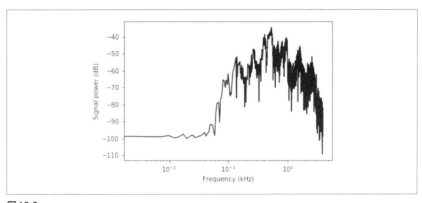

図12-3

本節のコードは、frequency_transformer.ipynbに格納されています。

12.4 音声信号の生成

　音声信号を分析できたので、今度は NumPy パッケージを用いて音声信号を生成してみましょう。音声信号は正弦波の重ね合わせであることを利用して、事前に定義したパラメータに基づいて音声信号を生成します。

　新たに Python 3 のタブを開いて次のコードを入力してください。

```
import numpy as np
import matplotlib.pyplot as plt
from scipy.io.wavfile import write
%matplotlib inline
```

　音声信号の長さ、サンプリング周波数、生成する音階の周波数を指定します。

```
duration = 4              # 秒
sampling_freq = 44100     # Hz
tone_freq = 784           # Hz
```

　以上のパラメータを使って、音声信号を生成します。

```
t = np.linspace(0, duration, duration * sampling_freq)
signal = np.sin(2 * np.pi * tone_freq * t)
```

　信号にノイズを加えます。

```
noise = 0.5 * np.random.rand(duration * sampling_freq)
signal += noise
```

　信号を最大値で割って正規化し、16 ビットの値域にぴったり収まるように変換します。

```
scaling_factor = 2 ** 15 - 1
signal_normalized = signal / np.max(np.abs(signal))
signal_scaled = np.int16(signal_normalized * scaling_factor)
```

　生成した音声信号をファイルに出力します。

```
output_file = 'generated_audio.wav'
write(output_file, sampling_freq, signal_scaled)
```

　ここまでを実行すると、generated_audo.wav というファイルが書き出されます。

適当な音楽プレーヤーで再生すると、764Hz（高いソ）の音にノイズの混じった音声であることがわかります。

次に、先頭の200個の値を取り出して波形を表示します。

```
size = 200
signal = signal[:size]
```

ミリ秒単位の時間軸を作ります。

```
time_axis = np.linspace(0, 1000 * size / sampling_freq, size)
```

音声信号を描画します。

```
plt.plot(time_axis, signal, color='black')
plt.xlabel('Time (milliseconds)')
plt.ylabel('Amplitude')
plt.title('Generated audio signal')
plt.show()
```

以上のコードを実行すると、**図12-4**のようなグラフが表示されます。

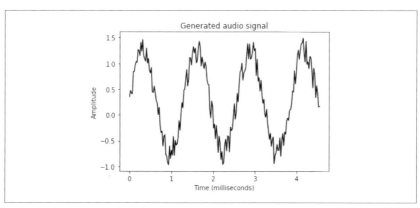

図12-4

本節のコードは、audio_generator.ipynbに格納されています。

12.5　音楽生成のための音階合成

前節では単音を生成する方法を説明しましたが、ひとつの周波数の音が続くだけでは有用ではありません。そこで、異なる音階の音をつなげて音楽を合成する原理を説明します。ここでは、A、C、Fなどの標準的な音階を使って音楽を生成します。音階と周波数の対応は、http://www.phy.mtu.edu/~suits/notefreqs.htmlを参照してください。この情報を使って音楽信号を生成しましょう。

新たにPython 3のタブを開いて、次のコードを入力してください。

```
import numpy as np
from scipy.io.wavfile import write
```

入力パラメータに基づいて音階を生成する関数を定義します。

```
sampling_freq = 44100    # Hz

def tone_synthesizer(freq, duration, amplitude=2**15 - 1):
    time_axis = np.linspace(0, duration, int(duration * sampling_freq))
    signal = amplitude * np.sin(2 * np.pi * freq * time_axis)
    return signal.astype(np.int16)
```

A、C、Gなどの音階名を周波数に変換する辞書tone_mapを定義します。

```
tone_map = {
    "A": 440,
    "A#": 466,
    "B": 494,
    "C": 523,
    "C#": 554,
    "D": 587,
    "D#": 622,
    "E": 659,
    "F": 698,
    "F#": 740,
    "G": 784,
    "G#": 831
}
```

まず、3秒間のFの音を生成してWAVファイルに書き出します。

```
file_tone_single = 'generated_tone_single.wav'
synthesized_tone = tone_synthesizer(tone_map['F'], 3)
```

```
write(file_tone_single, sampling_freq, synthesized_tone)
```

以上を実行すると、generated_tone_sing.wavというファイルができます。適当なプレーヤーで再生すると、F（ファ）の音が聞こえるでしょう。

次に、音楽のように聞こえる音階の系列を生成します。音階名と長さ（秒）の組のリストを定義します。

```
tone_sequence = [('G', 0.4), ('D', 0.5), ('F', 0.3), ('C', 0.6), ('A', 0.4)]
```

音階列から音階名と長さを取り出して音声信号を生成し、signalに追加していきます。

```
signal = np.array([], dtype=np.int16)
for tone_name, duration in tone_sequence:
    freq = tone_map[tone_name]
    synthesized_tone = tone_synthesizer(freq, duration)
    signal = np.append(signal, synthesized_tone, axis=0)
```

最後に、WAVファイルに信号全体を書き出します。

```
file_tone_sequence = 'generated_tone_sequence.wav'
write(file_tone_sequence, sampling_freq, signal)
```

ここまでを実行すると、generated_tone_sequence.wavというWAVファイルが作られます。プレーヤーで再生して確認してください。

本節のコードは、synthesizer.ipynbに格納されています。

12.6　音声特徴量の抽出

音声信号を時間領域から周波数領域へ変換する方法を学びました。周波数領域の特徴量は、あらゆる音声認識システムで活用されています。前述の基本的な考え方は序の口であり、現実の周波数領域の特徴量はもう少し複雑です。信号を周波数領域に変換したら、特徴ベクトルの形で使いやすくする必要があります。そこで**メル周波数ケプストラム係数**（mel frequency cepstral coefficient：MFCC）の考え方が有用になります。MFCCは音声信号から周波数領域の特徴量を抽出する手段のひとつです。

MFCCでは、まずパワースペクトラムを求めます。それから、フィルタバンクと、**離散コサイン変換**（discrete cosine transform：DCT）を用いて特徴量を抽出します。

MFCCの詳細については、http://practicalcryptography.com/miscellaneous/machine-learning/guide-mel-frequency-cepstral-coefficients-mfccsを参照してください。

ここでは、python_speech_featuresというパッケージを使ってMFCC特徴量を抽出します。パッケージは、http://python-speech-features.readthedocs.org/en/latestから利用可能です。簡単のため、パッケージをpython_speech_featuresというフォルダに入れておきました。

それでは、新たにPython 3のタブを開いて次のコードを入力してください。

```
import numpy as np
import matplotlib.pyplot as plt
from scipy.io import wavfile
from python_speech_features import mfcc, logfbank
%matplotlib inline
```

random_sound.wavを読み込んで、先頭10,000サンプルを取り出します。

```
sampling_freq, signal = wavfile.read('random_sound.wav')
signal = signal[:10000]
```

MFCC特徴量を抽出し、その次元数と長さを表示します。

```
features_mfcc = mfcc(signal, sampling_freq)

print('MFCC:\nNumber of windows =', features_mfcc.shape[0])
print('Length of each feature =', features_mfcc.shape[1])
```

以上を実行すると、次のように表示されるでしょう。

```
MFCC:
Number of windows = 22
Length of each feature = 13
```

次に、MFCC特徴量を可視化します。

```
features_mfcc = features_mfcc.T
plt.matshow(features_mfcc)
plt.title('MFCC')
plt.show()
```

これを実行すると、**図12-5**のようにMFCC特徴量が表示されます。

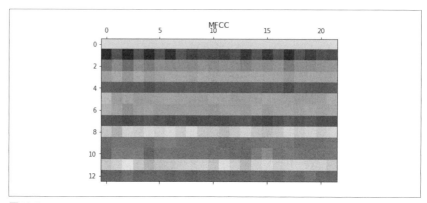

図12-5

次に、フィルタバンクの特徴量を取り出して、次元数とサイズを表示します。

```
features_fb = logfbank(signal, sampling_freq)

print('Filter bank:\nNumber of windows =', features_fb.shape[0])
print('Length of each feature =', features_fb.shape[1])
```

これを実行すると、次のように表示されます。

```
Filter bank:
Number of windows = 22
Length of each feature = 26
```

続いて、フィルタバンクの特徴量を可視化します。

```
features_fb = features_fb.T
plt.matshow(features_fb)
plt.title('Filter bank')
plt.show()
```

これを実行すると、**図12-6**のように表示されるでしょう。

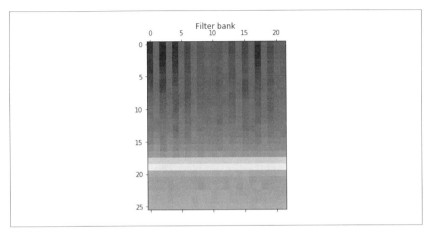

図12-6

本節のコードは、feature_extractor.ipynbに格納されています。

12.7 発話語の認識

　以上で発話音声信号を解析する技法を学んだので、次に発話された単語を認識してみましょう。音声認識システムは、入力された音声信号から、発話された単語を認識します。ここでは、隠れマルコフモデル（HMM）を用いて処理します。

　前章で説明したように、HMMは時系列データを解析するのに適しています。音声信号は時系列データなので、HMMが適用できます。HMMでは、隠れた状態遷移に基づいて時系列データが生成されていると仮定します。目標は、隠れた音素の状態遷移を推定して、音声信号に含まれる単語を識別することです。詳細は、https://www.robots.ox.ac.uk/~vgg/rg/slides/hmm.pdfを参照してください。

　前章と同様に、hmmlearnというパッケージを使って音声認識します。インストール方法などの詳細は前章を参照してください。

　音声認識システムを訓練するためには、各単語について音声データが必要です。

　ここでは、https://code.google.com/archive/p/hmm-speech-recognition/downloadsから入手可能なデータセットを使います。このデータセットには、7つの単語について15個の音声ファイルがフォルダに分かれて格納されています。このうち14個を訓練に用い、残りひとつを検証に用います。なお、このデータセットはとても小さいものであり、実際の音声認識システムではもっと巨大なデータセットを用いて訓練します。ここ

では、この最小限のデータセットを用いて、音声認識に親しみ、音声認識システムの作り方を学びます。

各単語のHMMモデルを作って保存します。未知の音声ファイルの単語を認識するときには、すべてのモデルに当てはめて最も得点の高いものを選ぶようにします。

それでは新たにPython 3のタブを開いて次のコード入力してください。

```
import os
import numpy as np
from scipy.io import wavfile

from hmmlearn import hmm
from python_speech_features import mfcc
```

HMMを訓練するクラスを定義します。HMMモデルとして、ガウシアンHMMを用います。

```
class ModelHMM(object):
    def __init__(self):
        self.models = []
        self.model = hmm.GaussianHMM(n_components=4,
                covariance_type='diag', n_iter=1000)
```

モデルを訓練するメソッドを定義します。

```
    def train(self, training_data):
        cur_model = self.model.fit(training_data)
        self.models.append(cur_model)
```

入力データに対するスコアを計算するメソッドを定義します。

```
    def compute_score(self, input_data):
        return self.model.score(input_data)
```

以上でクラスを定義できました。

次に、訓練データセットを用いて各単語のモデルを訓練する関数を定義します。訓練データを読み込んで、MFCC特徴量features_mfccを計算します。すべての特徴量をXに追加して、HMMを訓練します。

```
def train_model(training_files):
    X = None
```

```
    for file in training_files:
        sampling_freq, signal = wavfile.read(file)
        features_mfcc = mfcc(signal, sampling_freq)

        if X is None:
            X = features_mfcc
        else:
            X = np.append(X, features_mfcc, axis=0)

    model = ModelHMM()
    model.train(X)
    return model
```

後述するように wav_files には、音声ファイルフォルダの内容が、ラベルをキーにしたファイルリストの辞書として格納されています。ファイルリストのうち最後の要素を検証用として取り除き、残りのファイルリスト files[:-1] を訓練データとしてモデルを訓練します。訓練したモデルとラベルのタプルを speech_models に追加します。これをすべてのラベルについて繰り返します。

```
def build_models(wav_files):
    speech_models = []
    for label, files in wav_files.items():
        model = train_model(files[:-1])
        speech_models.append((model, label))
    return speech_models
```

次に、訓練したモデルを用いて音声認識をする関数を定義します。認識したい音声ファイルを読み込んで、MFCC特徴量を計算します。訓練した各モデルに対してスコアを計算し scores に格納します。np.argmax() で最大スコアになるインデックスを求め、そのラベルを返します。

```
def speech_recognition(speech_models, test_file):
    sampling_freq, signal = wavfile.read(test_file)
    features_mfcc = mfcc(signal, sampling_freq)

    scores = [model.compute_score(features_mfcc)
                for model,_ in speech_models]
    index = np.argmax(scores)
    return speech_models[index][1]
```

検証する関数を定義します。音声ファイルリストのうち最後の要素を検証用に用い、

上で定義したspeech_recognition()を呼び出してラベルを取得します。

```
def run_tests(speech_models, wav_files):
    for original_label, files in wav_files.items():
        predicted_label = speech_recognition(speech_models, files[-1])
        print('\nOriginal: ', original_label)
        print('Predicted:', predicted_label)
```

以上で必要な関数が定義できたので、実際に音声ファイルを用いて確認してみましょう。data/フォルダには、data/apple/、data/banana/のように、単語ごとにフォルダが分けられていて、その中にapple01.wav～apple15.wavのように15個の音声ファイルが格納されています。os.walk()でフォルダ内を走査して、ファイル名のリストを辞書としてwav_filesに格納します。

```
input_folder = 'data'

wav_files = {}
for root,dirs,files in os.walk(input_folder):
    files = [file for file in files if file.endswith('.wav')]
    if not files:
        continue
    label = files[0][:-6]
    wav_files[label] = [os.path.join(root, file) for file in files]

speech_models = build_models(wav_files)
run_tests(speech_models, wav_files)
```

以上を実行すると次のように表示されるでしょう。

```
Original:  apple
Predicted: apple

Original:  banana
Predicted: banana

Original:  kiwi
Predicted: kiwi

Original:  lime
Predicted: lime

Original:  orange
```

```
Predicted: orange

Original:  peach
Predicted: peach

Original:  pineapple
Predicted: pineapple
```

ご覧のように、作成した音声認識システムは正しく単語を識別できました。

本節のコードは、speech_recognizer.ipynbに格納されています。

13章
物体検出と追跡

本章では画像認識のうちの一分野である、物体検出と追跡について説明します。OpenCVという有名なコンピュータビジョンのライブラリを用います。

本章を通じて、以下の項目を学びます。

- OpenCVのインストール
- フレーム差分
- 色空間を使った物体検出
- 背景差分を使った物体検出
- CAMShift法を用いたインタラクティブな物体追跡
- オプティカルフローを用いた物体追跡
- 顔検出
- Haarカスケードによる物体検出
- 積分画像を用いた特徴抽出
- 目の検出

13.1 OpenCVのインストール

本章では、**OpenCV**という有名な画像認識ライブラリを使います。OpenCVの詳細はhttp://opencv.orgを参照してください。この先に進む前にOpenCVをインストールしてあることを確認してください。

OpenCVは、次のようにインストールできます。

pipの場合：
```
$ pip3 install opencv-python
```

Anacondaの場合：
```
$ conda install opencv
```

インストールできたら次の節に進みましょう。

13.2　Jupyter Notebookでの画像表示

OpenCVで画像を表示するのに、通常はcv2.imshow()関数を用いますが、Jupyter Notebookではうまく動作しないので、ブラウザ上に画像を表示する方法を説明します。

新たにPython 3のタブを開き、次のコードを入力してください。cv2はOpenCVのパッケージで、IPython.displayはブラウザ上の表示領域を操作するためのパッケージです。

```
import cv2
import IPython.display
```

画像を表示する関数show_image()を定義します。cv2.imencode()を使って、画像をPNG形式に圧縮します。IPython.displayのImageオブジェクトを生成し、clear_output()で前の表示を消してからdisplay()で表示します。

```
def show_image(image):
    _, png = cv2.imencode('.png', image)
    i = IPython.display.Image(data=png)
    IPython.display.clear_output(wait=True)
    IPython.display.display(i)
```

また、以下の節のプログラムでは、動画から1フレームずつ画像を取り出して処理します。そのための関数get_frame()も定義しておきます。capは後述する動画キャプチャオブジェクトで、scaling_factorは拡大率です。

動画キャプチャオブジェクトのread()メソッドは、成否フラグと画像のタプルを返します。フラグがFalseならNoneを返します。

画像の大きさを変更するには、OpenCVの関数resize()を用います。fxとfyはそれぞれ幅と高さの拡大率、interporlationはピクセルの補間方法を指定します。INTER_AREAは画素平均法を使って補間することを表します。

```
def get_frame(cap, scaling_factor):
    r, frame = cap.read()
    if not r: return None
    frame = cv2.resize(frame, None,
                       fx=scaling_factor, fy=scaling_factor,
                       interpolation=cv2.INTER_AREA)
    return frame
```

以上の内容を、ipython_show_image.ipynbに保存してください。

次に、実際にこのモジュールを使って動画を表示してみましょう。新たにPython 3タブを開いて次のように入力してください。まず、上で定義した関数を%runというマジックコマンドで読み込みます。

そして、cv2.VideoCapture()で動画キャプチャオブジェクトを生成します。引数にファイルパスを指定するとその動画ファイルを開きます[*1]。ファイル名の代わりに0を渡すと、カメラからキャプチャします。

```
%run ipython_show_image.ipynb
import cv2
# ファイルを読み込む場合
cap = cv2.VideoCapture('bbb.mp4')
# カメラからキャプチャする場合
#cap = cv2.VideoCapture(0)
```

get_frame()を用いて動画から1フレームずつ取得し、show_image()で表示します。これをループで繰り返しますが、get_frame()がNoneを返したらループを抜けます。

Jupyter Notebookの停止ボタンで中断すると、KeyboardInterrupt例外が発生するので、これを受け取って終了します。最後にrelease()で動画キャプチャオブジェクトを解放します。

```
try:
    while True:
        frame = get_frame(cap, 1.0)
        if frame is None: break
        show_image(frame)
```

[*1] 訳注：本章では、次のCreative Commonsの動画の一部を用います。
- bbb.mp4 ("Big Buck Bunny" 1:25～1:29 CC by 3.0 https://peach.blender.org/)
- ed.mp4 ("Elephants Dream" 3:10～3:14 CC by 2.5 https://orange.blender.org/)

```
    print('Finished.')

except KeyboardInterrupt:
    print('Interrupted.')

cap.release()
```

これを実行すると、**図13-1**のように動画が表示されるでしょう。

図13-1

動画の再生が速すぎる場合には、show_image(frame)のあとに、

```
import time
time.sleep(0.03)
```

のように短い待ち時間を入れて調整してください。画面がちらつく場合には待ち時間を0.1くらいに増やしてください。

本節のコードは、ipython_video_play.ipynbに格納されています。

13.3　フレーム差分

フレーム差分とは、動画から動いている部分を見つけるのに使える最も簡単な方法です。ライブ動画を調べるとき、動画ストリームの連続フレーム間の差分から、多くの情報を引き出すことができます。それでは、連続フレームの差分を取って表示する方法を説明します。

新たにPython 3のタブを開いて次のコードを入力してください。

13.3 フレーム差分

```
%run ipython_show_image.ipynb
import cv2
```

フレーム差分を計算する関数frame_diff()を定義します。まず、OpenCVの関数absdiff()を用いて、現在フレームと次のフレームの間の差分を計算します。

```
def frame_diff(prev_frame, cur_frame, next_frame):
    diff_frames_1 = cv2.absdiff(next_frame, cur_frame)
```

次に、前フレームと現在フレームとの間の差分を計算します。

```
    diff_frames_2 = cv2.absdiff(cur_frame, prev_frame)
```

2つの差分の間で論理積を取って、関数の戻り値とします。

```
    return cv2.bitwise_and(diff_frames_1, diff_frames_2)
```

次に、フレームを取得して、グレースケールに変換するget_gray_frame()を定義します。get_frame()でフレーム画像を取得したあと、OpenCVの関数cvtColor()で色空間を変換します。第2引数にCOLOR_BGR2GRAYを指定すると、RGB画像をグレースケールに変換します。OpenCVでは、歴史的理由により、ピクセルの色の並びがBGRの順になっているため、COLOR_BGR2GRAYを指定します。

```
def get_gray_frame(cap, scaling_factor):
    frame = get_frame(cap, scaling_factor)
    if frame is None: return None
    gray = cv2.cvtColor(frame, cv2.COLOR_BGR2GRAY)
    return gray
```

それでは、以上の関数を使ってみましょう。まず、動画キャプチャオブジェクトVideoCaptureを初期化します。

```
cap = cv2.VideoCapture('bbb.mp4')
scaling_factor = 1
```

最初に3つの連続フレームを取得します。

```
prev_frame = get_gray_frame(cap, scaling_factor)
cur_frame = get_gray_frame(cap, scaling_factor)
next_frame = get_gray_frame(cap, scaling_factor)
```

ユーザーが中断ボタンを押すまで繰り返すようにします。最初に、フレーム差分を計算して表示します。

```
try:
    while True:
        diff = frame_diff(prev_frame, cur_frame, next_frame)
        show_image(diff)
```

フレーム画像を更新します。次のフレームとして、Webカメラから画像を取得します。

```
        prev_frame = cur_frame
        cur_frame = next_frame
        next_frame = get_gray_frame(cap, scaling_factor)
        if next_frame is None: break
```

ユーザーが中断したら、例外を受け取ってループから抜けます。

```
except KeyboardInterrupt:
    print('Interrupted')
```

最後に、ループを抜けたらcapを解放します。

```
cap.release()
```

以上のコードを実行すると、**図13-2**のような画像がリアルタイムに出力されます。動きがある部分には、白い線状のシルエットが表示されるのがわかるでしょう。

図13-2

本節のコードは、`frame_diff.ipynb`に格納されています。

13.4　色空間を用いた物体検出

フレーム間差分によって取得される情報は有用ですが、ロバストに物体を追跡するには不向きです。ノイズに敏感なため、物体を完全には追跡できないからです。ロバストに物体追跡するには、正確な追跡に適した特徴を用います。ここでは、色空間を用います。

画像はさまざまな色空間を用いて表現できます。RGBは、おそらく最もよく使われる色空間ですが、物体追跡のような用途にはあまり向いていません。そこで、代わりにHSV色空間を用いることにします。Hは色相、Sは彩度、Vは明度を表し、人間が色を感知する仕組みにより近い直感的な色空間です。詳細は、http://infohost.nmt.edu/tcc/help/pubs/colortheory/web/hsv.htmlをご覧ください。

ここでは、キャプチャしたフレーム画像の色空間をRGBからHSVに変換し、物体を検出するために色で閾値処理をします。ただし、閾値処理で適切な値域を選ぶために、物体の色分布が既知であるとします。

それでは、新規にPython 3のタブを開いて、以下のコードを入力してください。

```
%run ipython_show_image.ipynb
import cv2
import numpy as np
```

まず、VideoCatureオブジェクトと縮小率を定義します。

```
cap = cv2.VideoCapture('ed.mp4')
scaling_factor = 1
```

HSV空間で物体の色の範囲を定義します。ここでは肌色のおよその値を指定しています。

```
lower = np.array([0, 30, 60])
upper = np.array([50, 255, 255])
```

前節同様にループを定義します。現在フレームをframeに取得します。

```
try:
    while True:
        frame = get_frame(cap, scaling_factor)
        if frame is None: break
```

OpenCVのcvtColor()という関数を用いて、色空間をHSV空間に変換します。COLOR_BGR2HSVはBGR空間からHSVに変換することを指定します。

```
hsv = cv2.cvtColor(frame, cv2.COLOR_BGR2HSV)
```

inRange()関数を使って肌色領域を抽出しマスク画像maskとします。マスク画像は二値画像であり、値域内のピクセル値は255、値域外は0となります。

```
mask = cv2.inRange(hsv, lower, upper)
```

マスク画像と元画像の論理積を計算して、肌色領域を抽出します。

```
img_bitwise_and = cv2.bitwise_and(frame, frame, mask=mask)
```

画像を平滑化するために、メディアンフィルタmedianBlur()をかけます。

```
img_median_blurred = cv2.medianBlur(img_bitwise_and, 5)
```

入力フレームと出力フレームを表示します。hconcat()を用いて画像を横に連結します。

```
img2 = cv2.hconcat([frame, img_median_blurred])
show_image(img2)
```

前節同様、中断時にはループを抜けるようにし、最後に動画キャプチャオブジェクトを解放します。

```
except KeyboardInterrupt:
    print('Interrupted')

cap.release()
```

以上のコードを実行すると、**図13-3**のような画面が表示されるでしょう。左は元画像、右が肌色領域です。

図13-3

本節のコードは、colorspaces.ipynbに格納されています。

13.5 背景差分による動物体検出

　背景差分とは、動画像の背景をモデル化し、フレーム画像から背景を差し引くことによって動物体を検出する手法です。この手法は、動画像圧縮や監視カメラによく用いられ、静止した情景から動物体を検出する場合にうまく働きます。処理手順は、まず背景を検出し、背景をモデル化し、現在フレームから差し引いて、前景の動物体を検出します。

　このうち重要な手順は背景をモデル化するところです。連続フレームの差分を取るわけではないので、前述のフレーム差分法とは異なります。背景をモデル化して、リアルタイムに更新していくので、背景に変動が起こっても問題のない適応的なアルゴリズムとなります。したがって、フレーム差分法よりも良好な結果を得られます。

　それでは、新たにPython 3のタブを開いて、次のコードを入力してください。冒頭部分は前節と同じです。

```
%run ipython_show_image.ipynb
import cv2
import numpy as np

cap = cv2.VideoCapture('bbb.mp4')
scaling_factor = 1
```

　次に、createBackgroundSubtractorMOG2()を呼び出して、背景差分オブジェクトbg_substractorを定義します。

```
bg_subtractor = cv2.createBackgroundSubtractorMOG2()
```

次に、学習に用いるフレーム枚数historyを定義し、学習率learning_rateをhistoryの逆数として定義します。historyが大きくなるほど、ゆっくり学習することになります。ここでは100枚のフレームを参照することにします。

```
history = 100
learning_rate = 1.0 / history
```

前節同様に、フレーム画像をframeに繰り返し取得します。

```
try:
    while True:
        frame = get_frame(cap, scaling_factor)
        if frame is None: break
```

背景差分オブジェクトのapply()メソッドを呼び出して現在フレームを渡すと、マスク画像が得られます。

```
        mask = bg_subtractor.apply(frame, learningRate=learning_rate)
```

マスク画像はグレースケールなので、色空間をBGR形式に変換します。

```
        mask = cv2.cvtColor(mask, cv2.COLOR_GRAY2BGR)
```

入出力画像を表示します。出力画像は、マスクと論理積を取ったものです。

```
        img2 = cv2.hconcat([frame, frame & mask])
        show_image(img2)
```

前節同様、中断時の対応と後始末をします。

```
except KeyboardInterrupt:
    print('Interrupted')

cap.release()
```

以上のコードを実行すると、キャプチャされた画像が表示されるでしょう。**図13-4**のように、動いた箇所が表示されます。

図13-4

　動きを止めると、**図13-5**のように徐々にフェードアウトしていきます。これは、背景モデルを更新していくにつれ、動かなくなった部分を徐々に背景の一部としてみなしていくからです。

図13-5

　以上のように、現在フレームが背景モデルの一部になっていくことがわかります。

　本節のコードは、background_subtraction.ipynbに格納されています。

13.6　CAMShift法によるインタラクティブな物体追跡

　色空間に基づく物体検出においては、まず色の値域を定義する必要があり、制約が多いです。そこで、動画から物体領域を選択して追跡することを考えます。ここでは**CAMShift**（continuously adaptive mean shift：連続的適応Mean Shift）法が役立ちます。Mean Shift法の適応的なバージョンです。

　まずMean Shift法を説明します。あるフレームの中の注目領域を考えます。ここでは

注目する物体の周りをざっくりと囲んだ矩形領域を注目領域とします。動画像中で物体が動いたときに、それを追跡するには、どうしたらよいでしょうか。

まず、注目領域内の色分布に基づいて点群を選び、その重心を計算します。もし重心の位置が領域の幾何的な中心に一致していれば、物体は動いていないことがわかります。一致していなければ、物体が動いたことを表します。つまり、注目領域も物体に合わせて移動する必要があります。重心の移動が、すなわち物体の移動を表します。注目領域を移動して、重心が幾何中心と一致するようにします。この手順を毎フレーム繰り返すと、物体を追跡できます。重心すなわち平均値（Mean）を移動（Shift）していくので、Mean Shiftというのです。

Mean Shift法の欠点は、物体の大きさが一定でなければならないことです。つまり、物体がカメラに近づいたり遠ざかったりしても、最初に指定した注目領域の大きさを変えられません。そこで、物体の大きさに合わせて注目領域の大きさも変えていくのが、CAMShift法です。詳細は、http://docs.opencv.org/3.1.0/db/df8/tutorial_py_meanshift.htmlを参照してください。

13.6.1　追跡領域の指定

CAMShiftの実装の前に、追跡したい物体を画面上で指定する方法について説明します。Jupyter Notebookでは、`matplotlib`の機能を用いてマウス入力を処理できます。

新たにPython 3のタブを開いて次のコードを入力してください。

```
%matplotlib notebook
import cv2
import matplotlib.pyplot as plt
import matplotlib.patches as patches

class RectInput:
    def __init__(self, image):
        self.fig, self.ax = plt.subplots()
        self.pev = None
        self.rect = None
        self.ax.imshow(cv2.cvtColor(image, cv2.COLOR_BGR2RGB))
        self.fig.canvas.mpl_connect('button_press_event', self.on_press)
        self.fig.canvas.mpl_connect('button_release_event', self.on_release)
        self.fig.canvas.mpl_connect('motion_notify_event', self.on_move)
        self.bbox = None
        plt.show()
```

13.6 CAMShift法によるインタラクティブな物体追跡

```python
    def on_press(self, ev):
        self.pev = ev
        if self.rect is None:
            self.rect = patches.Rectangle((ev.xdata, ev.ydata), 1, 1,
                                          color='white', fill=False)
            self.ax.add_patch(self.rect)
        else:
            self.rect.set_bounds(ev.xdata, ev.ydata, 1, 1)

    def on_release(self, ev):
        self.pev = None

    def on_move(self, ev):
        if self.pev is None: return
        self.bbox = (int(min(self.pev.xdata, ev.xdata)),
                     int(min(self.pev.ydata, ev.ydata)),
                     int(abs(self.pev.xdata - ev.xdata)),
                     int(abs(self.pev.ydata - ev.ydata)))
        self.ax.set_xlabel('bbox {} {} {} {}'.format(*self.bbox))
        self.rect.set_bounds(*self.bbox)
        self.fig.canvas.draw()
```

注意すべき点は、冒頭のマジックコマンドが%matplotlib notebookになっていることです。これが%matplotlib inlineだと、マウス入力できません。

また、OpenCVの画像の画素の並びはBGRですが、matplotlibのimshow()はRGBを要求するため、cv2.cvtColor(image, cv2.COLOR_BGR2RGB)によって並び順を変更しています。

定義したRectInputクラスを用いてみましょう。次のセルに以下のコードを入力してください。

```python
%run ipython_show_image.ipynb

cap = cv2.VideoCapture('bbb.mp4')
scaling_factor = 1.0
first_frame = get_frame(cap, scaling_factor)
cap.release()

rinput = RectInput(first_frame)
```

以上を実行すると、動画の最初のフレーム画像が表示されます。画像の上でマウスをドラッグすると、選択領域として白い四角形が表示されます。ここでは、リンゴの領

域を選択しました。X軸キャプションには、領域の座標が表示されます（図13-6）。実行後、rinput.bboxに選択領域の座標と幅と高さが格納されています。

図13-6 マウスをドラッグしてリンゴの赤い部分を選択。選択した領域の座標と幅と高さがrinput.bboxに格納される

13.6.2　物体追跡

それではCAMShiftによる物体追跡を実装します。続けて次のコードを入力してください。

最初に、追跡領域の座標と大きさをx,y,w,hにコピーします。画像の色空間をHSVに変換し、追跡領域hsv_roiを切り出します。OpenCVの画像はNumPyの配列なので、スライスによって画像の一部を切り出せます。

```
x,y,w,h = rinput.bbox
hsv = cv2.cvtColor(first_frame, cv2.COLOR_BGR2HSV)
```

13.6 CAMShift法によるインタラクティブな物体追跡

```
hsv_roi = hsv[y:y+h, x:x+w]
```

hsv_roiの色ヒストグラムhistを求めます。ヒストグラムはcalcHist()関数により求めます。さらにnormalize()により正規化します。

```
hist = cv2.calcHist([hsv_roi], [0], None, [16], [0,180])
cv2.normalize(hist, hist, 0, 255, cv2.NORM_MINMAX)
```

探索領域track_windowの初期値を設定します。

```
track_window = (x,y,w,h)
```

以上で準備が整いました。前節同様に、動画ファイルを開き、ループでフレーム画像を取得していきます。

```
cap = cv2.VideoCapture('bbb.mp4')
try:
    while True:
        frame = get_frame(cap, scaling_factor)
        if frame is None: break
```

フレーム画像をHSVに変換します。次に、ヒストグラム逆投影の関数calcBackProject()を用いて、先ほど求めた色ヒストグラムに属する確率を求めてhsv_backprojに代入します。CamShift()を呼び出すと、追跡結果がtrack_boxとtrack_windowに返ってきます。track_boxには現在の追跡領域、track_windowは次の探索領域を表します。

```
        hsv = cv2.cvtColor(frame, cv2.COLOR_BGR2HSV)
        hsv_backproj = cv2.calcBackProject([hsv], [0], hist, [0,180], 1)
        track_box, track_window = cv2.CamShift(hsv_backproj, track_window,
            (cv2.TERM_CRITERIA_EPS | cv2.TERM_CRITERIA_COUNT, 10, 1))
```

ヒストグラム逆投影の結果と、CAMShiftによる追跡結果を表示します。hsv_backprojは1チャンネルの画像なので、COLOR_GRAY2BGRで3チャンネル化します。track_boxは回転矩形オブジェクトなので、ellipse()に渡して内接する回転楕円形を描画します。

```
        bp = cv2.cvtColor(hsv_backproj, cv2.COLOR_GRAY2BGR)
        cv2.ellipse(frame, track_box, (0,255,0), 2)
        img2 = cv2.hconcat([bp, frame])
```

```
    show_image(img2)
```

最後に、前節同様に後始末をします。

```
except KeyboardInterrupt:
    print('Interrupted')

cap.release()
```

以上を実行すると、図13-7、図13-8のように表示されるでしょう。左側がヒストグラム逆投影の結果です。白い画素が追跡物体の存在する確率が高いことを表します。右側が追跡結果です。紙面ではわかりにくいですが、追跡しているリンゴの領域に緑の楕円形が描画されています。サンプルを実際に動かして確認してください。

図13-7 最初のフレーム

図13-8 最後のフレーム

本節のコードは、camshift.ipynbに格納されています。

13.7 オプティカルフローに基づく物体追跡

オプティカルフローはコンピュータビジョンでよく用いられる物体追跡手法です。物体を追跡するのに画像特徴点を用います。動画の連続フレーム間で、個々の特徴点を追跡します。あるフレームでの特徴点が、次のフレームに移動したとき、その間の変位ベクトルを計算します。このベクトルを動きベクトルと言います。

簡単な動きベクトルの計算方法を説明します。まず現在フレームの特徴点を抽出します。各特徴点を中心とした3×3のパッチを作ります。パッチの中のすべての点は同様の動きをすると仮定します。パッチの大きさは状況に応じて調整可能です。

各パッチについて、前フレームの近傍の探索領域から最も一致する位置を探します。一致度は画素の誤差から計算します。探索領域は3×3よりも大きく設定します。前フレームの最も一致するパッチの位置から、現在フレームのパッチの中心へのベクトルが動きベクトルとなります。

オプティカルフローの求め方にはいくつか方法がありますが、**Lucas-Kanade**法が最もよく使われる手法です。この手法の原著論文は次のURLにあります。

http://cseweb.ucsd.edu/classes/sp02/cse252/lucaskanade81.pdf

それでは、オプティカルフローを用いたプログラムを作ってみましょう。このプログラムでは、NUM_FRAMES_JUMPのフレーム間隔で特徴点を検出し、NUM_FRAMES_TO_TRACKで指定したフレーム数だけ特徴点を追跡して表示します。

新たにPython 3のタブを開いて次のコードを入力してください。

```
%run ipython_show_image.ipynb
import numpy as np
import cv2

NUM_FRAMES_TO_TRACK = 5
NUM_FRAMES_JUMP = 2
```

動画キャプチャオブジェクトを生成し、拡大率を設定します。

```
cap = cv2.VideoCapture('ed.mp4')
scaling_factor = 1
```

cv2.calcOpticalFlowPyrLK()に渡すパラメータを定義します。特徴点の探索範囲winSize、画像ピラミッドの最大レベル数maxLevel、反復計算の停止基準

criteriaを指定します。

```
TRACKING_PARAMS = {"winSize": (11, 11), "maxLevel": 2,
    "criteria": (cv2.TERM_CRITERIA_EPS | cv2.TERM_CRITERIA_COUNT, 10, 0.03)}
```

特徴点の座標の軌跡を保持するtracking_pathsと、フレーム番号frame_index、前フレーム画像prev_grayを初期化します。

```
tracking_paths = []
frame_index = 0
prev_gray = None
```

前節同様に、ループでフレーム画像を処理します。cv2.calcOpticalFlowPyrLK()に入力するために、グレースケール画像に変換します。また、特徴点追跡には2枚の画像が必要なため、前フレームprev_grayがNoneの場合には処理をスキップし、prev_grayに現在フレームを設定して次のフレームに進みます。

```
try:
    while True:
        frame = get_frame(cap, scaling_factor)
        if frame is None: break
        frame_gray = cv2.cvtColor(frame, cv2.COLOR_BGR2GRAY)

        if prev_gray is None:
            prev_gray = frame_gray
            continue
```

NUM_FRAMES_JUMPに指定した間隔で、特徴点を検出します。まず、追跡中の特徴点を重複して検出しないように、マスク画像maskを作ります。maskはフレーム画像と同じサイズで、初期値を1とします。[tp[-1] for tp in tracking_paths]は、各特徴点の軌跡の一番最後の座標、すなわち、最新の座標のリストを作ります。そこをcv2.circle()を使って半径6の円を0で塗りつぶします。

```
        if frame_index % NUM_FRAMES_JUMP == 0:
            mask = np.ones_like(prev_gray)
            for x, y in [tp[-1] for tp in tracking_paths]:
                cv2.circle(mask, (x,y), 6, 0, -1)
```

次に、goodFeaturesToTrack()を用いて特徴点を検出します。特徴点が見つかれ

ば、それをtracking_pathsに追加します。[(x, y)]は長さ1の軌跡を意味します。この先追跡が進むと、[(x, y), (x, y), ...]と座標が追加されていきます。[(x, y)]は軌跡の初期値になるわけです。

```
feature_points = cv2.goodFeaturesToTrack(prev_gray,
        mask=mask, maxCorners=500, qualityLevel=0.3,
        minDistance=7, blockSize=7)

if feature_points is not None:
    for x, y in feature_points.reshape(-1, 2):
        tracking_paths.append([(x, y)])
```

特徴点を検出したら、それを追跡します。特徴点の軌跡がない場合は追跡のしようがないので、条件判別で除外しておきます。

```
if len(tracking_paths) > 0:
```

ここで用いる手法は、現在フレームと前フレームの間で双方向の動きベクトルをすり合わせて精度を高めるものです。feature_points_0には、前フレームの特徴点の座標を格納します。cv2.calcOpticalFlowPyrLK()を用いて、feature_points_0が前フレームから現在フレームへ移動した先の座標を計算し、feature_points_1に格納します。次に、逆方向に考え、feature_points_1が前フレームのどこにあったのかを計算して、feature_points_0_revに格納します。

```
feature_points_0 = np.float32([tp[-1] for tp in tracking_paths])\
                    .reshape(-1,1,2)
feature_points_1, _, _ = cv2.calcOpticalFlowPyrLK(prev_gray,
        frame_gray, feature_points_0, None, **TRACKING_PARAMS)
feature_points_0_rev, _, _ = cv2.calcOpticalFlowPyrLK(frame_gray,
        prev_gray,  feature_points_1, None, **TRACKING_PARAMS)
```

feature_points_0とfeature_points_0_revが同じ点になっていれば、その特徴点は正しく「行って来い」ができたことになるので、信頼性の高い特徴点であるといえます。座標値の差を取り、max()でX座標とY座標の大きいほうを求め、それが1未満である特徴点のインデックスをgood_pointsに格納します。

```
diff_feature_points = abs(feature_points_0-feature_points_0_rev)\
                        .reshape(-1, 2).max(axis=1)
good_points = diff_feature_points < 1
```

以上の結果を用いて、tracking_pathsを更新します。good_pointsの値good_points_flagを調べ、信頼性の高い特徴点の軌跡のみをnew_tracking_pathsにコピーし、信頼性の低いものは除去します。

軌跡tpに現在フレームの特徴点の座標(x,y)を追加し、軌跡の長さがNUM_FRAMES_TO_TRACKを超えたら、先頭要素を削除して軌跡の長さをNUM_FRAMES_TO_TRACKに保ちます。

```
new_tracking_paths = []

for tp, (x,y), good_points_flag in \
    zip(tracking_paths, feature_points_1.reshape(-1, 2),
        good_points):
    if not good_points_flag: continue

    tp.append((x,y))
    if len(tp) > NUM_FRAMES_TO_TRACK:
        del tp[0]

    new_tracking_paths.append(tp)
```

circle()とpolylines()を用いて、特徴点の座標と軌跡を描画します。

```
cv2.circle(frame, (x,y), 3, (0, 255, 0), -1)
cv2.polylines(frame, [np.int32(tp)], False, (0, 150, 0))
```

すべての特徴量を処理したら、tracking_pathsを更新します。

```
tracking_paths = new_tracking_paths
```

以上で特徴点の追跡処理ができたので、画像を表示します。フレーム番号を増やし、現在フレームを前フレームに設定して次のフレームを処理します。

```
show_image(frame)
frame_index += 1
prev_gray = frame_gray
```

中断処理と後始末は前節と同じです。

```
except KeyboardInterrupt:
    print('Interrupted')
```

```
cap.release()
```

　以上を実行すると、**図13-9**、**図13-10**のように表示されるでしょう。丸が特徴点、線が軌跡です。

図13-9

図13-10

　本節のコードは、`optical_flow.ipynb`に格納されています。

13.8　顔検出

　顔検出は画像の中から顔の場所を検出する処理です。顔認識としばしば混同されますが、顔認識はさらに顔を識別するところまで行います。顔検出は場所を検出するところまでの処理です。生体認証システムでは、顔検出と顔認識の両方を用います。すな

わち、顔検出で顔の場所を探し、その顔画像を顔認識で識別するわけです。本節では動画から顔を自動検出する方法を説明します。

13.8.1　Haarカスケードを用いた物体検出

　動画から顔を検出するのに「Haarカスケード」という手法を用います。Haarカスケードとは、Haar特徴量を用いたカスケード分類器のことです。2001年のPaul ViolaとMichael Jonesによる著名な論文"Rapid Object Detection using a Boosted Cascade of Simple Features"によって初めて提案されました。

　　https://www.cs.cmu.edu/~efros/courses/LBMV07/Papers/viola-cvpr-01.pdf

　この論文には、物体検出に使える効率的な機械学習手法が記載されています。さらに学びたいなら次の入門資料が役立ちます。

　　http://www.cs.ubc.ca/~lowe/425/slides/13-ViolaJones.pdf

　この手法では、単純な分類器をカスケードしてブースティングします。カスケードとは、単純な分類器を直列につないで順番に適用していくことを表します。ブースティングとは、単純な分類器を組み合わせて高い認識精度を実現することです。ワンステップで処理できる頑健な分類器で高い認識精度を実現するためには、膨大な計算が必要になりますが、単純な分類器の組み合わせれば計算を減らすことができるのです。「3.7 特徴量の相対重要度」のAdaBoostの説明も参照してください。

　例えばテニスボールを検出することを考えてみましょう。ひとつの分類器で検出するためには、テニスボールの外観を学習する必要があり、多数のテニスボールの画像を必要とします。さらにテニスボールを含まない画像も多数必要になります。

　正確な分類器は複雑になり、リアルタイム処理が困難になります。一方、単純な分類器は精度が悪くなります。機械学習の分野では、精度とスピードのトレードオフが頻繁に見られます。Viola-Jonesの手法は、単純な分類器を組み合わせることで、この問題を解決します。

　この手法を顔検出に用います。顔検出する機械学習システムを構築するには、まず特徴量抽出が必要です。

　画像上のさまざまな矩形部分領域について、特徴量を抽出できたら、直列接続（カスケード）された単純な分類器に渡します。前段の分類器で顔である確率が低いものを除

外することで、無駄な探索を省略し、高速に顔を検出できるのです。

分類器が顔の外観を学習するのに用いる特徴量として、**Haar特徴量**が有効です。Haar特徴量は、画像上の矩形領域の和や差で計算できる単純な特徴量で、計算が簡単です。大きさの変化に対してロバストにするため、複数の画像サイズで計算します。

画像の任意の矩形領域のHaar特徴量は、あるテクニックを用いると高速に計算できます。それが「積分画像」です。

13.8.2　積分画像を用いた特徴量抽出

Haar特徴量を計算するには、さまざまな画像上の部分領域の間の和や差を計算する必要があります。さまざまな大きさで和や差を計算する必要があるため、単純に処理すると計算時間がかかります。そこで、高速化のため**積分画像**（integral image）を用います。**図13-11**を見てください。

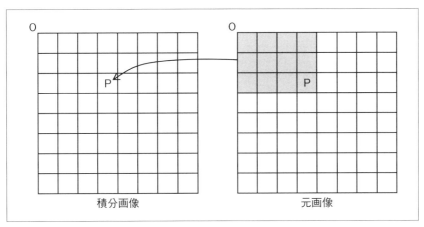

図13-11

積分画像の画素 P の値は、元画像上で灰色で示した、原点 O と点 P を対角線とする四角形の全画素値の和とします。積分画像は、P の位置をずらしながら元画像を1回走査すれば作成できます。

いったん積分画像を作っておけば、元画像上の任意の四角形の画素値の和を計算するのに、いちいち各画素値を調べて足していく必要がなくなります。例として、**図13-12**の灰色の四角形の画素値の和を計算してみましょう。

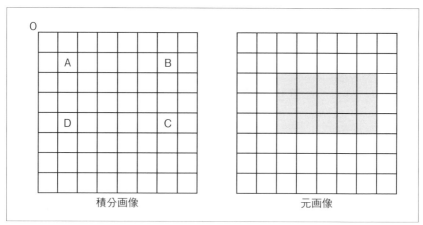

図13-12

画素値の和は、積分画像の画素Cの値からBとDの値を引き、Aの値を足した値として求めることができます。式にすると次のとおりです。

$$画素値の和 = C - B - D + A$$

このような簡単な計算で、画像上の任意の四角形の画素値の和を求めることができるので、Haar特徴量の計算を高速化できます。

それでは、顔検出プログラムに取りかかりましょう。新たにPython 3のタブを開いて、次のコードを入力してください。

```
%run ipython_show_image.ipynb
import cv2
import numpy as np
```

cv2.CascadeClassifier()を使ってHaarカスケードファイルを読み込み、顔検出器を生成します。カスケードファイルは、OpenCVのソースコードに含まれています。Anacondaの場合には、ホームディレクトリの下のAnaconda3/pkgs/libopencv-*/Library/etc/haarcascades/に格納されています。今回はサンプルフォルダの下にコピーして用いることにします。

```
face_cascade = cv2.CascadeClassifier(
        'haar_cascade_files/haarcascade_frontalface_default.xml')
if face_cascade.empty():
```

```
    raise IOError('Unable to load the face cascade classifier xml file')
```

前節と同様に、動画キャプチャオブジェクトを生成し、拡大率を設定したあと、ループしてフレーム画像を取得します。

```
cap = cv2.VideoCapture('ed.mp4')
scaling_factor = 1

try:
    while True:
        frame = get_frame(cap, scaling_factor)
        if frame is None: break
```

OpenCVの顔検出器にはグレースケール画像を入力する必要があるため、グレースケールに変換します。

```
        gray = cv2.cvtColor(frame, cv2.COLOR_BGR2GRAY)
```

detectMultiScale()メソッドを呼び出して顔を検出します。積分画像の生成や、さまざまなスケールでの特徴量の抽出は、すべてこのメソッドの中で実行されます。第2引数はスケール縮小量を表し、1.1なら画像を10%ずつ縮小しながら顔を検出します。この数字が大きいと検出漏れが増えます。第3引数は必要とする近傍矩形の数であり、この数が小さいと誤検出が増えます。

```
        face_rects = face_cascade.detectMultiScale(gray, 1.1, 3)
```

検出結果をループして、枠を描画します。

```
        for x,y,w,h in face_rects:
            cv2.rectangle(frame, (x,y), (x+w,y+h), (0,255,0), 3)
```

結果を表示します。

```
        show_image(frame)
```

前節と同様に、中断処理と後始末をします。

```
except KeyboardInterrupt:
    print('Interrupted')

cap.release()
```

以上を実行すると、図13-13のように検出された顔の周りに枠が表示されるでしょう。

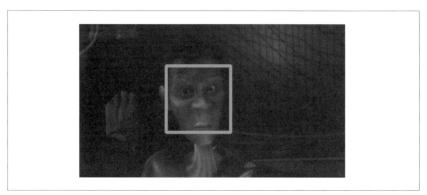

図13-13

本節のコードは、face_detector.ipynbに格納されています。

13.9　目の検出

目の検出も顔の検出と非常によく似ています。顔検出用のカスケードファイルの代わりに、目の検出用のカスケードファイルを用いるだけです。

新たにPython 3のタブを開いて、次のように入力してください。

```
%run ipython_show_image.ipynb
import cv2
import numpy as np
```

顔と目を検出するためのカスケードファイルをそれぞれ読み込みます。

```
face_cascade = cv2.CascadeClassifier(
    'haar_cascade_files/haarcascade_frontalface_default.xml')
eye_cascade = cv2.CascadeClassifier(
    'haar_cascade_files/haarcascade_eye.xml')

if face_cascade.empty():
    raise IOError('Unable to load the face cascade classifier xml file')

if eye_cascade.empty():
    raise IOError('Unable to load the eye cascade classifier xml file')
```

13.9 目の検出

前節と同様に、ループを用いて動画のフレーム画像を読み込み、グレースケールに変換します。

```
cap = cv2.VideoCapture('ed.mp4')
scaling_factor = 1

try:
    while True:
        frame = get_frame(cap, scaling_factor)
        if frame is None: break
        gray = cv2.cvtColor(frame, cv2.COLOR_BGR2GRAY)
```

前節同様に、まず顔を検出します。

```
        face_rects = face_cascade.detectMultiScale(gray, 1.1, 3)
```

検出された顔ごとに、その領域を切り出します。描画用にカラーのフレーム画像も切り出しておきます。

```
        for x,y,w,h in face_rects:
            roi_gray = gray[y:y+h, x:x+w]
            roi_color = frame[y:y+h, x:x+w]
```

グレースケールの部分画像を用いて、目を検出します。

```
            eyes = eye_cascade.detectMultiScale(roi_gray)
```

目の周りに円を描いて、画像を表示します。

```
            for xe,ye,we,he in eyes:
                center = (int(xe + we/2), int(ye + he/2))
                radius = int(0.3 * (we + he))
                color = (0,255,0)
                thickness = 3
                cv2.circle(roi_color, center, radius, color, thickness)

        show_image(frame)
```

前節同様に、後始末をします。

```
except KeyboardInterrupt:
    print('Interrupted')
```

```
cap.release()
```

以上を実行すると、図13-14のように表示されるでしょう。

図13-14

本節のコードは、eye_detector.ipynbに格納されています。

14章
人工ニューラルネットワーク

本章では、人工ニューラルネットワーク（以下、ニューラルネット）について説明します。

本章では次の事柄について学びます。

- ニューラルネット入門
- パーセプトロンに基づく分類器
- 単層ニューラルネット
- 多層ニューラルネット
- ベクトル量子化
- RNNを用いた連続データの解析
- 光学的文字認識（OCR）データベースの文字を可視化
- OCRエンジンの作り方

14.1 ニューラルネット入門

人工知能の基本的な前提のひとつは、人間の知能を必要とするような仕事を実行する機械を作ることです。ならば、人間の脳をモデル化した機械を作ればよい。ニューラルネットは、人間の脳が学習する過程を模擬して設計されたモデルです。

ニューラルネットは、データの中に内在するパターンを識別して学習するように設計されています。分類、回帰、分割などのさまざまな作業をするのに用いられます。ニューラルネットに入力するためには、あらゆるデータを数値形式に変換する必要があります。例えば、画像データ、テキストデータ、時系列データなど、さまざまな形態のデータがありますが、ニューラルネットが理解できるためには、データを数値形式で表現し

なければなりません。

14.1.1　ニューラルネットの構築

　人間の学習過程は階層的です。人間の神経回路網にはさまざまな段階があり、各段階は異なる粒度に対応しています。単純なことを学習する段階もあれば複雑なことを学習する段階もあります。物体を視覚的に認識する例を考えてみます。人間が箱を見るとき、最初の段階ではコーナーやエッジのような単純な形状を識別します。次の段階では、汎用の形状を識別します。その次の段階で、物体の種類を識別します。この過程は課題に応じて異なりますが、だいたいどういうことかはおわかりいただけるでしょう。このような階層構造をとることで、人間の脳は素早く概念を分類して、物体を識別するのです。

　ニューラルネットは、人間の脳の学習過程を模擬して、ニューロンの層から構成されています。ニューロンは、前段落で説明した生物学的な神経細胞にインスパイアされたものです。ニューラルネットの各層は、独立したニューロンの集まりとなっています。ある層のニューロンは、隣接する層のニューロンと結合しています。

14.1.2　ニューラルネットの訓練

　N次元の入力データを扱うなら、入力層はN個のニューロンから構成されます。訓練データにM個のクラスがあるなら、出力層はM個のニューロンから構成されます。入力層と出力層の間の層は、隠れ層と呼ばれます。単純なニューラルネットは数層からなり、ディープニューラルネットは何十もの層から構成されます。

　あるデータを分類するのに、ニューラルネットを用いたい場合を考えてみます。最初に、適切な訓練データを集めてラベル付けをします。ニューラルネットは、各ニューロンの重みを調整することで、誤差が一定値を下回るまで訓練します。誤差とは、基本的に、予測した出力と正解の値との差のことです。誤差の大きさに応じて、ニューラルネットは自分自身を調整して正解に近づくように再訓練します。ニューラルネットの詳細については、http://pages.cs.wisc.edu/~bolo/shipyard/neural/local.htmlを参照してください。

　本章では、NeuroLabというライブラリを用います。詳細はhttps://pythonhosted.org/neurolabを参照してください。端末から次のコマンドを実行するとインストールできます。

```
$ pip3 install neurolab
```

インストールしたら次の節に進んでください。

14.2　パーセプトロンに基づく分類器

　パーセプトロン（perceptron）は、ニューラルネットの基本構成となるものです。単純パーセプトロンは、入力を受け取るニューロンの層が1つあり、計算を行って出力を得ます。判別のために単純な線形計算を行います。N次元の入力データを扱うなら、パーセプトロンはN個の数字の重みづけ和を計算し、定数を足して出力とします。この定数のことを、ニューロンのバイアスと呼びます。重要なことに、この単純パーセプトロンは、非常に複雑なディープニューラルネットを設計するのにも使われます。それでは、NeuroLabを使って、パーセプトロンに基づく分類器を作ってみましょう。

　Jupyter Notebookで新たにPython 3のタブを開いて、次のコードを入力してください。

```
import numpy as np
import matplotlib.pyplot as plt
import neurolab as nl
%matplotlib inline
```

　`data_perceptron.txt`というテキストファイルから入力データを読み込みます。このファイルには次のように、スペースで区切られた数字が並んでいます。

```
0.38 0.19 0
0.17 0.31 0
0.29 0.54 0
0.89 0.55 1
0.78 0.36 1
```

　最初の2つの数字が特徴量で、最後の数字がラベルです。つまり2次元の入力データです。

```
text = np.loadtxt('data_perceptron.txt')
```

　テキストを特徴量データとラベルに分割します。

```
data = text[:, :2]
labels = text[:, 2]
```

ラベルが0なら●、1なら×で特徴量をプロットします。

```
plt.figure()
plt.scatter(data[labels==0, 0], data[labels==0,1], marker='o')
plt.scatter(data[labels==1, 0], data[labels==1,1], marker='x')
plt.xlabel('Dimension 1')
plt.ylabel('Dimension 2')
plt.title('Input data')
plt.show()
```

ここまで実行すると、**図14-1**のように入力データがプロットされるでしょう。

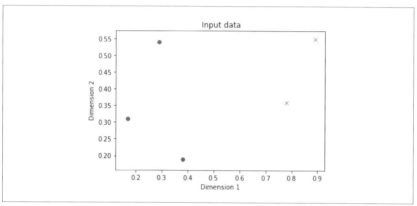

図14-1

次に、パーセプトロンを定義して学習します。まず、データの各次元の最大、最小値を定義します。

```
dim1_min, dim1_max, dim2_min, dim2_max = 0, 1, 0, 1
```

データは2次元なので、パーセプトロンの入力ニューロンもそれに合わせて2個とします。

```
dim1 = [dim1_min, dim1_max]
dim2 = [dim2_min, dim2_max]
```

一方、出力層のほうは、データが2つに分類されるので、出力を表現するには1ビットあれば十分です。そこで、出力層は1個のニューロンから構成されるとします。

```
num_output = 1
```

newp()でパーセプトロンを生成し、train()メソッドで、訓練データを用いてパーセプトロンを訓練します。

```
perceptron = nl.net.newp([dim1, dim2], num_output)
error_progress = perceptron.train(data, labels.reshape(-1,1), epochs=100,
                                  show=20, lr=0.03)
```

誤差を用いて訓練の過程をグラフ化します。

```
plt.figure()
plt.plot(error_progress)
plt.xlabel('Number of epochs')
plt.ylabel('Training error')
plt.title('Training error progress')
plt.grid()
plt.show()
```

ここまでを実行すると、

　　The goal of learning is reached　学習の目標に到達しました

と表示され、**図14-2**のグラフが表示されるでしょう。

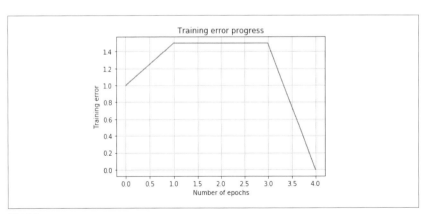

図14-2

4回目のエポック（学習の繰り返し回数のこと）で、誤差が0に向かって収束していることがわかります。

学習したパーセプトロンを用いて推論してみます。ランダムに100個の点を生成して、パーセプトロンに入力し、出力が0なら●、1なら×をプロットします。sim()が推論するメソッドです。

```
xy = np.random.rand(100, 2)
out = perceptron.sim(xy).ravel()

plt.figure()
plt.scatter(xy[out==0,0], xy[out==0,1], marker='o')
plt.scatter(xy[out==1,0], xy[out==1,1], marker='x')
plt.xlabel('Dimension 1')
plt.ylabel('Dimension 2')
plt.show()
```

実行すると**図14-3**が表示されるでしょう。

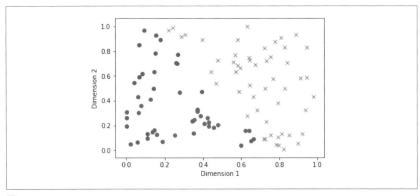

図14-3

2つのクラスが直線で分離されていることがわかります。パーセプトロンはこのような線形分離可能な分類問題しか解くことができません。

本節のコードは、`perceptron_classifier.ipynb`に格納されています。

14.3　単層ニューラルネット

次に、出力ニューロンが2つある場合を考えてみましょう。

新たにPython 3のタブを開いて次のコードを入力してください。

```
import numpy as np
```

```
import matplotlib.pyplot as plt
import neurolab as nl
%matplotlib inline
```

今度は、data_simple_nn.txtというファイルを読み込みます。次に示すように、このファイルの各行には4つの数字があり、先頭2つがデータ、残りの2つがラベルです。ラベルはそれぞれ0か1の値を取り、組み合わせにより4つのクラスを表すことができます。

```
1.0 4.0 0 0
1.1 3.9 0 0
1.2 4.1 0 0
0.9 3.7 0 0
7.0 4.0 0 1
7.2 4.1 0 1
6.9 3.9 0 1
7.1 4.2 0 1
4.0 1.0 1 0
4.1 0.9 1 0
4.2 1.1 1 0
3.9 0.8 1 0
4.0 7.0 1 1
4.2 7.2 1 1
3.9 7.1 1 1
4.1 6.8 1 1
```

data_simple_nn.txtから入力データを読み込みます。

```
text = np.loadtxt('data_simple_nn.txt')
```

データとラベルに分けます。

```
data = text[:, 0:2]
labels = text[:, 2:]
```

入力データをプロットします。ラベルに対応するマーカーを指定します。散布図を描く部分は、あとで使うために関数にしておきます。

```
def plot4(data, labels):
    plt.figure()
    ind = labels[:,0] * 2 + labels[:,1]
    plots = []
```

```
        for i, m in enumerate(('o', '.', '+', 'x')):
            p = plt.scatter(data[ind==i,0], data[ind==i,1], marker=m, c='black')
            plots.append(p)
    plt.xlabel('Dimension 1')
    plt.ylabel('Dimension 2')
    plt.title('Input data')
    plt.legend(plots, ['0 0', '0 1', '1 0', '1 1'], bbox_to_anchor=(1.2, 1))
    plt.show()

plot4(data, labels)
```

以上を実行すると、**図14-4**のように表示されるでしょう。

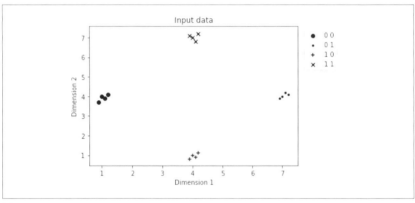

図14-4

次に、各次元の最大、最小数を求めます。前節のように数字を書くのではなく、データから求めています。

```
dim1_min, dim1_max = data[:,0].min(), data[:,0].max()
dim2_min, dim2_max = data[:,1].min(), data[:,1].max()
```

入力の値域と、出力ニューロン数(2)を設定します。

```
dim1 = [dim1_min, dim1_max]
dim2 = [dim2_min, dim2_max]
num_output = 2
```

パーセプトロンを定義して訓練します。

```
nn = nl.net.newp([dim1, dim2], num_output)
error_progress = nn.train(data, labels, epochs=100, show=20, lr=0.03)
```

訓練の過程をグラフ化します。

```
plt.figure()
plt.plot(error_progress)
plt.xlabel('Number of epochs')
plt.ylabel('Training error')
plt.title('Training error progress')
plt.grid()
plt.show()
```

以上を実行すると、**図14-5**のように表示されるでしょう。

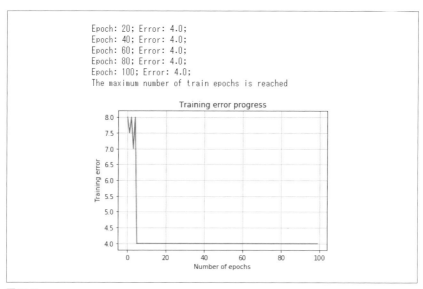

図14-5

100エポック繰り返しましたが、誤差が4以下には収束しませんでした。

テスト用にいくつか点を入力して推論してみます。

```
print('\nTest results:')
data_test = [[0.4, 4.3], [4.4, 0.6], [4.7, 8.1]]
for item in data_test:
    print(item, '-->', nn.sim([item])[0])
```

これを実行すると、次のように表示されるでしょう。

```
Test results:
[0.4, 4.3] --> [0. 0.]
[4.4, 0.6] --> [1. 0.]
[4.7, 8.1] --> [1. 1.]
```

一見うまくいっているように見えます。このデータをプロットします。さらにランダムに100個の点を生成して入力し、推論された結果もプロットしてみます。

```
xy = np.array(data_test)
out = np.where(nn.sim(xy) < 0.5, 0, 1)
plot4(xy, out)

x = np.random.rand(100) * (dim1_max - dim1_min) + dim1_min
y = np.random.rand(100) * (dim2_max - dim2_min) + dim2_min
xy = np.hstack([x.reshape(-1,1), y.reshape(-1,1)])
out = np.where(nn.sim(xy) < 0.5, 0, 1)
plot4(xy, out)
```

以上を実行すると、**図14-6**のようになります。

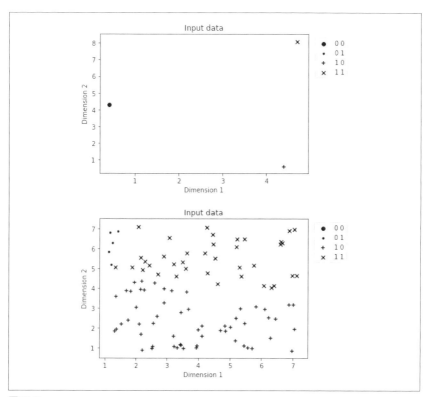

図14-6

ほとんどの結果が、ラベル+ (1 0)か× (1 1)に分けられてしまいました。

これは、単純パーセプトロンでは解けない非線形の問題だからです。つまり、ラベルの値の1桁目は、左右端で0、真ん中が1になっていて、1本の直線で分離できません。したがって1桁目を出力するニューロンの学習はうまくいきません。一方、2桁目は、下と左が0、上と右が1なので、2桁目のニューロンの学習は可能です。

この問題を解決するには、非線形問題を解決できる多層ニューラルネットを用いる必要があります。

上記のニューラルネットを生成する部分を、次のように書き換えます。

```
nn = nl.net.newff([dim1, dim2], [8, num_output])
nn.trainf = nl.train.train_gd
```

これは8ニューロンの隠れ層を1層持った多層ニューラルネットです。同様に学習すると、**図14-7**のようにだいたい4つに分けることができます。

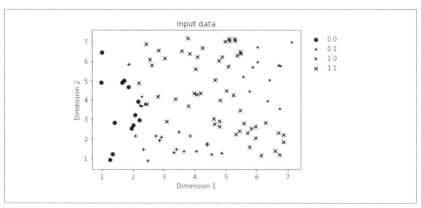

図14-7

本節のコードは、`simple_neural_network.ipynb`に格納されています。

14.4　多層ニューラルネット

精度を高めるために、ニューラルネットの自由度を高めます。すなわち、訓練データに潜在するパターンを抽出できるように、層数を増やします。

前節ではニューラルネットを分類器として使いましたが、本節では回帰問題を解くことにします。例として、次の数式で生成される点データを用いて学習します。

$$y = 3x^2 + 5$$

うまく学習できれば、ニューラルネットにxの値を入れるとこの数式の結果に近いyの値が出力されるようになります。

それでは多層ニューラルネットを作ってみましょう。

新たにPython 3のタブを開いて次のコードを入力してください。

```
import numpy as np
import matplotlib.pyplot as plt
import neurolab as nl
%matplotlib inline
```

14.4 多層ニューラルネット

130個の訓練データ点列を生成して、正規化します。

```
min_val = -15
max_val = 15
num_points = 130
x = np.linspace(min_val, max_val, num_points)
y = 3 * np.square(x) + 5
y /= np.linalg.norm(y)
```

reshape()で、点列を行の方向に変換します。

```
data = x.reshape(-1, 1)
labels = y.reshape(-1, 1)
```

生成した点群をプロットします。

```
plt.figure()
plt.scatter(data, labels)
plt.xlabel('Dimension 1')
plt.ylabel('Dimension 2')
plt.title('Input data')
```

以上を実行すると、**図14-8**のように訓練データが表示されます。

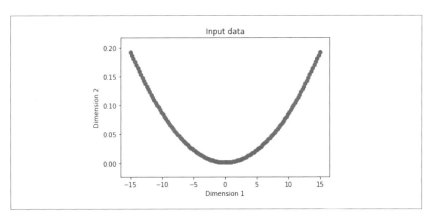

図14-8

次に、2つの隠れ層を持ったニューラルネットを定義します。ニューラルネットの設計は任意です。ここでは、10個と6個のニューロンを持つ隠れ層を用います。なお、値の推定をするので、入力層と出力層は、それぞれ1つのニューロンとなります。

```
nn = nl.net.newff([[min_val, max_val]], [10, 6, 1])
```

訓練アルゴリズムを、最急降下法train_gdとします[*1]。

```
nn.trainf = nl.train.train_gd
```

訓練データを用いて、ニューラルネットを訓練します。

```
error_progress = nn.train(data, labels, epochs=2000, show=100, goal=0.01)
```

訓練過程をグラフ化します。

```
plt.figure()
plt.plot(error_progress)
plt.xlabel('Number of epochs')
plt.ylabel('Error')
plt.title('Training error progress')
plt.show()
```

ここまでを実行すると、図14-9のように表示されるでしょう。

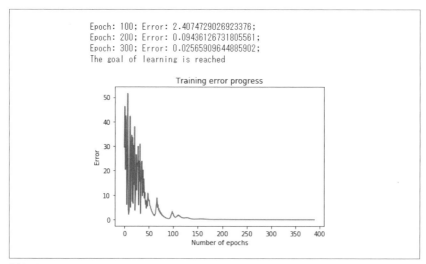

図14-9

[*1] 訳注：**最急降下法**（gradient descent）は最小値探索法のひとつであり、パラメータの組み合わせをしらみつぶしで調べるのが現実的でないときに使います。パラメータに初期値を与え、関数の値が最も小さくなる方向にパラメータを少しずつ動かしていきます。

学習が収束したことが確認できました。なお、内部で乱数が用いられているため、実行するたびに結果は異なります。

それでは、ニューラルネットがどれだけ関数を模倣できているのか、同じ入力データを用いて確認します。

```
output = nn.sim(data)
```

推論値をグラフ化します。

```
plt.figure()
plt.scatter(data, labels, marker='.')
plt.scatter(data, output)
plt.title('Actual vs predicted')
plt.show()
```

以上を実行すると、図14-10のグラフが表示されるでしょう。

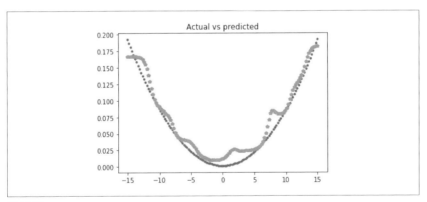

図14-10

推定値は元のデータと傾向が似ていることがわかります。ニューラルネットの訓練を重ねれば、より精度が高まります。

本節のコードは、`multilayer_neural_network.ipynb`に格納されています。

14.5 ベクトル量子化

ベクトル量子化（vector quantization）とは、多次元の入力データを、ある一定数の点で表現する量子化手法です。つまり、N次元の数字を丸めることに相当します。この手

法は、画像認識や意味解析、データサイエンスなどの多くの分野でよく使われます。

ここではニューラルネットを用いてベクトル量子化を実現してみます。

新たにPython 3のタブを開いて次のコードを入力してください。

```
import numpy as np
import matplotlib.pyplot as plt
import neurolab as nl
%matplotlib inline
```

data_vector_quantization.txtというファイルからデータを読み込みます。このファイルの内容は次のようになっており、先頭の2つの数字がデータ点、残りの4つが符号化ラベルです。ラベルの4つの数字のうち、どの桁の数字が1になるかで4つのクラスを表します。このような表現を**one-hot**と言います。

```
0.9 5.1 1 0 0 0
1.2 4.8 1 0 0 0
1.0 4.9 1 0 0 0
0.8 5.2 1 0 0 0
8.0 4.1 0 1 0 0
8.2 4.3 0 1 0 0
7.9 3.8 0 1 0 0
8.3 4.3 0 1 0 0
5.0 1.1 0 0 1 0
5.1 0.8 0 0 1 0
5.3 1.2 0 0 1 0
4.9 0.9 0 0 1 0
5.0 7.0 0 0 0 1
5.2 7.2 0 0 0 1
4.9 7.1 0 0 0 1
5.1 6.8 0 0 0 1
```

ファイルを読み込んで、データとラベルに分割します。

```
text = np.loadtxt('data_vector_quantization.txt')
data = text[:, 0:2]
labels = text[:, 2:]
```

ここでは、**学習ベクトル量子化**（learning vector quantization：**LVQ**）という手法を用います。LVQの入力層に10個のニューロン、出力をクラス数に合わせて4とします。newlvq()の第3引数には、重みを与えます。ここでは等しい重みづけをします。

```
num_input_neurons = 10
num_output_neurons = 4
```

```
weights = [1/num_output_neurons] * num_output_neurons
nn = nl.net.newlvq(nl.tool.minmax(data), num_input_neurons, weights)
```

訓練データを用いてニューラルネットを訓練します。

```
nn.train(data, labels, epochs=500, goal=-1)
```

結果を評価するために、グリッド上の点群を作ります。ここでは、0～10の間を0.2間隔で区切った点列を生成します。

```
xx, yy = np.meshgrid(np.arange(0, 10, 0.2), np.arange(0, 10, 0.2))
xx = xx.reshape(-1, 1)
yy = yy.reshape(-1, 1)
grid_xy = np.hstack([xx, yy])
```

この点群をニューラルネットに入力して推論します。

```
grid_eval = nn.sim(grid_xy)
```

推論結果をクラスに分けて、マーカーの形と色を変えてプロットします。

```
grid_1 = grid_xy[grid_eval[:,0] == 1]
grid_2 = grid_xy[grid_eval[:,1] == 1]
grid_3 = grid_xy[grid_eval[:,2] == 1]
grid_4 = grid_xy[grid_eval[:,3] == 1]

plt.plot(grid_1[:,0], grid_1[:,1], 'm.',
         grid_2[:,0], grid_2[:,1], 'bx',
         grid_3[:,0], grid_3[:,1], 'c^',
         grid_4[:,0], grid_4[:,1], 'y+')
```

訓練データも同様にプロットします。

```
class_1 = data[labels[:,0] == 1]
class_2 = data[labels[:,1] == 1]
class_3 = data[labels[:,2] == 1]
class_4 = data[labels[:,3] == 1]
plt.plot(class_1[:,0], class_1[:,1], 'ko',
         class_2[:,0], class_2[:,1], 'ko',
         class_3[:,0], class_3[:,1], 'ko',
         class_4[:,0], class_4[:,1], 'ko')
```

プロット結果を表示します。

```
plt.axis([0, 10, 0, 10])
plt.xlabel('Dimension 1')
plt.ylabel('Dimension 2')
plt.title('Vector quantization')
plt.show()
```

以上を実行すると、**図14-11**のように表示されるでしょう。

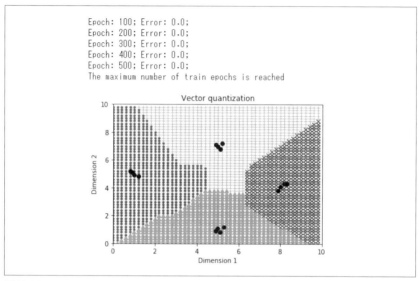

図14-11

訓練データの点群に基づいて、クラス分けされていることがわかります[1]。

---

[1] 訳注：Neurolabのバージョン0.3.5にはバグがあり「TypeError: slice indices must be integers or None or have an __index__ method」というエラーになります。次のように修正する必要があります。

1. neurolabのインストールされているフォルダを調べる。

    ```
    >>> import neurolab
    >>> print(neurolab.__file__)
    C:\Users\aizo\Anaconda3\lib\site-packages\neurolab\__init__.py
    ```
    出力結果の__init__.pyの前までがneurolabのフォルダです。

2. neurolabフォルダにあるnet.pyの176行目を次のように修正する。

    ```
    inx = np.floor(cn0 * pc.cumsum())
       ↓
    inx = np.floor(cn0 * pc.cumsum()).astype(int)
    ```

本節のコードは、vector_quantizer.ipynbに格納されています。

14.6 RNNを用いた連続データ解析

前節までは静的なデータを扱ってきましたが、ニューラルネットは連続データのモデル化をするのも得意です。特に、リカレントニューラルネットワーク（recurrent neural network：**RNN**）は、連続データに最適です。RNNについてはhttp://www.wildml.com/2015/09/recurrent-neural-networks-tutorial-part-1-introduction-to-rnnsが詳しいです。

実世界においては、時系列データが代表的な連続データです。時系列データを扱うときに、汎用の学習モデルを使うことはできないため、データから時間的な依存関係を特徴づけてロバストなモデルを作るのです。

新たにPython 3のタブを開いて、次のコードを入力してください。

```
import numpy as np
import matplotlib.pyplot as plt
import neurolab as nl
%matplotlib inline
```

波形を生成する関数を作ります。ここでは入力値として4つの正弦波から組み合わされる値w、出力値として4つの値を持つ値aを、それぞれ生成して返します。

```
def get_data(n):
    wave_1 = 0.5 * np.sin(np.arange(0, n))
    wave_2 = 3.6 * np.sin(np.arange(0, n))
    wave_3 = 1.1 * np.sin(np.arange(0, n))
    wave_4 = 4.7 * np.sin(np.arange(0, n))

    amp_1 = np.ones(n)
    amp_2 = 2.1 + np.zeros(n)
    amp_3 = 3.2 * np.ones(n)
    amp_4 = 0.8 + np.zeros(n)

    w = np.array([wave_1, wave_2, wave_3, wave_4]).reshape(-1, 1)
    a = np.array([[amp_1, amp_2, amp_3, amp_4]]).reshape(-1, 1)
    return w, a
```

引数に40を指定して訓練データのwaveとampを生成します。

```
num_points = 40
```

```
wave, amp = get_data(num_points)

plt.figure()
p1, = plt.plot(wave)
p2, = plt.plot(amp)
plt.legend([p1, p2], ['wave', 'amp'])
plt.show()
```

ここまでを実行すると、**図14-12**のように訓練データが表示されるでしょう。

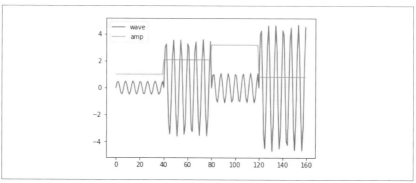

図14-12

次に、newelm()を用いて2層を持つRNNを生成します。

```
nn = nl.net.newelm([[-2, 2]], [10, 1], [nl.trans.TanSig(), nl.trans.PureLin()])
```

各層に初期化関数を設定します。

```
nn.layers[0].initf = nl.init.InitRand([-0.1, 0.1], 'wb')
nn.layers[1].initf = nl.init.InitRand([-0.1, 0.1], 'wb')
nn.init()
```

訓練データを用いて、ニューラルネットを訓練します。訓練過程をグラフ化します。

```
error_progress = nn.train(wave, amp, epochs=1200, show=100, goal=0.01)

plt.figure()
plt.plot(error_progress)
plt.xlabel('Number of epochs')
plt.ylabel('Error (MSE)')
plt.show()
```

ここまでを実行すると、図14-13のように表示されるでしょう。なお、実行するたびに結果は異なります。

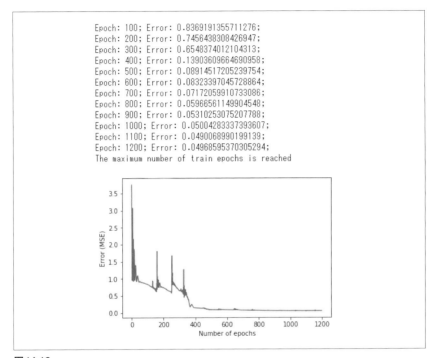

図14-13

それでは、ニューラルネットに訓練データの入力値waveを入力して、どのような推論結果になるのかを評価してみましょう。

```
def visualize_output(original, predicted, xlim=None):
    plt.figure()
    p1, = plt.plot(original)
    p2, = plt.plot(predicted)
    plt.legend([[p1, p2], ['Original', 'Predicted']])
    if xlim is not None:
        plt.xlim(xlim)
    plt.show()

output = nn.sim(wave)
visualize_output(amp, output)
```

実行すると、**図14-14**のように表示されるでしょう。

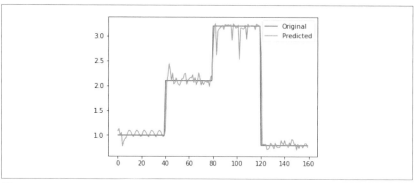

図14-14

オリジナルの波形に対して、推論結果はだいたい一致しています。

次に、周期の異なるデータを入力して検証してみます。

```
i, o = get_data(82)
p = nn.sim(i)
visualize_output(o, p, [0, 300])

i, o = get_data(30)
p = nn.sim(i)
visualize_output(o, p, [0, 300])
```

以上を実行すると、**図14-15**のように表示されるでしょう。

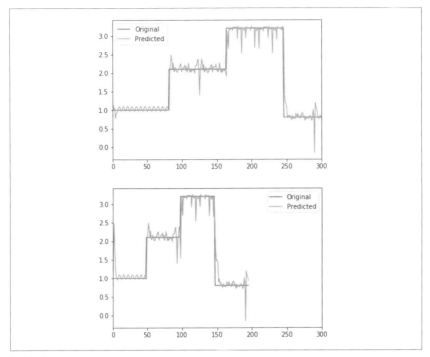

図 14-15

訓練データより周期が長くなっても短くなっても、推論結果はほぼ良好であることがわかります。

本節のコードは、recurrent_neural_network.ipynbに格納されています。

14.7　OCRデータの可視化

ニューラルネットは**光学的文字認識**(optical character recognition：**OCR**)に使うことができ、おそらく最もよく利用されている事例のひとつです。OCRは、画像中の文字を認識する処理のことです。認識モデルの話をする前に、ここで用いるデータセットについて調べてみましょう。データセットはhttp://ai.stanford.edu/~btaskar/ocrから利用可能です。letter.dataというファイルをダウンロードしてください。サンプルコードにも同梱しておきました。

このデータはタブ区切り形式で、内容は次のようになっています。

```
1     o   2     1    1   0  0  0  0  0  0  0  0  0  0  0 ...
2     m   3     1    2   0  0  0  0  0  0  0  0  0  0  0 ...
3     m   4     1    3   0  0  0  0  0  0  0  0  0  0  0 ...
...
52150 i   52151 6877 12  9  0  0  1  1  0  0 ...
52151 a   52152 6877 13  9  0  0  0  0  0  0 ...
52152 l   -1    6877 14  9  0  1  1  0  0  0  0 ...
```

各列の意味は次のとおりです。

- 1列目——ID番号
- 2列目——正解ラベル。a〜zの文字
- 3列目——次のID。最後は−1
- 4列目——単語ID（未使用）
- 5列目——単語中の文字の位置（未使用）
- 6列目——0〜9のフォルダ番号。交差検証に用いる
- 7列目〜134列目——8×16の画素値。文字が1で背景が0

それでは、データの冒頭部分を読み込んで、7列以降の画素値を可視化してみましょう。

新たにPython 3のタブを開いて、次のコードを入力してください。

```
import cv2
import numpy as np
import matplotlib.pyplot as plt
%matplotlib inline
```

OCRデータのファイル名を定義します。

```
input_file = 'letter.data'
```

データ上の文字サイズW, Hを定義します。以下では、各文字の画像をN_COLS × N_ROWSに並べて画像simgに貼り付けていきます。文字の間に1ピクセルの隙間をあけるため、簡便のためW1, H1も定義しておきます。

```
W, H = 8, 16
W1, H1 = W + 1, H + 1
N_COLS, N_ROWS = 9, 5
simg = np.zeros((H1 * N_ROWS, W1 * N_COLS), dtype=np.uint8)
```

14.7 OCRデータの可視化

ファイルの各行を順番に読み込んで、タブで分割し、list_valsに格納します。2列目の正解ラベルの文字list_vals[1]を画面に表示します。

```
col, row = 0, 0
with open(input_file, 'r') as f:
    for line in f.readlines():
        list_vals = line.split('\t')
        c = list_vals[1]
        print(c, end='')
```

7列目以降（list_vals[6:-1]）を画素値に変換します。画素値1の部分を白く表示するため255倍にします。それをW×Hの画像に変換し、simgのcol,rowで指定した位置にコピーします。

```
data = np.array([255 * int(x) for x in list_vals[6:-1]])
img = np.reshape(data, (H, W)).astype(np.uint8)
simg[row*H1:row*H1+H,col*W1:col*W1+W] = img
```

colとrowを次の位置に更新して、次の行を処理に移ります。

```
col += 1
if col == N_COLS:
    col = 0
    row += 1
    print('')
    if row == N_ROWS:
        break
```

最後に、simgをRGBに変換して表示します。

```
simg = cv2.cvtColor(simg, cv2.COLOR_GRAY2RGB)
plt.figure()
plt.imshow(simg)
plt.show()
```

以上を実行すると、**図14-16**のように表示されるでしょう。

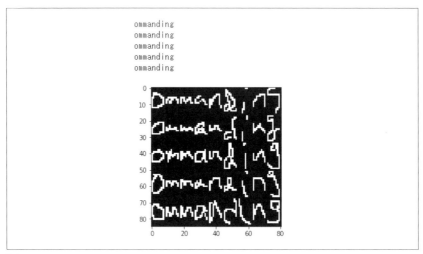

図 14-16

テキストでommandingと表示されているのは正解ラベルに相当します。画像を見ると、データセットは手書き文字であることがわかります。

本節のコードは、`character_visualizer.ipynb`に格納されています。

14.8　OCRエンジン

データの取扱い方がわかったので、ニューラルネットを用いてOCRエンジンを作ってみましょう。

新たにPython 3のタブを開いて、次のコードを入力してください。

```
import numpy as np
import neurolab as nl
```

入力ファイル名と、使用するデータ数num_datapointsを定義します。そのうち9割を訓練用の個数num_train、残り1割を検証用の個数num_testとします。

```
input_file = 'letter.data'

num_datapoints = 50
num_train = int(0.9 * num_datapoints)
num_test = num_datapoints - num_train
```

14.8 OCRエンジン

学習する文字群を定義します。ここでは、omandigの7種類の文字を学習します。また文字数をnum_orig_labelsに格納しておきます。

```
orig_labels = 'omandig'
num_orig_labels = len(orig_labels)
```

データセットを用意し、ファイルからデータを読み込みます。前節と同様に、1行ずつ読み込んでタブで分割します。正解ラベルlist_vals[1]が対象外の文字であれば処理を除外します。

```
data = []
labels = []

with open(input_file, 'r') as f:
    for line in f.readlines():
        list_vals = line.split('\t')

        if list_vals[1] not in orig_labels:
            continue
```

ラベルはサイズnum_orig_labels(=7)の配列であり、omandig上に正解ラベルの存在する位置の要素を1、残りを0とします。例えばoなら[1,0,0,0,0,0,0]、mなら[0,1,0,0,0,0,0]となります。これをlabelに追加します。

```
        label = np.zeros((num_orig_labels, 1))
        label[orig_labels.index(list_vals[1])] = 1
        labels.append(label)
```

文字の画像データlist_vals[6:-1]を読み込み、dataに追加します。

```
        cur_char = np.array([float(x) for x in list_vals[6:-1]])
        data.append(cur_char)
```

以上の処理を、指定したデータ件数num_datapointsに達するまで繰り返します。

```
        if len(data) >= num_datapoints:
            break
```

データをNumPyの配列に変換します。num_dimsは文字画像の画素数です。

```
labels = np.array(labels).reshape(-1, num_orig_labels)
```

```
num_dims = 8 * 16
data = np.array(data).reshape(-1, num_dims)
```

128ニューロンと16ニューロンの2つの隠れ層を持つニューラルネットを生成します。入力層には画像が入力されるため、値域[0, 1]を画素数分用意します。出力層はサイズnum_orig_labels(=7)の配列となります。訓練アルゴリズムは、最急降下法train_gdを使います。

```
nn = nl.net.newff([[0, 1]] * num_dims, [128, 16, num_orig_labels])
nn.trainf = nl.train.train_gd
```

先頭からnum_train個のデータを使って、ニューラルネットを訓練します。

```
error_progress = nn.train(data[:num_train,:], labels[:num_train,:],
                          epochs=10000, show=100, goal=0.01)
```

ここまでを実行すると、次のように表示されるでしょう。

```
Epoch: 100; Error: 56.857655755637566;
Epoch: 200; Error: 46.38709780094814;
Epoch: 300; Error: 35.29115488072307;
...
Epoch: 4900; Error: 0.0292268991460072;
Epoch: 5000; Error: 0.011086614476215027;
The goal of learning is reached
```

このときは5,000エポックで収束しましたが、実行によっては最大10,000エポックまで繰り返しても収束しないことがあります。

それでは、訓練したニューラルネットを用いて推論してみます。検証用データを入力して、推論結果を表示します。np.argmax(predicted[i])は、predicted[i]のうち最大値になる要素のインデックスを返します。例えば、predicted[i]が[0,0,1,0,0,0,0]なら2を返します。そして、インデックスに相当するラベルを表示します。orig_labelsにはラベルが'omandig'のように並んでいるので、インデックスが2ならラベルaが表示されるわけです。

```
print('Testing on unknown data:')
predicted = nn.sim(data[num_train:, :])
for i in range(num_test):
    print('\nOriginal:', orig_labels[np.argmax(labels[num_train+i])])
    print('Predicted:', orig_labels[np.argmax(predicted[i])])
```

以上を実行すると次のように表示されるでしょう。

```
Testing on unknown data:

Original: o
Predicted: o

Original: m
Predicted: n

Original: m
Predicted: m

Original: a
Predicted: n

Original: n
Predicted: n
```

5つのうち3つが正解でした。ここでは50個のデータを使いましたが、もっと多くのデータを用いて、エポック数を増やせば、精度が向上します。その分、訓練には計算時間がかかりますが。

本節のコードは、`ocr.ipynb`に格納されています。

15章
強化学習

本章では、強化学習に関する次の事柄について学びます。

- 強化学習の前提条件
- 強化学習と教師あり学習の違い
- 強化学習の実例
- 強化学習の構成要素
- 環境設定
- 学習エージェントの構築

15.1　強化学習の前提条件

　学習という概念は人工知能の基本原理です。機械が学習の過程を理解できれば、機械は自分で学習できるようになります。人間なら周囲の環境を観察し、やりとりすることで学習できます。新しい場所に行けば、ざっと見渡して周りで何が起こっているのかを調べます。そこで何をすべきかを教えてくれる人はいませんが、環境との関係を構築することによって、さまざまな事象を起こす原因に関する情報がたくさん集まります。原因と結果について、どの行動がどの結果を導くのかについて、目標達成のために何をしなければならないのかについて学習するのです。

　人間は日常生活のあらゆる場面でこの前提条件を使っています。周囲に関する知識をすべて集め、今度は周囲への応答方法を学びます。演説者の例を考えましょう。優れた演説者は公の場で演説する際に、発言に対して聴衆がどのように反応しているのかに気を配ります。聴衆の反応が悪いときには、演説者はすぐさま話題を変えて、聴衆がついてくることを確認します。おわかりのとおり、演説者は自らの行動を通じて環

境に影響を与えようとしています。演説者は、なんらかの「目標」を達成するための行動をする目的で、聴衆とのやりとりから「学習」します。これこそが人工知能の最も基本的な概念のひとつです。このことを念頭において、強化学習を説明します。

強化学習（reinforcement learning）とは、報酬を最大化するために、行動を学習し、状況を行動に写像する処理のことを表します。機械学習のほとんどのパラダイムにおいて、学習エージェントはなんらかの目標を達成するための行動を指示されています。一方、強化学習においては、学習エージェントはなすべき行動を指示されておらず、試行錯誤によってどの行動が最大の報酬をもたらすのかを発見しなければなりません。行動はすぐに得られる即時報酬に影響するだけでなく、次の状況における遅延報酬にも影響します。

強化学習について考える良い方法は、学習の方法ではなく、学習する問題を定義しているのだと理解することです。つまり、強化学習には、問題を解決できる任意の学習方法が採用できるということです。

強化学習には、試行錯誤による学習と、遅延報酬という2つの明確な特徴があります。強化学習エージェントはこれら2つの特徴を用いて、行動の結果から学習するのです。

15.2　強化学習と教師あり学習の違い

多くの研究が教師あり学習に関して行われています。強化学習は教師あり学習に似ていると思われがちですが、実際には異なります。教師あり学習は、ラベルの付いたデータから学習するものです。便利な方法ではありますが、やりとりの中から学習するのには不十分です。例えば、未知の環境でナビゲートする機械を設計するには、事前に訓練データを取得できないため、教師あり学習は役に立ちません。エージェントが、未知の環境とやりとりすることで、自分の経験から学べるようにする必要があります。こういう分野で強化学習は本領発揮します。

エージェントが学習のために新しい環境とやりとりをする場面のうち、探索の側面を考えます。どれくらいの探求が可能なのでしょうか？ 環境がどれだけ広いのかわからないし、ほとんどの場合、すべての可能性を探索することは不可能です。ならば、エージェントは何をすべきなのでしょうか？ 限定された経験から学習すればよいのでしょうか？ あるいは、さらに探索してから行動を起こせばよいのでしょうか？ これこそ強化学習の重要な課題のひとつです。より良い報酬を得るために、エージェントはすでに試行錯誤済みの中から最も良い行動を利用すれば済みます。しかし、そのような行動を

発見するためには、これまで選択したことのない新たな行動を探索し続ける必要があります。この探索と利用のトレードオフに関して、何年も研究が続けられていて、今なお活発に議論されています。

15.3 強化学習の実例

実世界における強化学習の事例は次のとおりです。強化学習の仕組みや応用を考えるのに役立つでしょう。

ゲーム

囲碁やチェスのようなゲームを考えます。最適な手を決定するのに、プレイヤーはさまざまな要因を考える必要があります。手数が膨大になるので、総当たり探索は不可能です。従来の手法を使ってゲームをプレイするには、すべての可能性を網羅した膨大な推論規則を設定する必要があります。一方、強化学習を用いれば、この問題を完全に無視できます。手作業で推論規則を設定する必要がなくなります。学習エージェントが実際にゲームをプレイすることによって学ぶからです。

ロボット制御

新しい建物を探索するロボットを考えてみます。ロボットは、基地に戻るために必要な電力が確実に残っている必要があります。ロボットは、これから探索によって集められる情報の量と、安全に基地に戻れる余力の間のトレードオフを考慮して行動を決定する必要があります。

産業品の制御

エレベーターの運行スケジュールを考えてみます。良いスケジュールは、最小の電力と最大の運搬人数をもたらすものです。このような問題に関して、強化学習エージェントは、シミュレートされた環境から学習し、知識を得て、最適なスケジュールを導き出します。

赤ちゃん

赤ちゃんは数か月間、歩こうと奮闘します。バランスをとる方法を覚えるまで、繰り返し試行錯誤して学びます。

以上の事例をよく観察すると、共通する性質があることがわかるでしょう。すべて環境とのやりとりに関係します。学習エージェントは環境に未確定要素があったとしてもなんらかの目標を達成しようとします。エージェントの行動が環境の未来の状態を変えます。エージェントが環境とやりとりし続ければ、利用可能な好機に影響を与えます。

15.4　強化学習の構成要素

次に、強化学習を構成する要素について調べます。エージェントと環境のやりとりの間には、**図15-1**のような要因が絡んでいます。

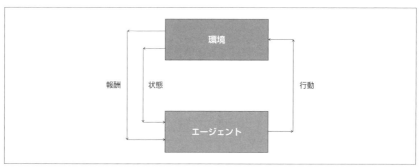

図15-1

典型的な強化学習は次のステップで進めます。

1. エージェントと環境に関する状態の集合を定義します。
   ある時点において、エージェントは入力状態を観察して環境を知るのです。
2. とるべき行動を管理するためのポリシーを定義します。
   ポリシーは意思決定の機能として働きます。行動は、入力状態とポリシーに基づいて決定されるのです。
3. 上記の手順に従ってエージェントが行動をとります。
4. エージェントの行動に応えて環境がなんらかの反応をします。
   エージェントは、環境から報酬を得ることで強化されます。
5. エージェントがこの報酬に関する情報を記録します。
   特定の状態と行動の組に報酬を結びつけて記録することが重要です。
6. 強化学習システムは、複数の処理を同時に行います。

具体的には、試行錯誤の探索から学習し、環境のモデルを学習し、そのモデルを使って次のステップを計画します。

15.5　環境の構築

強化学習エージェントを構築するために、OpenAI Gymというパッケージを用います。詳細は、https://gym.openai.com を参照してください。

次のようにpipコマンドを使ってインストールしてください。

```
$ pip3 install gym
```

インストールに問題があるときは、https://github.com/openai/gym#installation を参照してください。

また、gymが用いるpygletというOpenGLライブラリのバージョンによっては、Jupyter Notebook上でエラーになって動作しない場合があります。その場合には、次のようにpygletのバージョンを指定して再インストールしてください。

```
$ pip3 uninstall pyglet
$ pip3 install pyglet==1.2.4
```

Jupyter Notebookで新たにPython 3のタブを開いて、次のコードを入力してください。まず、強化学習パッケージgymをインポートします。

```
import gym
```

gymにはいくつかの環境が用意されているので、その環境名の配列name_mapを定義します。exampleで指定した環境をgym.make()で読み込み、reset()メソッドで初期化します。

```
name_map = ['CartPole-v1',
            'MountainCar-v0',
            'Pendulum-v0']

example = 0
env = gym.make(name_map[example])
env.reset()
```

ステップを1,000回繰り返します。render()メソッドで現在の状況を別ウィンドウに表示します。sample()によってenv.action_spaceの中からランダムに行動を選

択してactionに代入します。actionをenv.step()に渡して次のステップに進みます。1,000回繰り返したらループが終わります。close()メソッドを呼んで、ウィンドウを閉じます。

```
for _ in range(1000):
    env.render()
    action = env.action_space.sample()
    env.step(action)

env.close()
```

　以上を実行すると、ウィンドウが開いて**図15-2**、**図15-3**、**図15-4**のようなアニメーションが表示されるでしょう。これは、棒を垂直に立てて倒れないようにする倒立振子のシミュレーションです。棒が倒れると、反動で支点が左右に動きます。やがて、画面からはみ出てしまうことでしょう。

　別の環境を試してみましょう。環境の番号を1にして実行してください。

```
example = 1
```

　図15-5、**図15-6**のように、斜面を車がいったりきたりするシミュレーションが表示されるでしょう。

15.5 環境の構築 | **361**

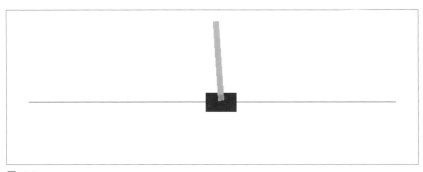

図 15-2

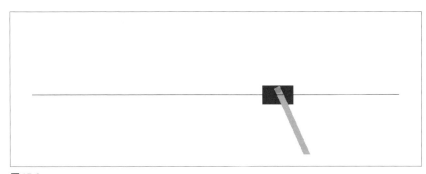

図 15-3

図 15-4

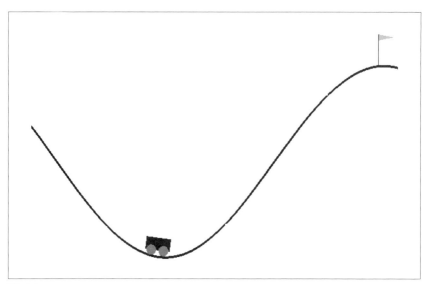

図15-5

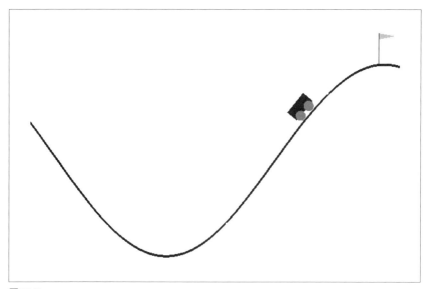

図15-6

本節のコードは、run_environment.ipynbに格納されています。

15.6　学習エージェントの構築

前節では1,000回のステップを繰り返しました。1回の試行のことを**エピソード**（episode）と言います。エピソードを繰り返すことによって、エージェントが目標を達成する方法を学習します。

新たにPython 3タブを開いて、次のコードを入力してください。本節では、倒立振子の環境CartPole-v1を用いることにします。

```
import gym
env = gym.make('CartPole-v1')
```

次に、エピソードを繰り返すループを作ります。ここでは20回エピソードを繰り返すことにします。最初にreset()で環境を初期化します。戻り値observationには環境の初期状態が格納されています。倒立振子CartPoleの環境では、observationの内容は、

- 支点の位置
- 支点の速度
- 棒の角度
- 棒の角加速度

の4要素です。

```
for episode in range(20):
    observation = env.reset()
```

エピソードごとに、最大100回ステップを繰り返します。まずrender()で画像を表示し、環境の状態observationの内容を表示します。

またここでは、環境の値を使わずに、sample()を用いてaction_spaceの中からランダムに行動を決定します。すなわち、支点は右か左かにランダムに移動します。

```
    for step in range(100):
        env.render()
        print(observation)
        action = env.action_space.sample()
```

この行動をメソッドstep()に渡すと、次の環境の状態を返してきます。

observationを更新し、報酬rewardと、終了フラグdoneを得ます。もしdoneがTrueならループを抜けて、次のエピソードに進みます。倒立振子の場合は、棒が倒れるとdoneがTrueになります。また、すべてのエピソードが終了したら、env.close()で後始末をします。

```
        observation, reward, done, info = env.step(action)
        if done: break

    print('Episode finished after {} timesteps'.format(step+1))
env.close()
```

以上のコードを実行すると、倒立振子のシミュレーションが実行され、次のように画面に表示されるでしょう。なお、実行するたびに、表示される内容は異なります。

```
[ 0.00229296  0.02848274 -0.03777957 -0.00025638]
[ 0.00286262 -0.1660776  -0.0377847   0.28027133]
[-0.00045894  0.0295624  -0.03217927 -0.02408527]
...
[ 0.09112732  1.40198423 -0.17486533 -2.24411537]
Episode 1 finished after 12 timesteps
[ 0.00154008  0.01748649 -0.00275277 -0.00869484]
[ 0.00188981 -0.17759587 -0.00292667  0.28311829]
...
Episode 2 finished after 13 timesteps
...
Episode 20 finished after 27 timesteps
```

環境から学習せず行動をランダムに決定しているため、棒が立っているステップ数はバラバラで、しかも短いです。

本節のコードは、balancer.ipynbに格納されています。

15.7　エージェントの例①

前節ではランダムに行動を決定していたため、棒が立っているステップ数が短い結果となりました。もう少し賢く行動を決定するように改良してみましょう。

まず単純に現在の棒の角度から支点の動く方向を決定するエージェントを考えてみます。

```python
import gym

env = gym.make('CartPole-v1')
steps = []
for episode in range(20):
    observation = env.reset()

    for step in range(100):
        env.render()
        _,_,th,_ = observation
        if th < 0:
            action = 0
        else:
            action = 1

        observation, reward, done, info = env.step(action)
        if done: break

    print('Episode {} finished after {} timesteps'.format(episode+1, step+1))
    steps.append(step+1)
env.close()
```

実行すると次のようになり、ランダムな方法よりは、棒が立っているステップ数が若干長くなりました。

```
Episode 1 finished after 38 timesteps
Episode 2 finished after 45 timesteps
Episode 3 finished after 41 timesteps
...
Episode 99 finished after 47 timesteps
Episode 100 finished after 41 timesteps
```

ステップ数をグラフ表示してみます。

```python
import matplotlib.pyplot as plt
%matplotlib inline

plt.figure()
plt.plot(steps)
plt.xlabel('Episode')
plt.ylabel('Step')
plt.show()
```

実行すると、**図15-7**のようなグラフになり、平均40ステップ程度の横ばいであることがわかります。

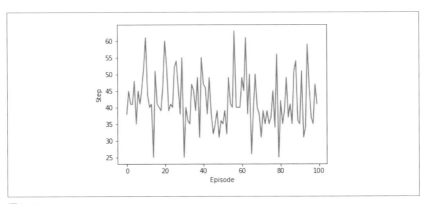

図15-7

本節のコードは、agent1.ipynbに格納されています。

15.8　エージェントの例②

前節の例は若干改良されましたが、経験から学習をしているわけではありませんでした。次に過去の環境と行動の記憶を使って、うまくいくパターンを学習していくようにします。目標は、できるだけ長いあいだ棒を立て続け、かつ、支点を画面からはみ出ないようにすることです。

Q学習（Q-learning）という方法を用います。Q学習とは、環境の状態をs、行動をaとするとき、$Q(s, a)$という値を定義し、現在の状態stに対して最大の$Q(st, a)$をもたらす行動aを選択する方法です。Qの値はステップごとに報酬に基づいて更新していきます。直観的に言えば、うまくいく環境と行動の組み合わせのQ値は高くなっていきます。

倒立振子の場合、環境の状態はobservationの4要素が連続量なので、連続量を量子化して状態とします。具体的には、それぞれの要素の値を5段階に分けて、その組み合わせに番号を振ります。その結果、5^4（= 625）個の状態ができます。それぞれの行動は0か1かになるため、$5^4 \times 2$の行列によってQ値を管理することになります。

クラスAgentのメンバQにはQ値が格納されます。last_s、last_aは前回の状態

と行動です。quantize5()は、値を5段階に量子化する関数です。quantize()は、環境obsを状態に変換する関数です。

```python
import gym
import numpy as np
import random

class Agent:
    def __init__(self):
        self.Q = np.zeros((5**4,2))
        self.last_s = None
        self.last_a = None

    def quantize5(self, x, a, b):
        return 0 if x < -a else 1 if x < -b else \
               2 if x <= b else 3 if x <= a else 4

    def quantize(self, obs):
        pos = self.quantize5(obs[0], 1.2, 0.2)
        vel = self.quantize5(obs[1], 1.5, 0.2)
        ang = self.quantize5(obs[2], 0.25, 0.02)
        acc = self.quantize5(obs[2], 1.0, 0.2)
        return  pos + vel * 5 + ang * 25 + acc * 125
```

行動を決定するメソッドを定義します。環境obsから状態sを求めて、np.argmax(self.Q[s,:])によってその状態のQ値の大きいほうの行動aを選びます。ただし、エピソード数episodeが少ないときは、高い確率でランダムに0か1が選ばれることもあります。この確率はepisodeにほぼ反比例して小さくなっていきます。こうすることでQの値が偏らなくなります。

Q学習の理論に基づいて、Q値を更新します。詳しい説明は、以下を参照してください。

　　　https://ja.wikipedia.org/wiki/Q学習

最後に、状態sと選択した行動aをメンバ変数に保存しておきます。

```python
    def action(self, obs, episode, reward):
        s = self.quantize(obs)
        if random.random() > 0.5 * (1 / (episode + 1)):
            a = np.argmax(self.Q[s,:])
        else:
            a = random.randint(0, 1)
```

```
        if self.last_s is not None:
            q = self.Q[self.last_s, self.last_a]
            self.Q[self.last_s, self.last_a] = \
                q + 0.2 * (reward + 0.99 * np.max(self.Q[s,:]) - q)
        self.last_s = s
        self.last_a = a
        return a
```

以上でエージェントのクラスが定義できました。

続いて、このエージェントを用いるように、ステップのループを記述します。次のアクションを、上で定義したagent.action()を呼び出すことによって決定します。

また、200ステップに達しなかった場合には、報酬に-200を指定してペナルティーを与えるようにします。

```
agent = Agent()

env = gym.make('CartPole-v1')
steps = []
for episode in range(100):
    observation = env.reset()

    reward = 0
    for step in range(200):
        env.render()
        action = agent.action(observation, episode, reward)
        observation, reward, done, info = env.step(action)
        if done:
            agent.action(observation, episode, -200)
            break

    print('Episode {} finished after {} timesteps'.format(episode+1, step+1))
    steps.append(step+1)
env.close()
```

以上を実行すると、倒立振子のシミュレーションが始まります。始めはランダムに支点が動くのですぐに棒が倒れてしまいますが、徐々に長く続くようになります。最大ステップ数の200に到達することも珍しくなくなります。

```
Episode 1 finished after 24 timesteps
Episode 2 finished after 15 timesteps
Episode 3 finished after 16 timesteps
```

```
...
Episode 98 finished after 200 timesteps
Episode 99 finished after 200 timesteps
Episode 100 finished after 200 timesteps
```

ステップ数のグラフで確認します。

```
import matplotlib.pyplot as plt
%matplotlib inline

plt.figure()
plt.plot(steps)
plt.xlabel('Episode')
plt.ylabel('Step')
plt.show()
```

実行すると、**図15-8**のようなグラフになります。

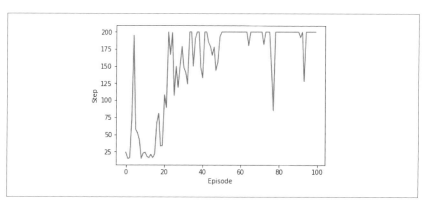

図15-8

エピソードが進むにつれ、ステップが長くなることが多くなっています。エージェントが環境から学習していることが確認できました。

本節のコードは、agent2.ipynbに格納されています。

16章
畳み込みニューラルネットを用いたディープラーニング

本章では、ディープラーニングと畳み込みニューラルネット（CNN）について学びます。CNNはこの数年、特に画像認識の分野でますます勢いを増してきました。

本章では次の事柄について学びます。

- 畳み込みニューラルネット（CNN）とは何か
- CNNの構造
- CNNの層の種類
- パーセプトロンに基づく線形回帰
- 単層ニューラルネットを用いた画像分類
- CNNを用いた画像分類

16.1 畳み込みニューラルネット

「14章 人工ニューラルネットワーク」で学んだとおり、ニューラルネットはニューロンから構成されており、各ニューロンは入力の重みづけ和にバイアスを加えて出力するものでした。訓練過程で重みとバイアスが調整されていき、優れた学習モデルとなります。各ニューロンは一群の入力を受け取り、うまく処理して、ひとつの値を出力します。ニューラルネットを多層で構成したものを、**深層ニューラルネット**（deep neural network：DNN）と呼びます。深層ニューラルネットを用いた人工知能の分野を**ディープラーニング**（deep learning、深層学習）と言います。

従来のニューラルネットの主な欠点は、入力データの構造を無視することです。ニューラルネットに入力するデータは、すべて1次元の配列に変換する必要があります。通常のデータに対してはうまく働きますが、画像を扱うのは困難でした。

グレースケール画像を考えてみます。画像は2次元の構造体であり、画素の空間的配置に潜在的な情報があることがわかります。この情報を無視すると、潜在的なパターンの多くを失うことになるでしょう。そこで、**畳み込みニューラルネット**（convolutional neural network：CNN）の出番です。CNNは画像の2次元構造を考慮して処理します。

CNNもまた重みとバイアスを持つニューロンによって構成されます。ニューロンは入力を受け取り、処理して、なんらかの値を出力します。CNNの目的は、入力層に生の画像データを入力し、出力層に正しい分類を出力することです。従来のニューラルネットとCNNの違いは、入力データの扱いです。CNNは入力が画像であると仮定し、画像特有の性質を抽出します。これによってCNNは画像を効率よく扱えるのです。

それではCNNの成り立ちを調べましょう。

16.2 CNNの構造

従来のニューラルネットを扱うときには、入力データを1次元のベクトルに変換する必要がありました。このベクトルがニューラルネットの入力となり、ニューラルネットの各層に渡されていきます。層上の各ニューロンが、その前層のすべてのニューロンと結合してします。さらに、同じ層のニューロンどうしは結合していないことも重要です。ニューロンは、隣接する層の間でのみ結合しているのです。最後の層は出力層であり、最終出力を表します。

しかしながら、この構造を画像に適用すると、すぐさま管理困難になります。例えば、256×256のRGB画像を扱うことを考えます。3チャンネル画像なので、256×256×3 = 196,608個の結合、すなわち、重みが必要です。これが1つのニューロンについてであることに注意してください。各層には複数のニューロンがあるので、重みの数は急速に増大します。つまり、このモデルは訓練過程において調整すべきパラメータの数が膨大になってしまうのです。その結果、非常に複雑になり計算時間のかかるものになります。各層が前層のすべてのニューロンと結合することを**全結合**（fully connected）と言います。全結合による多層ニューラルネットが扱いづらいのは明らかです。

CNNでは、データを処理する際に、画像ならではの構造を考慮します。CNNのニューロンは、前層のニューロンの小さな部分領域とだけ結合します。入力画像に$N×N$のフィルタをかけているようなものです。全結合では前層の全ニューロンと結合していることと対照的です。$N×N$のフィルタは複数個使われるので、CNNのニューロンは、幅、高さ、深さの3次元となります。

1回のフィルタだけでは、画像のすべての特性を把握できないので、M回繰り返してすべての詳細を把握するようにします。M個のフィルタは、特徴量抽出器として働きます。これらのフィルタの出力を調べると、エッジやコーナーなどの特徴量を抽出していることがわかります。CNNの始めのほうの層では画像特徴量を抽出しますが、層が進むにつれて高度な特徴を抽出することになります。

16.3　CNNの層の種類

CNNの構造がわかったので、それを構成する層の種類を調べることにしましょう。通常のCNNは次の層を用います。

入力層 (input layer)
この層は生の画像データをそのまま受け取ります。

畳み込み層 (convolutional layer)
この層は入力の部分領域についてニューロンの畳み込みを計算します。画像の畳み込みについては、http://web.pdx.edu/~jduh/courses/Archive/geog481w07/Students/Ludwig_ImageConvolution.pdf を参照してください。畳み込み層は、前層の部分領域と、重みとの間の内積を取る計算です。

ReLU層 (rectified linear unit layer：正規化線形ユニット層)
この層は前層に活性化関数[*1]をかけるものです。この関数は通常、max(0, x) を用います。この関数は、ネットワークに非線形性を追加して汎用化するのに必要です。

プーリング層 (pooling layer)
この層は前層をサンプリングして小さい次元の構造にまとめます。プーリングは、ネットワーク上の処理を進めるにつれて目立つ特徴だけを保持するのに役立ちます。前層の $K \times K$ の部分領域のうちの最大値を用いるMaxプーリングがよく使われます。

[*1] 訳注：**活性化関数** (activation function) は、ニューロンの入力の重み付き和を次の層に伝播させるときにかける関数です。ある値以上ならニューロンを発火状態の1に近づけ、そうでなければ0に近づけるような、閾値処理を行います。シグモイド、ハイパボリックタンジェント、ReLUなどが使われます。

全結合層（fully connected layer）
　この層は最終層の出力値を計算するものです。Lを訓練データセットのクラス数とすると、出力層のサイズは$1 \times 1 \times L$となります。

　ニューラルネット上で、入力層から出力層に進むにつれて、入力画像は画素値から最終的なクラスのスコアに変換されていきます。これまでCNNのさまざまな構成が提案されており、現在も活発な分野です。モデルの正確性や頑健性は、層の種類、ネットワークの深さ、ネットワーク上の層の配置、各層で用いる関数、訓練データなど、さまざまな要因に依存します。

16.4　パーセプトロンに基づく線形回帰

　まず、パーセプトロンを用いて線形回帰をしてみましょう。「2章 教師あり学習を用いた分類と回帰」でも線形回帰をしましたが、ここではニューラルネットを用いる方法で、線形回帰モデルを構築してみます。

　本章では、TensorFlowとKerasを用います。これは、人気のあるディープラーニングパッケージであり、さまざまな実用システムを構築するために幅広く使われています。まずTensorFlowをインストールしてから、以下を進めてください。インストール方法はhttps://www.tensorflow.org/get_started/os_setupを参照してください。

　Anacondaなら、次のコマンドでインストールできます[*1]。

```
$ conda install tensorflow
```

　インストールできたら、Jupyter Notebookを立ち上げ、新しいPython 3タブを開いて、次のコードを入力してください。

```
%matplotlib inline
import numpy as np
import matplotlib.pyplot as plt
from tensorflow.keras.callbacks import Callback
from tensorflow.keras.models import Sequential
from tensorflow.keras.layers import Dense
from tensorflow.keras.initializers import RandomUniform
from tensorflow.keras.optimizers import SGD
```

[*1] 訳注：本書訳出時点でTensorFlowはPython 3.7に対応していません。「1.11 パッケージのインストール」で説明したようにPython 3.6の環境を作ってからインストールしてください。

16.4 パーセプトロンに基づく線形回帰

ここでは、$y = mx + c$ という数式に基づいて、num_points個の点群を生成します
（$m = 0.2$、$c = 0.5$）。値には正規分布に基づくノイズを付与します。

```
num_points = 1200
m = 0.2
c = 0.5
x_data = np.random.normal(0.0, 0.8, num_points)
noise = np.random.normal(0.0, 0.04, num_points)
y_data = m * x_data + c + noise
```

生成した点をプロットします。

```
plt.figure()
plt.plot(x_data, y_data, 'ro')
plt.title('Input data')
plt.show()
```

ここまでを実行すると、**図16-1**のように、点群が表示されます。

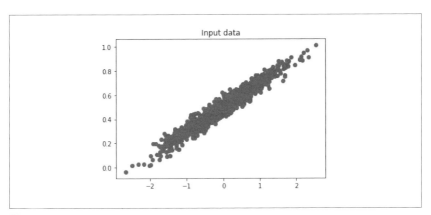

図16-1

$x = 0$のときの値が0.5で、傾きが0.2の分布になっていることがわかります。

それでは、この点群をパーセプトロンに入力して、線形回帰により数式 $y = 0.2x + 0.5$ を推定してみましょう。

事前準備として、繰り返し回数 num_iterations と、繰り返しのたびに呼び出されるコールバック関数 MyCallback.on_epoch_end を定義します。

```
num_iterations = 10

class MyCallback(Callback):
    def on_epoch_end(self, epoch, logs):
```

後述のmodelに対し、メソッドget_weights()を呼び出し、ニューロンの重みを取得して表示します。また、logsから損失を取り出して表示します。

```
        W = self.model.get_weights()[0][0][0]
        b = self.model.get_weights()[1][0]
        print('ITERATION', epoch+1)
        print('W =', W)
        print('b =', b)
        print('loss =', logs.get('loss'))
```

入力データを赤の丸印でプロットし、現在のWとbによる関数のグラフを線で描画します。

```
        plt.figure()
        plt.plot(x_data, y_data, 'ro')
        plt.plot(x_data, W * x_data + b)
        plt.title('Iteration ' + str(epoch+1) + ' of ' +
                  str(num_iterations))
        plt.show()
```

それでは、パーセプトロンを定義します。ニューラルネットのモデルはSequentialというオブジェクトを用いて定義します。

単層パーセプトロンなので、全結合層Denseは1枚のみのモデル構成です。出力は1次元、活性化関数は線形linear、入力input_shapeは1次元とします。kernel_initializerにRandomUniformを設定して、重みを−1〜1の一様乱数で初期化します。バイアスは、デフォルトの設定で0に初期化されます。

```
model = Sequential([
    Dense(1, activation='linear', input_shape=(1,),
          kernel_initializer=RandomUniform(-1.0, 1.0))
])
```

次に、compile()を呼び出してモデルをコンパイルします。損失関数lossには最小二乗誤差mseを指定し、最適化法として確率的最急降下法SGDを指定します。ここでは、学習の収束状況を可視化するために、あえて小さい学習率0.001にしています。

```
model.compile(loss='mse', optimizer=SGD(0.001))
```

それではfit()メソッドを呼び出して訓練を開始しましょう。

まず、訓練データx_dataとy_dataを渡します。

batch_sizeには、ミニバッチのサイズを指定します。ここでは1を指定して、訓練データをひとつ渡すたびに重みを更新します。

訓練の反復回数epochsにnum_iterations（10回）を指定します。

verboseを0にすると、訓練過程の状態表示がなくなります。

callbacksには、訓練の過程で呼び出されるコールバック関数を定義したオブジェクトを指定します。上記のようにon_epoch_end()を定義したMyCallbackオブジェクトを指定します。

```
history = model.fit(x_data, y_data,
                    batch_size=1, epochs=num_iterations,
                    verbose=0, callbacks=[MyCallback()])
```

以上を実行すると、**図16-2**のように、推定したWやb、lossの値が表示され、入力データの分布の上に推定した関数のグラフが表示されるでしょう。

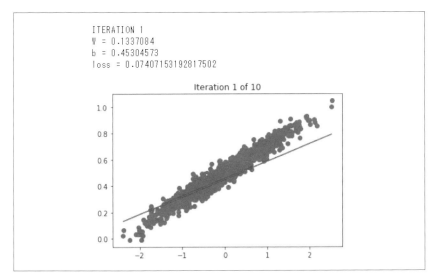

図16-2

1回目の訓練後は、**図16-2**のように、推定値は正解とまったく異なっています（$y = 0.2x + 0.5$を推定しているので、ここでは$W = 0.2$、$b = 0.5$が正解です）。なお、初期値Wは乱数により決定されるため、実行のたびにグラフの形状は異なります。

2回目の訓練後は、**図16-3**のように、グラフが分布の上に少し乗ってきます。

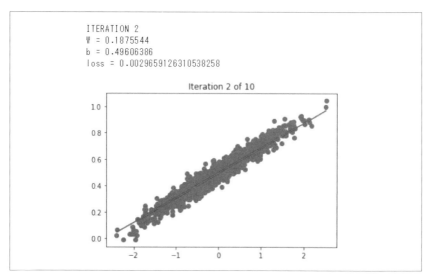

図16-3

3回目の訓練後は、**図16-4**のように、かなり一致してきます。

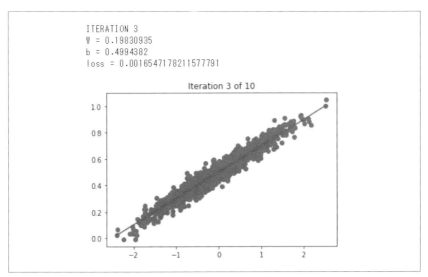

図16-4

10回の訓練後は、**図16-5**のように、正しいグラフによく一致しました。このときの推定値は、$W = 0.20096685$、$b = 0.5003721$ と、正しい値の0.2、0.5に、ほぼ一致しました。つまり、線形回帰による関数の推定が成功したわけです。

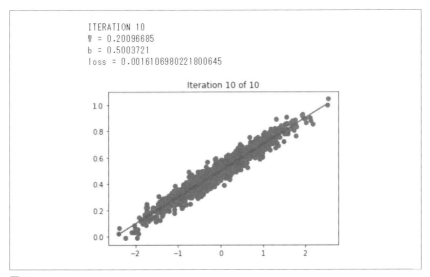

図16-5

本節のコードは、linear_regression_keras.ipynbに格納されています。

16.5　単層ニューラルネットによる画像分類

次に、単層ニューラルネットを用いた画像分類器の作り方を説明します。ここでは、MNISTという手書き数字の画像データセットを用います。目標は、各画像の数字を正しく認識することです。

新たにPython 3のタブを開いて、次のコードを入力してください。

```
import numpy as np
from tensorflow.keras.models import Sequential
from tensorflow.keras.layers import Dense, Flatten
from tensorflow.keras.optimizers import SGD
from tensorflow.keras.datasets import mnist
```

tensorflow.keras.datasets.mnistパッケージのload_data()を呼び出して、MNISTの画像データを取得します。このとき、ネット上からMNISTのデータをダウンロードするため、実行環境をネットに接続しておく必要があります。

load_data()は、訓練データと検証データに分けて値を返すので、それぞれ、x_train、y_trainと、x_test、y_testに格納します。

```
(x_train, y_train), (x_test, y_test) = mnist.load_data()
```

ベクトルデータx_trainとx_testは0〜255の濃淡値で手書き数字画像を表しているため、それぞれ255.0で割って0〜1.0の値に正規化します。

```
x_train = x_train / 255.0
x_test = x_test / 255.0
```

正解ラベルy_trainとy_testには、0〜9の整数が格納されています。これを**one-hot**の形式に変換します。one-hotとは、次のようにひとつだけ1で残りは0の配列でラベルを表現する形式です。

```
0: [1,0,0,...,0]
1: [0,1,0,...,0]
2: [0,0,1,...,0]
   ...
9: [0,0,0,...,1]
```

この形式は、出力層のニューロンのひとつを1にして分類結果を表すように学習する場合に適しています。one-hotに変換するには、tensorflow.keras.utils.to_categorical()を使うか、次のようにnp.eye()で単位行列を作って、ラベルに該当する行を取り出します。

```
y_train = np.eye(10)[y_train]
y_test = np.eye(10)[y_test]
```

　次にモデルを定義します。MNISTの画像は28×28のサイズなので、Flattenで1次元の配列に変換して入力層とします。次に10個のニューロンを持つ出力層をDenseで定義します。活性化関数activationにはsoftmaxを指定します。

```
model = Sequential([
    Flatten(input_shape=(28, 28)),
    Dense(10, activation='softmax')
])
```

　損失関数として交差エントロピーcategorical_crossentropyを指定し、最適化関数に確率的最急降下法SGDを指定します。また、評価指標metricsに正解率accuracyを指定します。

```
model.compile(loss='categorical_crossentropy',
              optimizer=SGD(0.5),
              metrics=['accuracy'])
```

　それではfit()を呼び出して訓練を開始しましょう。訓練回数は100回、ミニバッチサイズは75とします。
　ミニバッチとは、データ全体からランダムにbatch_size個の部分集合を選択し、その平均損失を最小化するように重みを最適化することです。次のステップでは、選択されなかったデータからランダムに部分集合を取ります。ミニバッチを用いると、高速に計算でき学習が安定します。
　verboseは2にして、訓練状態を簡単に表示します。

```
history = model.fit(x_train, y_train, epochs=100, batch_size=75,
                    verbose=2)
```

　ここまでを実行すると、次のように訓練状態が表示されるでしょう。

```
Epoch 1/100
 - 2s - loss: 0.3837 - acc: 0.8898
Epoch 2/100
 - 1s - loss: 0.3046 - acc: 0.9146
Epoch 3/100
 - 1s - loss: 0.2916 - acc: 0.9183
...
Epoch 98/100
 - 1s - loss: 0.2389 - acc: 0.9337
Epoch 99/100
 - 1s - loss: 0.2388 - acc: 0.9332
Epoch 100/100
 - 1s - loss: 0.2395 - acc: 0.9326
```

訓練データを使った評価では、正解率が0.93程度で頭打ちになりました。

次に、検証データを用いて正解率を求めます。

```
score = model.evaluate(x_test, y_test, verbose=0)
print('Accuracy =', score[1])
```

これを実行すると、次のように正解率が表示されます。

```
Accuracy = 0.9209
```

モデルの正解率は92.1%となりました。訓練に使っていないデータによる評価なので、当然ながら、訓練中に表示された正解率よりも悪くなります。なお、内部で乱数を用いているため、実行のたびに値は異なります。

さらに、画像認識が正しくできているか可視化してみます。次のコードを入力してください。

```
%matplotlib inline
import matplotlib.pyplot as plt
```

検証用データの冒頭10個をひとつずつ入力し、predict()メソッドで各クラスのスコアを計算します。最大値となるスコアのインデックスをargmax()で求め、推定ラベルpredictedとします。同様に正解ラベルのone-hot形式y_testから正解ラベルanswerを求めます。

```
for i in range(10):
    plt.figure(figsize=(1,1))
```

```
score = model.predict(x_test[i].reshape(1, 28, 28))
predicted = np.argmax(score)
answer = np.argmax(y_test[i])
```

画像データも表示します。上で求めた推定ラベルと正解ラベルは、図のタイトルとして表示します。

```
plt.title('Answer:' + str(answer) + ' Predicted:' + str(predicted))
plt.imshow(x_test[i].reshape(28, 28), cmap='gray')
plt.xticks(())
plt.yticks(())
plt.show()
```

以上を実行すると、**図16-6**のように表示されるでしょう。

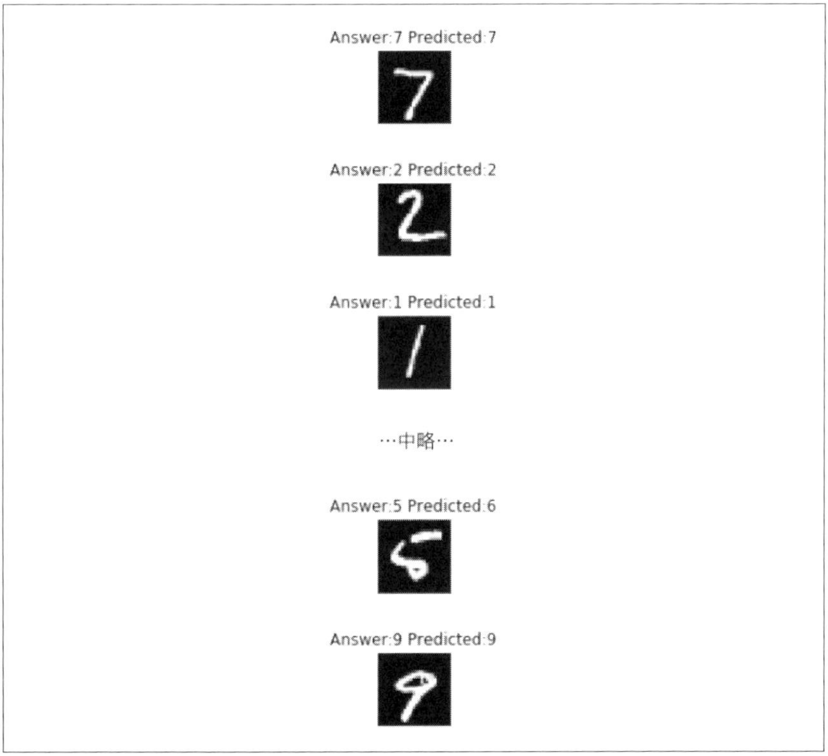

Answer:7 Predicted:7

Answer:2 Predicted:2

Answer:1 Predicted:1

…中略…

Answer:5 Predicted:6

Answer:9 Predicted:9

図16-6

最後から2つ目の画像が、正解が5なのに6と誤認識されていることがわかります。

本節のコードは、`single_layer_keras.ipynb`に格納されています。

16.6　CNNを用いた画像分類器

前節の単層ニューラルネットによる画像分類器は、正解率が92.1%と、あまりよくありませんでした。画像を1次元のベクトルに変換したため、空間的な特徴を無視していました。

そこで、CNNを用いてもっと高い正解率を目指します。データセットは同じで、単層ニューラルネットの代わりにCNNを用います。

新たにPython 3のタブを開いて、次のコードを入力してください。冒頭は、インポートするオブジェクト名が少し異なるだけで、前節とほぼ同じです。

```
import numpy as np
from tensorflow.keras.models import Sequential
from tensorflow.keras.layers import Dense, Flatten, \
    MaxPooling2D, Conv2D, Dropout
from tensorflow.keras.optimizers import SGD
from tensorflow.keras.datasets import mnist

(x_train, y_train), (x_test, y_test) = mnist.load_data()
x_train = x_train / 255.0
x_test = x_test / 255.0
y_train = np.eye(10)[y_train]
y_test = np.eye(10)[y_test]
```

それでは、入力層から順番に定義していきましょう。

画像の2次元特徴を活用するため、x_trainとx_testを4次元のテンソルに変換します。2番目と3番目の次元で画像のサイズを指定します。

```
x_train = x_train.reshape(-1, 28, 28, 1)
x_test = x_test.reshape(-1, 28, 28, 1)
```

画像の5×5の部分領域を畳み込んで32個の特徴量を抽出する畳み込み層Conv2Dを定義します。活性化関数をReLU関数とします。

```
model = Sequential([
    Conv2D(32, (5, 5), input_shape=(28, 28, 1), activation='relu'),
```

次に、2×2のMaxプーリング層MaxPooling2Dを生成します。

```
MaxPooling2D(pool_size=(2,2)),
```

同様に、第2の畳み込み層も生成します。今度は、32個の特徴量から64個の特徴量を抽出します。さらにMaxプーリング層で縮小します。

```
Conv2D(64, (5, 5), activation='relu'),
MaxPooling2D(pool_size=(2,2)),
```

1層のMaxプーリング層で画像サイズは半分になるため、2層のあとでは画像サイズは28の1/4で7、すなわち7×7に縮小されます。これをFlattenで1次元にします。次に、1,024個のニューロンを持つ全結合層Denseを生成し、活性化関数としてReLU関数を適用します。

```
Flatten(),
Dense(1024, activation='relu'),
```

過学習を防ぐため、ドロップアウト層Dropoutを生成します。ドロップアウトとは、一部のニューロンを無視して学習する手法です。ニューロンの出力をドロップアウトさせる確率を0.5とします。

```
Dropout(0.5),
```

最後に、10個のクラスに対応する10個のニューロンを持つ出力層を定義します。

```
Dense(10, activation='softmax')
])
```

損失関数を交差エントロピーとし、最適化関数をadamとして、ネットワークをコンパイルします。

```
model.compile(loss='categorical_crossentropy',
              optimizer='adam',
              metrics=['accuracy'])
```

以上でネットワークを構築できたので、fit()を呼び出して訓練を開始します。繰り返し回数は5回、ミニバッチサイズは75としました。

```
history = model.fit(x_train, y_train, epochs=5, batch_size=75,
```

```
                        verbose=1)
```

以上を実行すると、次のように訓練の状態が順番に表示されるでしょう。

```
Epoch 1/5
60000/60000 [==============================] - 65s 1ms/step
 - loss: 0.1395 - acc: 0.9578
Epoch 2/5
60000/60000 [==============================] - 63s 1ms/step
 - loss: 0.0433 - acc: 0.9866
Epoch 3/5
60000/60000 [==============================] - 63s 1ms/step
 - loss: 0.0288 - acc: 0.9909
Epoch 4/5
60000/60000 [==============================] - 63s 1ms/step
 - loss: 0.0240 - acc: 0.9924
Epoch 5/5
60000/60000 [==============================] - 62s 1ms/step
 - loss: 0.0203 - acc: 0.9940
```

正解率は徐々に良くなり、99.4%になりました。

次に、検証用のデータセットを用いて正解率を計算します。

```
score = model.evaluate(x_test, y_test, verbose=1)
print('Accuracy =', score[1])
```

これを実行すると、次のように正解率が表示されるでしょう。

```
10000/10000 [==============================] - 4s 395us/step
Accuracy = 0.9919
```

訓練中の正解率よりは下がりますが、それでも99.2%になりました。前節の単層ニューラルネットに比べて、正解率が大きく向上していることが確認できました。

最後に、検証用データの冒頭10個を使って認識してみます。

```
%matplotlib inline
import matplotlib.pyplot as plt

for i in range(10):
    plt.figure(figsize=(1,1))

    score = model.predict(x_test[i].reshape(1, 28, 28, 1))
    predicted = np.argmax(score)
```

```
answer = np.argmax(y_test[i])
plt.title('Answer:' + str(answer) + ' Predicted:' + str(predicted))

plt.imshow(x_test[i].reshape(28, 28), cmap='gray')
plt.xticks(())
plt.yticks(())
plt.show()
```

前節の単層ニューラルネットが誤認識した画像は、**図16-7**のように正しく5と認識されました。このことからもCNNが優れていることがわかります。

図16-7

本節のコードは、cnn_keras.ipynbに格納されています。

付録A
退屈なことはPythonにやらせよう
4色問題篇

相川 愛三

　本付録は日本語版オリジナルの記事です。

　「7章 ヒューリスティック探索」では、制約充足問題（CSP）の例として4色問題を解いて、地図を塗り分けました。しかしながら、例題の地図から領域の隣接関係を調べるのはとても面倒です。実際に、原書には隣接関係の洗い出しに間違いがありました。

　そこで本稿では、画像処理を応用して自動的に隣接関係を調べ、さらにCSPを解いて地図を塗り分けてみます。

　例として図A-1の白地図map.pngを対象にします。次のコードを入力して、画像を読み込んで表示します。

```
%matplotlib inline
import numpy as np
import matplotlib.pyplot as plt
import cv2

org_image = cv2.imread('map.png')
plt.imshow(org_image)
plt.show()
```

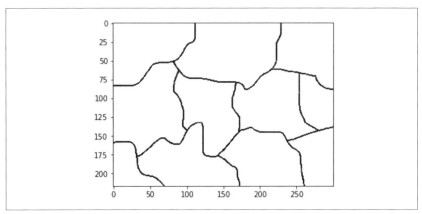

図 A-1

A.1 領域の番号付け

まず、線によって分割される各領域に識別番号を付けます。

OpenCVには、cv2.findContours()という領域の輪郭抽出をする便利な関数があります。しかしながら、境界線が細いと領域をうまく分離できないことがあるため、まず境界線を太くします。

境界線を太くするには、各領域を縮める処理をします。グレースケールに変換してから、モルフォロジー処理のcv2.erode()を用います。ここでは3×3のカーネルを用いて領域を縮めています。

```
gray_image = cv2.cvtColor(org_image, cv2.COLOR_BGR2GRAY)
kernel = np.ones((3,3), np.uint8)
gray_image = cv2.erode(gray_image, kernel, iterations=1)
plt.imshow(gray_image)
plt.gray()
plt.show()
```

これを実行すると、**図A-2**のように領域の境界線が太く明確になっていることが確認できます。

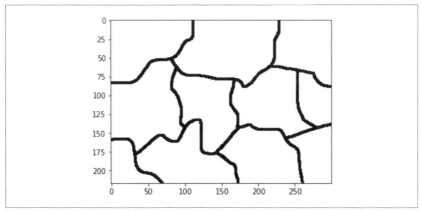

図A-2

この画像を対象にcv2.findContours()を呼び出して、輪郭情報contoursを抽出します。そして、1から始まる領域の識別番号を画素値として、各領域を塗りつぶします。領域を塗りつぶすにはcv2.drawContours()という関数を用います。

```
contours, _ = cv2.findContours(gray_image, cv2.RETR_TREE,
                               cv2.CHAIN_APPROX_SIMPLE)[-2:]
for i,cnt in enumerate(contours):
    gray_image = cv2.drawContours(gray_image, [cnt], 0, i+1, cv2.FILLED)

plt.imshow(gray_image)
plt.show()
```

これを実行すると、**図A-3**のように各領域が塗り分けられていることがわかります。これにより、任意の画素値を調べれば、その画素が含まれている領域の識別番号がわかります。

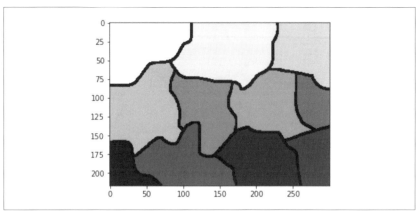

図 A-3

A.2 隣接領域の探索

領域情報は輪郭の座標の配列なので、輪郭をたどって周辺画素の値を調べれば、隣接している領域の識別番号がわかります。

ncを領域数とし、領域IDの隣接情報をadjacent[ID] = set()とします。

```
nc = len(contours)
adjacent = [set() for _ in range(nc+1)]
```

輪郭上の点からDの範囲に含まれる画素値を調べ、その重複のない集合surroundingsを作ります。それとadjacentの和集合を求めれば、隣接する領域の識別番号を求めることができます。

```
h, w = gray_image.shape
D = 5
for i,cnt in enumerate(contours):
    for x,y in cnt.reshape(-1,2):
        if (D <= x < w - D) and (D <= y < h - D):
            surroundings = set(gray_image[y-D:y+D+1, x-D:x+D+1].ravel())
            adjacent[i+1] |= surroundings
```

しかしながら、この集合には自分自身の識別番号と、境界線の値(0)も含まれているため、それらを除去します。さらに、2つの領域iとjの間では、領域iの隣接集合にjが入っていて、領域jの隣接集合にiが入っているため、一方を除去します。

```
for i in range(1, nc+1):
    adjacent[i] -= set([0, i])
    for j in adjacent[i]:
        if i in adjacent[j]:
            adjacent[j].remove(i)
    print(i, ':', adjacent[i])
```

ここまでを実行すると、次のように、各領域の隣接領域の番号が表示されます。最後のset()は空集合を表します。

```
1 : {4, 8}
2 : {3, 4, 6, 7}
3 : {5, 7}
4 : {6, 8}
5 : {7, 9}
6 : {7, 8, 10}
7 : {9, 10}
8 : {10, 11}
9 : {10}
10 : {11}
11 : set()
```

A.3　4色問題の解決

以上で隣接関係の検出を自動化できたので、この結果に基づいて、制約条件constraintsを作成します。基本的に7章のプログラムと同じです。

```
from simpleai.search import CspProblem, backtrack

names = list(range(1, nc+1))
colors = dict((name, ['red', 'green', 'blue', 'gray']) \
              for name in names)

def constraint_func(names, values):
    return values[0] != values[1]

constraints = [((a, b), constraint_func)
               for a in range(1, nc+1)
               for b in adjacent[a]]

problem = CspProblem(names, colors, constraints)
output = backtrack(problem)
```

```
print('Color mapping:')
for k, v in output.items():
    print(k, '==>', v)
```

以上を実行すると、次のように表示されます。

```
Color mapping:
1  ==> red
2  ==> red
3  ==> green
4  ==> green
5  ==> red
6  ==> blue
7  ==> gray
8  ==> gray
9  ==> green
10 ==> red
11 ==> green
```

A.4　地図の塗り分け

　領域と色を対応づけたので、実際に地図を塗り分けてみます。領域の色はoutputに格納されています。その色を、色テーブルcvaluesを参照してcv2.drawContours()に渡し、領域を塗りつぶします。

```
cvalues = {'red':(0,0,255), 'green':(0,255,0),
           'blue':(255,0,0), 'gray':(128,128,128)}

dst_image = np.zeros((h, w, 3), np.uint8)
for i, cnt in enumerate(contours):
    dst_image = cv2.drawContours(dst_image, [cnt], 0,
                                 cvalues[output[i+1]], cv2.FILLED)
plt.imshow(dst_image)
plt.show()
```

　以上を実行すると、**図A-4**のように4色で色分けされていることが確認できます。

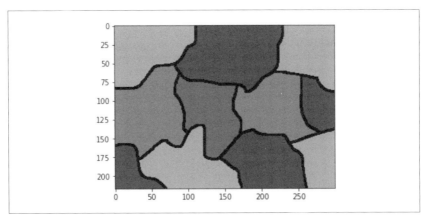

図A-4

本稿のコードは、auto_coloring.ipynbに格納されています。

索引

記号・数字

%matplotlib inline 33
%run 34
4色問題 162, 389
8パズル 165

A

A*アルゴリズム 165
absdiff() 301
activation function（活性化関数）............ 373, 376
AdaBoost 79, 318
AdaBoostRegressor 80
Affinity Propagation（AP：アフィニティープロ
　パゲーション）... 102
affinity_propagation() 105
AI（artificial intelligence：人工知能）................... 1
Anaconda 17
annealing schedule（焼きなまし計画）............ 154
astar 169
availability 103

B

BFS（breadth first search：幅優先探索）........ 152
Binarizer() 27
BoW（bag-of-words）.. 236

C

calcHist() 311
calcOpticalFlowPyrLK() 314
CAMShift（continuously adaptive mean shift：
　連続的適応 Mean Shift）................................ 307
CascadeClassifier() 320

chunker 235
chunking（チャンク化）.................................... 234
class_weight 73
clear_output() 298
CMA-ES（covariance matrix adaptation evolution
　strategy：共分散行列適応進化戦略）........... 183
CNN（convolutional neural network：畳み込み
　ニューラルネット）................................ 371, 384
collaborative filtering（協調フィルタ）............ 124
conda 18
conde() 136
condeseq() 136
confusion matrix（混同行列）............................. 40
convolutional layer（畳み込み層）............ 373, 384
corr() 265
CountVectorizer 238, 240
createBackgroundSubtractorMOG2() 305
CRF（conditional random field：条件付き確率
　場）.. 271
cross validation（クロスバリデーション、交差
　検証）... 38
crossover（交叉） 176
CSP（constraint satisfaction problem：制約充足
　問題）... 153, 159, 389
CspProblem 161
cv2.imshow() 298
cvtColor() 301
cvxopt 18, 254

D

DCT（discrete cosine transform：離散コサイン
　変換）.. 288
deap 177

decision tree（決定木）.. 58
DecisionTreeClassifier... 61
DecisionTreeRegressor 80
deep learning（ディープラーニング、深層学習）
.... 371
detectMultiScale() 321
DFS (depth first search：深さ優先探索) 152
dijkstra's algorithm（ダイクストラ法） 165
DNN (deep neural network：深層ニューラル
ネット) 371
drawContours() 394

E

easyai 210
EM (expectation-maximization：期待値最大化)
.... 98
encoding='utf-8' 45
ensemble learning（アンサンブル学習） 57
episode（エピソード） 363
erode() 390
ERT (extremely randomized trees) 64, 81
euclidean score（ユークリッドスコア） 119
evaluation function（評価関数） 176
evolutionary algorithm（進化的アルゴリズム）
.... 175
exemplar 103
ExtraTreesClassifier... 67
ExtraTreesRegressor 83

F

F1値.. 39, 63
fft().. 283
findContours() 391
fit_transform() 29
fitness function（適応度関数） 175, 176
Flatten... 381
fourier transform（フーリエ変換） 282
FrankWolfeSSVM... 272
fully connected（全結合）................................... 372
fully connected layer（全結合層） 374, 376

G

GA (genetic algorithm：遺伝的アルゴリズム)
.... 175
GausiannHMM.. 269
GaussianMixture 99

GaussianNB... 37
genetic programming（遺伝的プログラミング）
.... 8, 190
gensim... 18, 229
get_frame() 298
GMM (gaussian mixture model：混合ガウスモ
デル) 98
GPS (general problem solver：一般問題解決器)
.... 13
gradient descent（最急降下法） 338
greedy best-first search（貪欲最良優先探索法）
.... 165
greedy search（貪欲探索） 155
GridSearchCV()... 76
ground truth（正解） 40
gym 359

H

Haar特徴量... 319
HallOfFame... 184
heuristic（ヒューリスティックス）.............. 8, 152
heuristic search（ヒューリスティック探索）
.... 151, 152
hill climbing（山登り法） 153
HMM (hidden markov model：隠れマルコフモ
デル)... 266, 291
hmmlearn.. 254, 291
HSV色空間.. 303
hyperplane（超平面） 43

I

idf (inverse document frequency：逆文書頻度)
.... 240
informed search（情報あり探索） 152
input layer（入力層） 373
inRange()... 304
integral image（積分画像） 319
IPL (information processing language：情報処
理言語)... 13
iterative deepening（反復深化） 212

J

jupyter notebook 19

K

kanren 133

Keras 374
KMeans 88
KNeighborsClassifier 115
k-近傍モデル 113
k-平均++ (k-means++) 86

L

L1正規化 29
LabelEncoder 31
lall 147
LancasterStemmer 232
LDA (latent dirichlet allocation：潜在的ディリ
　クレ配分法) 249
least absolute deviations (最小絶対値) 29
lemmatization (レンマ化) 233
LinearRegression 49
LinearSVC 46
local search (局所探索) 153
LogisticRegression 33
Lucas-Kanade法 313
LVQ (learning vector quantization：学習ベクト
　ル量子化) 340

M

MAP (maximum a posteriori：最大事後確率)
　... 98
markov model (マルコフモデル) 267
matplotlib 18
Maxプーリング層 385
max() 263
Mean Shift (ミーンシフト、平均値シフト)
　.. 90, 307
mean() 28, 263
MeanShift 91, 107
medianBlur() 304
membero() 136
MFCC (mel frequency cepstral coefficient：メル
　周波数ケプストラム係数) 288, 292
min() 263
minimax (ミニマックス法) 207
MiniMaxScaler 29
MNIST 380
MSE (mean squared error：平均二乗誤差)
　... 191
MultinomialNB 241
mutation (突然変異) 176, 177

N

NaiveBayesClassifier 243, 246
Natural Language Toolkit 228
NearestNeighbors 113
negamax algorithm (ネガマックス法) 209
neurolab 327, 342
newff() 335, 338
newlvq() 340
newp() 329
NLP (natural language processing：自然言語
　処理) 5, 9, 227
nltk 18, 228
normalization (正規化) 29
numpy 18

O

OCR (optical character recognition：光学的文字
　認識) 272, 347
One Max問題 177
one-hot 340, 380
OpenAI Gym 359
OpenCV 18, 297, 390
opencv-python 298
OpenGL 359
overfitting (過学習、過剰適合) 26, 58, 63, 385

P

Pandas 18, 254
pandas_datareader 103
pd.date_range 255
pearson score (ピアソンスコア) 119
perceptron (パーセプトロン) 327, 374
pickle 50
pip 18
PolynomialFeatures 53
pooling layer (プーリング層) 373
population (個体群) 176
PorterStemmer 232
predict_proba() 69
pruning (枝刈り) 208
pyglet 359
pystruct 254
Python 3 .... 16, 18, 20, 374
python_speech_features 289

Q

Q-learning（Q学習） 366
Quandl 104, 275

R

random forest（ランダムフォレスト） 63, 67
RandomForestClassifier 65
recombination（組換え） 177
RegexpTokenizer 249
regression（回帰） 47
reinforcement learning（強化学習） 355
ReLU層（rectified linear unit layer：正規化線形
　ユニット層） 373
responsibility 103
RNN（recurrent neural network：リカレント
　ニューラルネットワーク） 343
rolling() 264

S

scale() 28
scikit-learn 18
scipy 18
selection（選択） 176
sent_tokenize() 230
Sequential 376
sigmoid curve（シグモイド曲線） 32
silhouette_score() 95
simpleai 155
simulated annealing（シミュレーテッドアニー
　リング、焼きなまし法） 154
SnowballStemmer 232, 250
SSS*アルゴリズム 220
std() 28
stemming（ステミング） 231
supervised learning（教師あり学習） 25, 356
survival of the fittest（適者生存） 175
SVM（support vector machine：サポートベク
　ターマシン） 43
SVR 55
sympy 18, 133

T

tensorflow 18, 374
tf（term frequency：単語頻度） 239
tf-idf 239

TfidfTransformer 241
Tic-Tac-Toe（三目並べ） 206, 214
token（トークン） 229
tokenization（トークン化） 229
transposition table（局面遷移表） 212

U

UFS（uniform cost search：均一コスト探索）152
Unicode 文字 45
unification（ユニフィケーション、単一化） ... 132
uninformed search（情報なし探索） 152
unsupervised learning（教師なし学習） 26, 85
utilities.ipynb 33

V

vector quantization（ベクトル量子化） 339
VideoCapture() 299
visualize_classifier 33

W

wavfile 280
word_tokenize() 230
WordPunctTokenizer 230

あ行

アフィニティープロパゲーション（Affinity
　Propagation：AP） 102
アルファ・ベータ法 208
アンサンブル学習（ensemble learning） 57
一般問題解決器（general problem solver：GPS）
　... 13
遺伝的アルゴリズム（genetic algorithm：GA）
　... 175
遺伝的プログラミング（genetic programming）
　.. 8, 190
移動平均 264
色空間 303
色ヒストグラム 311
映画推薦システム 126
エージェント 11, 14, 356, 358
　〜の例 364, 366
エキスパートシステム 5
枝刈り（pruning） 208
エピソード（episode） 363
エポック（学習の繰り返し回数） 329
エンコーディング 30

オプティカルフロー 313
音階合成 287
音楽生成 287
音声信号 279
音声特徴量の抽出 288
音声認識 5, 279, 291

か行

回帰（regression） 47
ガウシアンHMM 269, 292
顔検出 317
過学習（overfitting、過剰適合） 26, 58, 63, 385
学習ベクトル量子化（learning vector
　quantization：LVQ） 340
学習モデル 15
確信度 69
確率的推論 253
隠れマルコフモデル（hidden markov model：
　HMM） 266, 291
家系図の解析 137
画像認識 297
画像分類 380, 384
活性化関数（activation function） 373, 376
カテゴリ推定 239
株価 103, 275
感情分析 245
関数同定問題 190
完全チューリングテスト 10
偽陰性（第二種過誤） 40
機械学習 6, 9
期待値最大化（expectation-maximization：EM）
　... 98
逆文書頻度（inverse document frequency：idf）
　... 240
強化学習（reinforcement learning） 355
教師あり学習（supervised learning） 25, 356
教師なし学習（unsupervised learning） 26, 85
偽陽性（第一種過誤） 40
協調フィルタ（collaborative filtering） 124
共分散行列適応進化戦略（covariance matrix
　adaptation evolution strategy：CMA-ES） ... 183
局所探索（local search） 153
局面遷移表（transposition table） 212
均一コスト探索（uniform cost search：UFS） 152
組み合わせ探索 206
組換え（recombination） 177
クラスタリング 86
クラスの不均衡 71
グリッドサーチ 75
クロスバリデーション（cross validation、交差
　検証） 38
計画法 7
ゲーム 5, 205
決定木（decision tree） 58
コイン取りゲーム 210
光学的文字認識（optical character recognition：
　OCR） 272, 347
交叉（crossover） 176
交差エントロピー 381
交差検証（cross validation、クロスバリデー
　ション） 38
交通量予測 81
購買パターン 106
個体群（population） 176
固有値 100
固有ベクトル 100
混合ガウスモデル（gaussian mixture model：
　GMM） 98
混同行列（confusion matrix） 40
コンピュータビジョン 4

さ行

最急降下法（gradient descent） 338
最近傍点の抽出 111
再現率 39, 63
最小絶対値（least absolute deviations） 29
最大事後確率（maximum a posteriori：MAP）
　... 98
最大値と最小値 263
サポートベクター回帰 55
サポートベクターマシン（support vector
　machine：SVM） 43
サンプルコードのダウンロード xi
三目並べ（Tic-Tac-Toe） 206, 214
閾値 27
シグモイド曲線（sigmoid curve） 32
自然言語処理（natural language processing：
　NLP） 5, 9, 227
シミュレーション 360
シミュレーテッドアニーリング（simulated
　annealing、焼きなまし法） 154
重回帰分析 50

条件付き確率場（conditional random field：
　CRF）... 271
情報あり探索（informed search） 152
情報処理言語（information processing
　language：IPL） 13
情報なし探索（uninformed search） 152
しらみつぶし探索.. 206
シルエットスコア 93
進化的アルゴリズム（evolutionary algorithm）
　.. 175
進化の可視化.. 183
人工知能（artificial intelligence：AI） 1
人工ニューラルネットワーク 325
深層ニューラルネット（deep neural network：
　DNN）... 371
推薦エンジン... 109
推論.. 9
推論規則... 131
数式の照合... 134
スケーリング... 29
スター・ウォーズ.. 132
ステミング（stemming）.. 231
スライス.. 257
正解（ground truth）.. 40
正解率... 39
正規化（normalization）.. 29
正規化線形ユニット層（rectified linear unit
　layer：ReLU層）.. 373
性別判定... 242
制約充足問題（constraint satisfaction problem：
　CSP）.. 153, 159, 389
積分画像（integral image）..................................... 319
世代.. 175
線形回帰... 374
全結合（fully connected）...................................... 372
全結合層（fully connected layer）............... 374, 376
潜在的ディリクレ配分法（latent dirichlet
　allocation：LDA）... 249
全数探索... 206
選択（selection）... 176
相関係数.. 265
統計量... 239
素数の判定... 136
損失関数... 376

た行

第一種過誤（偽陽性）... 40
ダイクストラ法（dijkstra's algorithm）............ 165
対数目盛.. 284
第二種過誤（偽陰性）.. 40
多項式回帰.. 52
多項ベイズ分類器... 241
多層ニューラルネット.. 336
畳み込み層（convolutional layer）............ 373, 384
畳み込みニューラルネット（convolutional
　neural network：CNN）....................... 371, 384
単一化（unification、ユニフィケーション）... 132
単語の基本形変換... 231
単語頻度（term frequency：tf）......................... 239
単語文書行列... 236
探索.. 7, 205
単純（ナイーブ）ベイズ........................... 36, 243, 246
単層ニューラルネット.. 330, 380
知識表現... 7, 9
地図の塗り分け... 394
知的ロボット制御... 195
チャンク化（chunking）.. 234
チューリングテスト.. 8
超平面（hyperplane）... 43
追跡... 297
ディープラーニング（deep learning、深層学習）
　.. 371
手書き数字... 380
適応度関数（fitness function）................... 175, 176
適合率... 39, 63
適者生存（survival of the fittest）....................... 175
動物体検出.. 305
倒立振子... 360
トークン（token）... 229
トークン化（tokenization）................................... 229
特徴ベクトル値.. 37
特徴量の相対重要度... 79
突然変異（mutation）................................... 176, 177
トピックモデル... 248
ドロップアウト層.. 385
貪欲最良優先探索法（greedy best-first search）
　.. 165
貪欲探索（greedy search）................................... 155

な行

ナイーブ（単純）ベイズ 36, 243, 246
二値化 27
ニューラルネット 325
入力層（input layer） 373
認知モデル 11
ネガマックス法（negamax algorithm） 209

は行

パーセプトロン（perceptron） 327, 374
背景差分 305
パイプライン 109
パズルの解法 146
パターン認識 6
パッケージ 17
幅優先探索（breadth first search：BFS） 152
パラダイム 129
反復深化（iterative deepening） 212
ピアソンスコア（pearson score） 119
ビットパターン生成 177
ヒューリスティックス（heuristic） 8, 152
ヒューリスティック探索（heuristic search）
 .... 151, 152
評価関数（evaluation function） 176
標準偏差 28
フーリエ変換（fourier transform） 282
プーリング層（pooling layer） 373
深さ優先探索（depth first search：DFS） 152
物体検出 297
物体追跡 307
プリミティブ 191
フレーム差分 300
プログラミング言語の分類 129
分析モデル 15
分類 26
平均 263
平均二乗誤差（mean squared error：MSE）
 191
平均値 28
平均値シフト（Mean Shift、ミーンシフト） 90
ベイズの定理 36
ベクトル量子化（vector quantization） 339
報酬 358

ま行

前処理 27
マルコフモデル（markov model） 267
ミーンシフト（Mean Shift、平均値シフト） 90
未束縛変数 149
ミニバッチ 381
ミニマックス法（minimax） 207
迷路 170
メディアンフィルタ 304
目の検出 322
メル周波数ケプストラム係数（mel frequency
 cepstral coefficient：MFCC） 288
文字コード 45
モデルの種類 15
モルフォロジー 390

や行

焼きなまし計画（annealing schedule） 154
焼きなまし法（simulated annealing、シミュレー
 テッドアニーリング） 154
山登り法（hill climbing） 153
ユークリッドスコア（euclidean score） 119
ユニフィケーション（unification、単一化） ... 132
予測分析 57

ら行

ラベル 30, 37
ランダムフォレスト（random forest） 63, 67
リカレントニューラルネットワーク（recurrent
 neural network：RNN） 343
離散コサイン変換（discrete cosine transform：
 DCT） 288
類似度の計算 119
連続データ 253, 343
連続的適応 Mean Shift（continuously adaptive
 mean shift：CAMShift） 307
レンマ化（lemmatization） 233
ロジスティック回帰 32
ロボット 5, 195
論理 7
論理プログラミング 129

● 著者紹介

Prateek Joshi（プラティーク・ジョシ）
人工知能研究者。5冊の書籍を上梓。ディープラーニングを活用したスマート水資源管理のための分析基盤を構築する、シリコンバレーのベンチャー企業Pluto AIの創業者。特許や技術展示、有名なIEEEの会議の研究論文などの業績がある。TEDx、AT&T Foundry、Silicon Valley Deep Learning、Open Silicon Valleyなどの技術会議や起業家の会議で招待講演をしている。著名な技術雑誌で招待記事を執筆したこともある。
彼の技術ブログ（https://prateekvjoshi.com）は、200以上の国から120万以上のページビューがあり、6,600人以上のフォロワーがいる。人工知能やPythonプログラミング、理論数学などの話題をしばしば執筆している。熱心にコードを書き、さまざまな技術を用いることによって何度もハッカソンで優勝している。南カリフォルニア大学で人工知能の修士号を取得。NvidiaやMicrosoft Researchなどの企業で働いたことがある。http://www.prateekj.comにホームページ。

● 査読者紹介

Richard Marsden（リチャード・マースデン）
熟練のソフトウェア開発者。業務での開発経験は20年以上。石油産業の地球物理調査の分野から始めて、この10年はWinwaed Software Technology LLCという独立系のソフトウェアベンダーを経営している。Webアプリケーションなど地理空間ツールやアプリケーションが専門であり、Caliper MaptitudeやMicrosoft MapPointなどの地理空間アプリケーション用ツールやアドインをhttp://www.mapping-tools.comというWebサイトで公開している。
Packt Publishing発行の以下の書籍で技術レビューを担当した。

- Erik Westra 著：『Python Geospatial Development』『Python Geospatial Analysis Essentials』
- Michael Diener 著：『Python Geospatial Analysis Cookbook』
- Drs Michael Spreitzenbarth、Dr Johann Uhrmann 共著：『Mastering Python Forensics』
- Rejah Rehim 著：『Effective Python Penetration Testing』

● 訳者紹介

相川 愛三（あいかわ あいぞう）
某大学情報工学専攻博士課程を修了。いろいろなプログラミング言語を嗜む。訳書に『実践 デバッグ技法』『詳解ActionScript3.0アニメーション』『JavaScriptグラフィックス』『実践 コンピュータビジョン』『ハイパフォーマンスPython』『退屈なことはPythonにやらせよう』（オライリー・ジャパン）。

PythonによるAIプログラミング入門
― ディープラーニングを始める前に身につけておくべき15の基礎技術

2019年 3 月19日	初版第 1 刷発行
2019年 7 月 1 日	初版第 2 刷発行

著　　　者	Prateek Joshi（プラティーク・ジョシ）
訳　　　者	相川 愛三（あいかわ あいぞう）
発　行　人	ティム・オライリー
制　　　作	ビーンズ・ネットワークス
印刷・製本	日経印刷株式会社
発　行　所	株式会社オライリー・ジャパン
	〒160-0002　東京都新宿区四谷坂町12番22号
	Tel　(03)3356-5227
	Fax　(03)3356-5263
	電子メール　japan@oreilly.co.jp
発　売　元	株式会社オーム社
	〒101-8460　東京都千代田区神田錦町3-1
	Tel　(03)3233-0641（代表）
	Fax　(03)3233-3440

Printed in Japan（ISBN978-4-87311-872-7）
乱丁本、落丁本はお取り替え致します。

本書は著作権上の保護を受けています。本書の一部あるいは全部について、株式会社オライリー・ジャパンから文書による許諾を得ずに、いかなる方法においても無断で複写、複製することは禁じられています。